THEORY AND APPLICATION
OF RADAR EQUIPMENT RELIABILITY

雷达装备可靠性理论与应用

胡冰 林强 盛文 翟芸 编著

华中科技大学出版社
http://press.hust.edu.cn
中国·武汉

内 容 简 介

本书系统地介绍了雷达装备可靠性理论与应用,主要包括雷达装备可靠性基本概念、可靠性要求与确定、可靠性建模、可靠性分配、可靠性预计、可靠性分析、可靠性设计、软件可靠性、可靠性试验与评价、可靠性评估方法,内容系统性、理论性、针对性和应用性较强。

本书可作为雷达装备保障工程、雷达工程、预警探测等相关专业学生的教学参考书,也可作为雷达装备论证、研制、生产、使用的工程技术人员和管理人员的技术参考书。

图书在版编目(CIP)数据

雷达装备可靠性理论与应用/胡冰等编著. —武汉:华中科技大学出版社,2023.9
ISBN 978-7-5680-9690-4

Ⅰ.①雷… Ⅱ.①胡… Ⅲ.①雷达-设备-可靠性-研究 Ⅳ.①TN957

中国国家版本馆 CIP 数据核字(2023)第 126867 号

雷达装备可靠性理论与应用
Leida Zhuangbei Kekaoxing Lilun yu Yingyong

胡 冰 林 强
盛 文 翟 芸 编著

策划编辑:王汉江
责任编辑:刘艳花
封面设计:原色设计
责任校对:阮　敏
责任监印:周治超

出版发行:华中科技大学出版社(中国·武汉)　　电话:(027)81321913
　　　　　武汉市东湖新技术开发区华工科技园　　邮编:430223
录　排:武汉市洪山区佳年华文印部
印　刷:武汉市洪林印务有限公司
开　本:710mm×1000mm　1/16
印　张:21.75　　插页:2
字　数:428千字
版　次:2023年9月第1版第1次印刷
定　价:88.00元

前言

　　雷达装备可靠性理论是研究雷达装备寿命周期中故障发生及其发展规律,预防故障发生和消减故障影响,对其可靠性进行分析、设计、评价和控制的理论和方法。它涉及统计学、物理学和管理学等多个学科领域,其推广和应用对提高装备的可靠性、降低装备总费用、满足装备战备完好性具有重要意义。

　　近些年,随着雷达装备技术的不断发展及可靠性理论的深入研究,雷达装备可靠性理论取得了一些新发展。撰写本书的目的是总结近些年来国内外可靠性领域发展的新成果,系统介绍雷达装备可靠性要求与确定、可靠性建模、可靠性分配、可靠性预计、可靠性分析、可靠性设计、可靠性试验与评价、可靠性评估方法等内容,给出一个较为完整的雷达装备可靠性理论与应用方法,为雷达装备保障工程、雷达工程、预警探测等相关专业本科生、研究生提供教学参考,为从事雷达装备论证、研制、生产、使用的工程技术人员和管理人员提供方法与工具。

　　全书共分为 10 章。第 1 章绪论,介绍可靠性的基本概念,可靠性与其他通用质量特性的关系,可靠性理论的形成与发展。第 2 章雷达装备可靠性要求与确定,介绍可靠性定量要求、定性要求和工作项目要求,可靠性要求确定的原则、过程、方法与应用。第 3 章雷达装备可靠性建模,介绍可靠性建模的概念、分类,建模的步骤和原则,典型系统可靠性模型,以及可靠性建模的应用。第 4 章雷达装备可靠性分配,介绍可靠性分配的目的与作用、原理与准则、指标与层次,可靠性分配的程序,可靠性分配的方法及其应用。第 5 章雷达装备可靠性预计,介绍可靠性预计的目的与作用、分类与内容、原则和选择,可靠性预计的一般程序,可靠性预计的方法及其应用。第 6 章雷达装备可靠性分析,介绍可靠性分析的目的与作用、主要内容,故障模式、影响及危害性分析,故障树分析,以及分析技术的应用。第 7 章雷达装备可靠性设计,介绍可靠性设计准则的目的与作用、主要内容、制定的依据与过程,简化设计,冗余设计,降额设计,热设计,电磁兼容设计,耐环境设计,容差设计,元器件的选用,以及可靠性设计的应用。第 8 章雷达装备软件可靠性,介绍软件可靠性相关概念、基本参数,软件可靠性设计、分析、测试,以及软件可靠性的应用。第 9 章雷达装备可靠性试验与评价,介绍可靠性试验目的与分类、程序与要素,环境应力筛选,可靠性研制试验与增长试验、鉴定试验与验收试验,寿命试验,可靠性分析评价,以及可靠性试验的应用。第 10 章雷达装备可靠性评估方法,介绍可靠性评估方法研究的目的及意义和研究现状,可靠性评估指标体系,评估指标体系综合赋权方法,基于直觉模糊集和VIKOR 法及灰靶模型的雷达装备可靠性评估模型及其应用,基于Vague 集的雷达装备可靠性评估模型及其应用。

本书在撰写过程中,得到了空军预警学院各级领导的关心和专家的指导,得到了华中科技大学出版社的大力支持,在此一并表示衷心感谢;同时,参考并引用了许多国内外研究机构和学者的书籍和文献,在此对这些作者表示衷心感谢。

随着雷达装备技术的发展,新理论、新材料、新工艺、新方法的不断出现和丰富,雷达装备的可靠性理论还将不断发展,相关理论和应用技术还需进一步深入研究。

由于作者水平有限,不足和错误之处在所难免,恳请广大读者批评指正。

编著者

2023 年 8 月

CONTENTS
目 录

第1章

绪论

1.1 基本概念

1.1.1 可靠性相关概念

1. 可靠性

可靠性(reliability)定义为产品在规定的条件下和规定的时间内,完成规定的功能的能力。这里的产品泛指可单独做可靠性研究与试验的对象,是产品(装备)的硬件或软件的任何结构层次,如整个装备、分系统、单元、组件、零件等。

"规定的条件"是指产品使用时所包括的环境条件(如温度、湿度、振动、冲击、辐射等)、使用条件、维修条件、贮存条件,以及人员的操作技能等要求。同一种产品,在不同的规定条件下,其可靠性是不同的。

"规定的时间"是指产品所经历的寿命时间。对于不同特点的产品可用不同的寿命单位计量,如雷达装备的使用寿命、飞机的飞行小时数、车辆的行驶里程数、火炮的发射次数。在不同的规定时间或寿命单位数内,产品的可靠性是不同的。

"规定的功能"是指产品应具备完成任务所需的性能,对于装备是指作战性能或使用性能。对每一种产品应明确规定可测量的性能指标,作为判断是否具备完成功能的能力。不能完成规定的功能的能力,轻者为退化,重者为失效或故障。

"能力"是各种可靠性指标,这里的指标是对可靠性定量、定性的描述,以便说明产品可靠性的程度。常用的可靠性指标有可靠度、故障率(失效率)和平均寿命等。

可靠性描述了装备在使用中不出、少出故障的质量特性,是装备使用时间或工作时间延续性的表示。

2. 基本可靠性与任务可靠性

从产品寿命和任务的角度,可靠性可分为基本可靠性与任务可靠性,它们对应寿命剖面与任务剖面。

寿命剖面(life profile)是指产品从交付到寿命终结或退出使用这段时间内所经历的全部事件和环境的时序描述。它包含一个或几个任务剖面。寿命剖面说明产品在整个寿命周期经历的事件(如包装、运输、贮存、检测、维修、任务剖面等)以及每个事件的持续时间、顺序、环境和工作方式等。

任务剖面(mission profile)是指产品在完成规定任务这段时间内所经历的事件和环境的时序描述。它包括任务成功或严重故障的判断准则。对于完成一种或多种任务的产品均应制定一种或多种任务剖面。任务剖面一般包括产品的工作状态、维修方案、产品工作的时间顺序、产品所处环境(外加与诱发)的时间顺序等。

基本可靠性(basic reliability)是指产品在规定的条件下,无故障工作的持续时间或概率。基本可靠性反映产品对维修资源的要求。基本可靠性是衡量产品对保障系统无要求的工作能力,确定基本可靠性值时,应统计产品所有寿命单位和所有的关联故障,而不局限于发生在任务期间的故障或只危及任务成功的故障。

任务可靠性(mission reliability)是指产品在规定的任务剖面内完成规定功能的能力(概率)。任务可靠性仅考虑造成任务失败的故障影响,即只统计任务期间危及任务成功的故障,用于描述产品完成任务的能力。为了满足任务可靠性要求,通常采用冗余技术或备份工作模式。

基本可靠性与任务可靠性的比较如表 1-1 所示。

表 1-1　基本可靠性与任务可靠性的比较

比较项目	基本可靠性	任务可靠性
影响	装备的使用适用性、使用维修和人力费用	装备的作战效能

比较项目	基本可靠性	任务可靠性
来源	由战备完好性要求导出	由任务成功性导出或根据任务需求参考类似装备提出
故障判据	考虑所有寿命单位的所有故障，包括影响任务完成的故障	仅考虑任务期间影响任务完成的故障
计算模型	串联模型	串联、并联等模型
提高途径	简化设计、降额设计等	冗余设计、提高元器件质量等级
量值比较	通常低于任务可靠性	通常高于基本可靠性
度量参数	平均故障间隔时间（MTBF）	任务可靠度（MR）；平均严重故障间隔时间（MTBCF）

3. 固有可靠性与使用可靠性

从产品设计和使用的角度，可靠性可分为固有可靠性与使用可靠性。

固有可靠性（inherent reliability）是指设计和制造赋予产品的，在理想的使用和保障条件下所具有的可靠性。它是产品的固有属性和可靠性的设计基准。具体产品设计、工艺确定后，固有可靠性就固定了。固有可靠性可认为仅考虑承制方在设计和生产中能控制的故障事件与不可靠因素，用于衡量产品的设计和制造的可靠性水平。

使用可靠性（operational reliability）是指产品在实际的环境中使用时所呈现的可靠性，它反映产品设计、制造、使用、维修、环境等因素的综合影响，用于衡量产品在预期环境中使用的可靠性水平。从装备任务需求出发考虑保障性要求时，提出的可靠性指标必须是使用可靠性值，如可靠性目标值与门限值。

固有可靠性与使用可靠性的比较如表 1-2 所示。

表 1-2　固有可靠性与使用可靠性的比较

比较项目	固有可靠性	使用可靠性
用途	用于设计、度量和评价产品的固有能力	描述和评价产品在实际使用条件下的使用能力
来源	源于使用可靠性、所属系统的可靠性分配寿命剖面、任务剖面	源于战备完好性、任务成功性，以及维修人力、费用限制；寿命剖面、任务剖面
故障范围	在规定的条件和时间内由于设计、制作缺陷导致的故障总数	在实际使用条件和规定的使用时间内故障总数或导致维修的故障总数

续表

比较项目	固有可靠性	使用可靠性
要求描述	固有值(规定值、最低可接受值)	使用值(目标值、门限值)
量值比较	高于使用可靠性	低于固有可靠性
度量参数	平均故障间隔时间(MTBF); 平均严重故障间隔时间(MTBCF)	平均维修间隔时间(MTBM); 平均需求间隔参数(MTBD); 平均拆卸间隔时间(MTBR); 平均严重故障间隔时间(MTBCF)

4. 故障与失效

可靠性与故障是密不可分的,产品不可靠就会出故障。

GJB 451B—2021《装备通用质量特性术语》对故障(fault/failure)定义为:产品不能执行规定功能的状态,通常指功能故障,因预防性维修或其他计划性活动或缺乏外部资源造成不能执行规定功能的情况除外。对失效(failure)定义为:产品丧失完成规定功能的能力的事件。在实际应用中,特别是对硬件产品而言,故障与失效很难区分,故一般统称故障。

失效是随机发生的事件,并受到产品设计、制造、维修以及操作等因素的影响。故障描述了产品的一种状态,是失效导致的一种状态。

在工程实践(特别是产品使用)中,一般并不严格区分故障和失效,多数场合称故障,对弹药、电子元器件等不可修复产品常称失效。

5. 产品寿命

产品从开始工作到发生故障前的一段时间 T 称为产品寿命。由于产品发生故障是随机的,所以寿命 T 是一个随机变量。对不同的产品、不同的工作条件,T 的统计规律一般是不同的。针对不可修复产品和可修复产品(指可通过修复性维修恢复到规定状态并值得修复的产品,否则为不可修复产品),其产品寿命状态示意图如图 1-1 所示。

产品寿命中所说的时间是广义时间,其单位称为寿命单位。产品寿命度量不同,寿命单位不同,如小时(h)、千米(km)、次(起飞次数、发射次数)、飞行小时等。

6. 可靠性理论

可靠性理论是研究可靠性的普遍数量规律以及对其进行分析、设计、控制、评价的理论和方法。它主要包括可靠性数学、可靠性物理和可靠性工程三个领域。

可靠性数学是可靠性理论的基础之一。它主要研究可靠性问题的数学方法、数学模型和可靠性的定量规律。它属于应用数学范畴,涉及概率论、数理统计、随

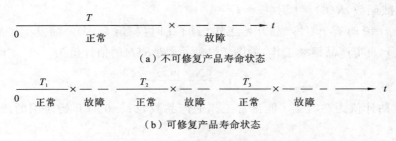

（a）不可修复产品寿命状态

（b）可修复产品寿命状态

图 1-1　产品寿命状态示意图

机过程等数学内容,应用于可靠性设计、试验、数据收集和分析。

可靠性物理(reliability physics)从物理、化学的微观结构的角度出发,研究材料、零件(元器件)和结构的故障机理,并分析工作条件、环境应力及时间对产品退化或故障的影响,为产品可靠性设计、使用、维修,以及材料、零件(元器件)和结构的改进提供依据,又称故障物理。

可靠性工程(reliability engineering)是指为了确定和达到产品的可靠性要求所进行的一系列技术与管理活动。它是与产品故障作斗争,具有技术与管理的双重性,介于技术和管理科学之间的一门边缘学科。它主要研究产品寿命周期中故障发生、发展的规律,以及预防和减少故障的手段和方法。可靠性工程贯穿产品全寿命周期的各个阶段,主要包括可靠性要求论证与确定、可靠性设计与分析、可靠性试验与评价、可靠性管理等。可靠性论证确定产品的可靠性要求,可靠性设计奠定产品的可靠性基础,可靠性试验测定和验证产品的可靠性,可靠性管理保证产品的可靠性。

1.1.2　可靠性主要特征量

可靠性特征量是指用来表示产品总体可靠性水平高低的各种可靠性数量指标的统称。下面分别介绍。

1. 可靠度与可靠度函数

可靠度是指产品在规定的条件下和规定的时间内完成规定的功能的概率。规定的时间越短,产品完成规定的功能的可能性越大;规定的时间越长,产品完成规定的功能的可能性就越小。可见可靠度是时间 t 的函数,故也称为可靠度函数(reliability function),记作 $R(t)$,可表示为

$$R(t) = P(T > t) \tag{1.1}$$

式中:T 为产品在规定条件下的寿命;t 为规定的时间。

根据可靠度的定义可知,$R(t)$ 描述了产品在 $(0, t]$ 时间段内完好的概率,$R(t)$

为 t 的递减函数，$R(0)=1,R(+\infty)=0$。

假如 $t=0$ 时有 N 件产品开始工作，到了 t 时刻有 $r(t)$ 个产品发生了故障，则仍有 $N-r(t)$ 个产品继续工作，如图 1-2 所示，则 $R(t)$ 的估计值为

$$\hat{R}(t)=\frac{N-r(t)}{N} \tag{1.2}$$

即可靠度估计值为在时刻 t 能正常工作的产品数与 $t=0$ 时开始使用的产品总数之比。

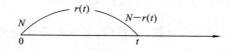

图 1-2　计算可靠度估计值的示意图

2. 不可靠度与累积故障分布函数

不可靠度是与可靠度相对应的概念，是指产品在规定的条件下和规定的时间内不能完成规定的功能的概率，也称为累积故障分布函数。它同样也是时间的函数，记作 $F(t)$，可表示为

$$F(t)=P(T\leqslant t) \tag{1.3}$$

产品的 $R(t)$ 与 $F(t)$ 是互为对立的事件，有关系式为

$$R(t)+F(t)=1 \tag{1.4}$$

因此，$F(t)$ 为 t 的递增函数，$F(0)=0,F(+\infty)=1$。

同理，不可靠度 $F(t)$ 的估计值为

$$\hat{F}(t)=\frac{r(t)}{N} \tag{1.5}$$

3. 故障密度函数

为了解产品发生故障随时间变化的速度，引入故障密度函数。

故障密度函数是指在规定条件下使用的产品在时刻 t 后在单位时间内发生故障的概率，记为 $f(t)$，即

$$f(t)=\lim_{\Delta t\to 0}\frac{P(t<T\leqslant t+\Delta t)}{\Delta t} \tag{1.6}$$

式中：$P(t<T\leqslant t+\Delta t)$ 为产品在 $(t,t+\Delta t]$ 内发生故障的概率。

由概率论可知，$f(t)$ 可推导为

$$f(t)=\lim_{\Delta t\to 0}\frac{P(T\leqslant t+\Delta t)-P(T\leqslant t)}{\Delta t}=\lim_{\Delta t\to 0}\frac{F(t+\Delta t)-F(t)}{\Delta t}=F'(t) \tag{1.7}$$

假设 $t=0$ 时有 N 件产品投入使用，在 $(t,t+\Delta t]$ 内有 $\Delta r(t)$ 个产品发生了故障，如图 1-3 所示，则 $f(t)$ 的估计值为

$$\hat{f}(t) = \frac{r(t+\Delta t) - r(t)}{N} \times \frac{1}{\Delta t} = \frac{\Delta r(t)}{N} \times \frac{1}{\Delta t} \tag{1.8}$$

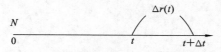

图 1-3　计算故障密度函数估计值的示意图

4. 故障率与故障率曲线

1）故障率

故障率是指工作到 t 时刻尚未发生故障的产品在该时刻后在单位时间内发生故障的概率，也称故障率函数，记为 $\lambda(t)$，即

$$\lambda(t) = \lim_{\Delta t \to 0} \frac{P\{t < T \leqslant t+\Delta t \mid T > t\}}{\Delta t} \tag{1.9}$$

由条件概率公式可以推导得

$$P\{t < T \leqslant t+\Delta t \mid T > t\} = \frac{P\{t < T \leqslant t+\Delta t\}}{P\{T > t\}} = \frac{P\{T \leqslant t+\Delta t\} - P\{T \leqslant t\}}{1 - P\{T \leqslant t\}}$$

$$= \frac{F\{t+\Delta t\} - F(t)}{1 - F(t)}$$

$$\lambda(t) = \lim_{\Delta t \to 0} \frac{F\{t+\Delta t\} - F(t)}{\Delta t} \times \frac{1}{1 - F(t)} = \frac{F'(t)}{1 - F(t)} = \frac{f(t)}{R(t)} \tag{1.10}$$

由此可见，故障率越小，其可靠性越高。电子产品就是按照故障率大小来评价其质量等级的。

假设在 $(t, t+\Delta t]$ 内有 $\Delta r(t)$ 个产品发生了故障，则在 t 时刻尚有 $N - r(t)$ 个产品能够继续工作，如图 1-4 所示，$\lambda(t)$ 的估计值为

$$\hat{\lambda}(t) = \frac{\Delta r(t)}{N - r(t)} \times \frac{1}{\Delta t} \tag{1.11}$$

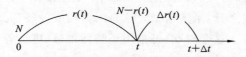

图 1-4　计算故障率估计值的示意图

$\lambda(t)$ 的单位用时间的倒数表示。对高可靠性的产品，常采用更小的单位菲特（fit）来定义，1 菲特 $= 10^{-9}/\text{h} = 10^{-6}/10^3\,\text{h}$。它表示每 1000 个产品工作 $10^6\,\text{h}$，只有一个失效。

2）故障率曲线

为了研究产品故障率的变化规律，人们通过分析各类产品的可靠性数据给出

了典型产品的故障率曲线,由于它的形状与浴盆的剖面相似,故又称为浴盆曲线 (bathtub-curve),如图 1-5 所示。它明显地分为三段,分别对应产品的三个不同时期或阶段。

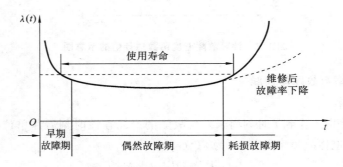

图 1-5 产品的故障率曲线(浴盆曲线)

第一段曲线是产品的早期故障期。在产品投入使用初期,故障率较高,且迅速下降,呈递减型。其主要故障原因是设计不完善、制造缺陷和质量控制不当,如元器件选材不合理、工艺制造缺陷、安装差错、检验疏忽等。产品投入使用初期,在各种应力的作用下,故障很容易暴露出来。为了缩短这一阶段的时间,可采用元器件老练筛选、材料热处理、质量控制、验收试验等措施,及早发现、修正和排除缺陷,剔除不合格产品,降低产品故障率。

第二段曲线是产品的偶然故障期。在产品使用一段时间后,故障率降到一个较低水平,比较稳定,近似为常数,呈恒定型。其主要故障是由偶然因素引起的,如操作失误、维护使用不当等外部随机因素。故障是随机产生的,这个时期也称为随机故障期或稳定工作期。可通过完善产品冗余设计、规范操作、加强维护管理等措施,减少或消除故障。

第三段曲线是产品的耗损故障期。产品投入使用相当一段时间后,进入耗损故障期,其故障率迅速上升,呈递增型。这是因为构成设备、元器件、零部件已经老化、疲劳、磨损、腐蚀等。这个时期,可采用预防性维修、更换等手段,延长产品使用寿命,降低其故障率。

5. 平均寿命

平均寿命就是产品寿命的平均值,即产品寿命的数学期望。通常记为 θ。

若产品的故障密度函数 $f(t)$ 已知,则该产品的平均寿命,即寿命 T(随机变量)的数学期望为

$$\theta = E(T) = \int_0^{+\infty} t f(t) \mathrm{d}t \tag{1.12}$$

对于可修复产品,平均寿命为平均无故障工作时间,即平均故障间隔时间(mean time between failure, MTBF)。

对于不可修复产品,平均寿命为从开始使用到故障前的工作时间的平均值,即平均故障前时间(mean time to failure, MTTF)。

平均寿命表明产品平均能工作多长时间。很多装备常用平均寿命来作为可靠性指标,如雷达、指挥仪及各种电子设备的平均故障间隔时间、车辆的平均故障间隔里程等。可以通过这个指标直观地了解一种产品的可靠性水平,也容易比较两种产品在可靠性水平上的高低。

平均寿命一般通过寿命试验所获得的一些数据来估计。由于可靠性试验往往是具有破坏性的,故只能随机抽取一部分产品进行寿命试验。这部分产品在统计学中称为子样或样本,其中每一个称为样品。一般情况,平均寿命是指产品试验的总工作时间与在此期间的故障次数之比,即

$$\hat{\theta} = \frac{s}{r} \tag{1.13}$$

式中:s 为试验总工作时间;r 为故障次数。

如果从一批不可修复产品中随机抽取 n 个,把它们都投入使用或试验,直到全部发生故障为止。这样就可以获得每个样品工作到故障前的时间,即寿命为 $t_1, t_2, \cdots, t_n$,则试验总工作时间为

$$s = \sum_{i=1}^{n} t_i \tag{1.14}$$

在试验中,产品发生了 $r=n$ 次故障,平均寿命估计值为

$$\hat{\theta} = \frac{s}{r} = \frac{\sum_{i=1}^{n} t_i}{n} \tag{1.15}$$

6. 寿命方差和寿命均方差

平均寿命是一批产品中各个产品的寿命的算术平均值,它只能反映这批产品寿命分布的中心位置,而不能反映各个产品寿命 $t_1, t_2, \cdots, t_n$ 与此中心位置的偏离程度。寿命方差和均方差(或称标准差、标准偏差、标准离差)就是用来反映产品寿命离散程度的特征值。

当产品的寿命数据 $t_1, t_2, \cdots, t_n$ 为离散型变量时,平均寿命 θ 可按式(1.15)计算。由于产品寿命的偏差 $(t_i - \theta)$ 有正有负,因而采用其平方值 $(t_i - \theta)^2$ 来反映。所以,一批数量为 n 的产品的寿命方差为

$$D[t] = [\sigma(t)]^2 \approx \frac{1}{n} \sum_{i=1}^{n} (t_i - \theta)^2 \tag{1.16}$$

寿命均方差（标准差）为

$$\sigma(t) \approx \sqrt{\frac{1}{n}\sum_{i=1}^{n}(t_i-\theta)^2} \tag{1.17}$$

式中：n 为测试产品的数量；θ 为测试产品的平均寿命；t_i 为第 i 个测试产品的实际寿命。

7. 可靠寿命、中位寿命与特征寿命

可靠寿命（reliable life）是指给定的可靠度所对应的寿命单位数，即若给定的可靠度为 r，则产品可靠度为 r 时所对应的时间称为产品的可靠寿命，记作 $t(r)$，即 $R[t(r)]=r$。

可靠寿命的表达式为

$$t(r)=R^{-1}(r) \tag{1.18}$$

式中：$R^{-1}(r)$ 是 $R(t)$ 的反函数。

产品工作到 $R(t)=0.5$ 时的寿命时间称为产品的中位寿命，即

$$t(0.5)=R^{-1}(0.5) \tag{1.19}$$

产品工作到 $R(t)=e^{-1}\approx0.368$ 时的寿命时间称为产品的特征寿命，即

$$t(0.368)=R^{-1}(0.368) \tag{1.20}$$

8. 可靠性主要特征量的相互关系

1) 可靠度 $R(t)$、不可靠度 $F(t)$、故障密度函数 $f(t)$ 的关系

由产品可靠性特征量的定义可知：产品的可靠度 $R(t)$ 与不可靠度（累积故障分布函数）$F(t)$ 之间是互逆关系，累积故障分布函数 $F(t)$ 与故障密度函数 $f(t)$ 之间是微积分关系，即

$$R(t) = 1-F(t) = 1-\int_0^t f(t)\mathrm{d}t = \int_t^{+\infty} f(t)\mathrm{d}t \tag{1.21}$$

2) 故障率 $\lambda(t)$ 与可靠度 $R(t)$、不可靠度 $F(t)$、故障密度函数 $f(t)$ 的关系

由 $\lambda(t)=\dfrac{f(t)}{R(t)}$ 可得

$$\int_0^t \lambda(t)\mathrm{d}t = \int_0^t \frac{f(t)}{R(t)}\mathrm{d}t = -\int_0^t R(t)\mathrm{d}R(t)$$

$$= -\ln R(t)\ \big|_0^t = -\ln R(t) \tag{1.22}$$

$$R(t) = \exp\left[-\int_0^t \lambda(t)\mathrm{d}t\right] \tag{1.23}$$

$$f(t) = F'(t) = [1-R(t)]' = \lambda(t)\exp\left[-\int_0^t \lambda(t)\mathrm{d}t\right] \tag{1.24}$$

3) $R(t)$、$F(t)$、$f(t)$、$\lambda(t)$、θ 的相互关系

可靠度 $R(t)$、不可靠度（累积故障分布函数）$F(t)$、故障密度函数 $f(t)$、故障率

$\lambda(t)$、平均寿命 θ 的相互关系如表 1-3 所示。

表 1-3　可靠性主要特征量之间的相互关系

特征量	$R(t)$	$F(t)$	$f(t)$	$\lambda(t)$
$R(t)$		$1-F(t)$	$\int_t^{+\infty} f(t)\mathrm{d}t$	$\exp\left[-\int_0^t \lambda(t)\mathrm{d}t\right]$
$F(t)$	$1-R(t)$		$\int_0^t f(t)\mathrm{d}t$	$1-\exp\left[-\int_0^t \lambda(t)\mathrm{d}t\right]$
$f(t)$	$-R'(t)$	$F'(t)$		$\lambda(t)\exp\left[-\int_0^t \lambda(t)\mathrm{d}t\right]$
$\lambda(t)$	$\dfrac{-R'(t)}{R(t)}$	$\dfrac{F'(t)}{1-F(t)}$	$\dfrac{f(t)}{\int_t^{+\infty} f(t)\mathrm{d}t}$	
θ	$\int_0^{+\infty} R(t)\mathrm{d}t$	$\int_0^{+\infty}[1-F(t)]\mathrm{d}t$	$\int_0^{+\infty} tf(t)\mathrm{d}t$	$\int_0^{+\infty}\exp\left[-\int_0^t \lambda(t)\mathrm{d}t\right]\mathrm{d}t$

1.1.3　可靠性常用概率分布

产品的寿命分布或故障分布是可靠性应用与研究的基础,寿命分布的类型是各种各样的,某一类分布适用于具有共同故障机理的某类产品,它与产品的故障机理、故障模式以及施加的应力类型有关。根据产品的故障机理分析和现场试验及运行数据拟合是导出其故障分布的常用方法。

产品的寿命分布是产品故障规律的具体体现;分析寿命分布的过程,实际上是从可靠性角度对产品进行分类的过程,达到在理论上对可靠性研究深化,在工程上对可靠性分析、试验、验证、评估等定量化的目的。

1. 指数分布及其可靠性特征量

指数分布是最基本、最常用的分布,适合于故障率 $\lambda(t)$ 为常数的情况。指数分布在电子元器件偶然故障期普遍使用,在复杂系统和机械技术的可靠性领域也得到使用。

若随机变量 X 具有概率密度

$$f(t)=\lambda \mathrm{e}^{-\lambda t} \tag{1.25}$$

则称 X 服从参数 λ 的指数分布。此概率密度为产品寿命服从指数分布时的故障密度函数。

累积故障分布函数为

$$F(t)=\int_0^t f(t)\mathrm{d}t=\int_0^t \lambda \mathrm{e}^{-\lambda t}\mathrm{d}t=1-\mathrm{e}^{-\lambda t},\quad \lambda>0;t\geqslant 0 \tag{1.26}$$

可靠度函数为

$$R(t) = 1 - F(t) = \mathrm{e}^{-\lambda t}, \quad \lambda > 0; t \geqslant 0 \tag{1.27}$$

故障率函数为

$$\lambda(t) = \lambda, \quad \lambda > 0; t \geqslant 0 \tag{1.28}$$

平均寿命为

$$\theta = \int_0^{+\infty} R(t)\mathrm{d}t = \int_0^{+\infty} \mathrm{e}^{-\lambda t}\mathrm{d}t = \frac{1}{\lambda} \tag{1.29}$$

可靠寿命为

$$R[t(r)] = \mathrm{e}^{-\lambda t(r)} = r \tag{1.30}$$

$$t(r) = -\frac{1}{\lambda}\ln r \tag{1.31}$$

指数分布具有"无记忆性"。无记忆性是指产品工作一段时间之后的剩余寿命仍然具有原来工作寿命相同的分布,而与时间无关。就是说,寿命分布为指数分布的产品,过去工作的时间对现在和将来的寿命分布不产生影响。

2. 正态分布及其可靠性特征量

正态分布又称高斯分布,是一种双参数分布。在电子元器件可靠性的计算中,正态分布主要应用于元件耗损和工作时间延长而引起的故障分布,用来预测或估计可靠度有足够的精确性。

正态分布的故障密度函数为

$$f(t) = \frac{1}{\sigma\sqrt{2\pi}}\exp\left[-\frac{(t-\mu)^2}{2\sigma^2}\right], \quad -\infty < t < +\infty \tag{1.32}$$

式中:μ 为随机变量的均值;σ 为随机变量的标准差。

累积故障分布函数为

$$F(t) = \frac{1}{\sigma\sqrt{2\pi}}\int_{-\infty}^{t}\exp\left[-\frac{(t-\mu)^2}{2\sigma^2}\right]\mathrm{d}t \tag{1.33}$$

可靠度函数为

$$R(t) = \frac{1}{\sigma\sqrt{2\pi}}\int_{t}^{+\infty}\exp\left[-\frac{(t-\mu)^2}{2\sigma^2}\right]\mathrm{d}t \tag{1.34}$$

故障率函数为

$$\lambda(t) = \frac{f(t)}{R(t)} = \frac{1}{\sigma\sqrt{2\pi}}\exp\left[-\frac{(t-\mu)^2}{2\sigma^2}\right]\bigg/ \frac{1}{\sigma\sqrt{2\pi}}\int_{t}^{+\infty}\exp\left[-\frac{(t-\mu)^2}{2\sigma^2}\right]\mathrm{d}t$$

$$\tag{1.35}$$

3. 威布尔分布及其可靠性特征量

威布尔分布在可靠性理论中是适用范围较广的一种分布。它能全面地描述浴盆故障率曲线的各个阶段。当威布尔分布中的参数不同时,它可以蜕化为指数分布、瑞利分布和正态分布。

大量实践说明,凡是因为某一局部失效或故障所引起的全局机能停止运行的元件、器件、设备、系统等的寿命均服从威布尔分布;特别是金属材料的疲劳寿命,如疲劳失效、轴承失效都服从威布尔分布。

三参数威布尔分布的故障密度为

$$f(t) = \frac{m}{\eta} \left(\frac{t-\gamma}{\eta} \right)^{m-1} \exp\left[-\left(\frac{t-\gamma}{\eta} \right)^{m} \right], \quad t \geqslant \gamma; m, \eta > 0 \qquad (1.36)$$

式中:m 为形状参数,决定分布密度曲线的基本形状;η 为尺度参数,起缩小或放大 t 标尺的作用,但不影响分布的形状;γ 为位置参数,又称起始参数,表示产品在时间 γ 之前具有 100% 的可靠度,故障是从 γ 之后开始的。服从参数 m、η、γ 的威布尔分布,记为 $T \sim W(m, \eta, \gamma)$。

累积故障分布函数为

$$F(t) = 1 - \exp\left[-\left(\frac{t-\gamma}{\eta} \right)^{m} \right], \quad t \geqslant \gamma; m, \eta > 0 \qquad (1.37)$$

可靠度函数为

$$R(t) = \exp\left[-\left(\frac{t-\gamma}{\eta} \right)^{m} \right], \quad t \geqslant \gamma; m, \eta > 0 \qquad (1.38)$$

故障率函数为

$$\lambda(t) = \frac{m}{\eta} \left(\frac{t-\gamma}{\eta} \right)^{m-1}, \quad t \geqslant \gamma; m, \eta > 0 \qquad (1.39)$$

1.2 可靠性与其他通用质量特性

质量是一组固有特性满足要求的程度。质量特性是产品、过程或体系与要求有关的固有特性。产品质量特性包含专用质量特性、通用质量特性、经济性、时间性、适应性。专用质量特性包含性能参数与指标。通用质量特性包括可靠性、维修性、测试性、保障性、安全性和环境适应性。专用质量特性和通用质量特性一起决定产品的效能。

GJB 450B—2021《装备可靠性工作通用要求》的总则规定:可靠性要求源于系统战备完好性和任务成功性,应确保可靠性要求合理、科学,可实现并可验证。可靠性工作应与维修性、测试性、安全性、环境适应性、保障系统及其资源、质量管理等协调,并尽可能结合进行,减少重复。这些都表明可靠性与相关特性之间存在一定的制约与协调关系。

可靠性是通用质量特性的核心和基础,它直接针对产品故障隐患进行预防、控制与改进。产品的故障特征和可靠性水平是安全性分析的重要输入,是维修性、测试性和保障性工作需求确定的来源。

可靠性以故障频率影响维修和保障资源配备,测试性以故障检测和隔离影响维修性和保障性,致命故障可能危及人员或财产安全、影响装备的安全性,通用质量特性因故障而紧密相连,它们之间的关系如图 1-6 所示。

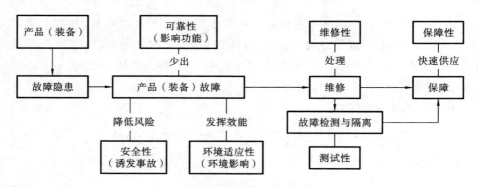

图 1-6　通用质量特性关系示意图

1.2.1　可靠性与维修性

GJB 451B—2021《装备通用质量特性术语》对维修性(maintainability)定义为:产品在规定的条件下和规定的时间内,按规定的程序和方法进行维修时,保持或恢复其规定状态的能力。

可靠性、维修性同为保障性的设计特性,可靠性与维修性共同决定装备的固有可用度,三者之间的关系可用固有可用度 A_i(inherent availability)表示为

$$A_i = \frac{M_{BF}}{M_{BF} + M_{CT}} \tag{1.40}$$

式中:M_{BF} 为平均故障间隔时间;M_{CT} 为平均修复时间。

固有可用度仅取决于平均故障间隔时间与平均修复时间,同样的固有可用度可以有多种 M_{BF} 和 M_{CT} 的组合,为确定合适的可靠性、维修性提供了权衡的空间,在强调提高可靠性时,维修性可以低一些,在可靠性提高受到限制时,可以用好的维修性补偿。所以说可靠性和维修性是具有互补的两种特性。

实际上,可靠性和维修性都是为了使装备随时可用。可靠性是从延长其正常工作时间的角度来提高可用性(availability,装备在任一时刻需要和开始执行任务

时,处于可工作或可使用状态的程度)的,而维修性是从缩短停用时间的角度来提高可用性的。

1.2.2　可靠性与测试性

GJB 451A—2021《装备通用质量特性术语》和 GJB 2547A—2012《装备测试性工作通用要求》对测试性(testability)定义为:产品能及时并准确地确定其状态(可工作、不可工作或性能下降),并隔离其内部故障的能力。

测试性是装备的设计特性之一。良好的测试性设计可以提高装备的战备完好性,缩短故障诊断和维修时间,提高可用度,从而提升装备使用效能。及时发现故障或故障趋势,有利于采取有效的维修策略,优化维修计划,使故障诊断及时、定位有效,可以节省工时,降低寿命周期费用。因此,当提高装备可靠性难度较大或费用过高时,可通过提高测试性实现任务成功性。

1.2.3　可靠性与保障性

GJB 1371—1992《装备保障性分析》对保障性(supportability)定义为:系统设计特性和计划的保障资源能满足平时战备完好性及战时使用要求的能力。

GJB 3872—1999《装备综合保障通用要求》对保障性(supportability)定义为:装备的设计特性和计划的保障资源满足平时战备和战时使用要求的能力。

GJB 451A—2021《装备通用质量特性术语》对保障性(supportability)定义为:装备的设计特性和计划的保障资源满足平时战备完好性和战时利用率要求的能力。

GJB 3872—1999 规定:装备保障性设计特性要求主要包括可靠性、维修性(含测试性)要求,它们由系统战备完好性要求导出。

可靠性(指基本可靠性)是关键的保障性设计特性,是影响装备保障性水平的重要因素。通过使用可用度的表达式可反映这种相应的制约关系,即

$$A_{\circ}=\frac{T_{BM}}{T_{BM}+T_{M}+T_{MD}} \tag{1.41}$$

式中:$A_{\circ}$ 为使用可用度(operational availability),是战备完好性(即保障性)顶层参数;T_{BM} 为平均维修间隔时间,是可靠性使用参数;T_{M} 为平均修复时间,包括平均修复性维修时间和平均预防性维修时间,是维修性参数;T_{MD} 为平均延误时间,为平均保障资源延误时间与平均管理延误时间之和,是系统保障参数。

这种制约关系表明:装备级的可靠性要求(使用可靠性要求)不是可以随意确定的,必须同时考虑相关因素,必须能满足 $A_{\circ}$ 的需求。结论是:可靠性是保障性的

15

重要设计特性,在确定装备级的基本可靠性要求时必须由保障性的顶层要求(即系统战备完好性要求)导出。对于装备以下层次的产品,可以根据自上而下的分配确定其可靠性要求,对于一些简单装备可以直接规定可靠性要求。

1.2.4 可靠性与安全性

GJB 900A—2012《装备安全性工作通用要求》对安全性(safety)定义为:产品具有的不导致人员伤亡、装备损坏、财产损失或不危及人员健康和环境的能力。

安全性定义可简洁表述为"不发生机毁人亡事故的能力",所以安全性是产品不可缺少的重要指标。据此,凡是发生机毁人亡的故障,通常也导致任务失败或部分失败,属于安全性研究范畴。凡是发生仅导致任务失败而未引起机毁人亡的故障,属于可靠性研究范畴。

安全性保证技术活动属于安全性工程,可靠性保证技术活动属于可靠性工程,虽然两者分属互相独立的不同工程范畴,但是可靠性和安全性是内涵有一定重叠的密切相关的两种特性,可靠性关注寿命期内所有的故障,而安全性仅考虑影响安全的灾难故障(事故)。产品不安全,产品可靠性也难于兑现;产品是安全的,但产品未必可靠。产品是不可靠的,可能引起安全事故;产品是可靠的,但产品未必安全。因此,可靠性是安全性的基础,要保证安全性,首先要保证可靠性,减少、消除导致任务失败的故障,也就是减少、消除故障危险源,从而降低、消除机毁人亡的风险。

1.2.5 可靠性与环境适应性

GJB 4239—2001《装备环境工程通用要求》对环境适应性(environmental worthiness)定义为:装备(产品)在其寿命期预计可能遇到的各种环境的作用下能实现其所有预定功能、性能和(或)不被破坏的能力,是装备(产品)的重要质量特性之一。

环境适应性反映的是装备适应各种环境的能力。环境适应性通常采用环境因素(温度、湿度、振动、冲击等)的应力强度、作用时间与装备性能参数的组合进行描述。

环境适应性与可靠性同样有密切的联系,两者都关注产品故障,只不过环境适应性重点关注装备使用与保障环境对装备故障的影响。环境适应性主要取决于选用的材料、构件、元器件耐环境的能力,以及其结构设计、工艺设计时采用的耐环境措施,如果提高了装备耐环境能力,装备就具有了足够的耐环境裕度,也降低了装备故障出现的概率,即提高了可靠性。

综上所述,从装备通用质量特性的关注点来看,可靠性着眼于减少故障,故障导致装备不能完成规定功能,这是可靠性重点关注的问题。维修性着眼于有故障时装备易修、快修、经济修,装备故障需要维修,恢复其规定技术状态,这是维修性重点关注的问题。故障时需要检修,进行故障检测和隔离,这是测试性重点关注的问题。装备在正常使用、维修、测试过程中依赖保障,要求易于保障,装备维修性是保障性的重要条件,保障性是维修性的归宿,这是保障性重点关注的问题。在实施上述过程中应不出或少出安全事故,当故障后果导致不安全事件发生时,这是安全性重点研究的问题,就成了安全性问题。装备与使用和保障环境密切相关,这是环境适应性重点关注的问题。

从装备通用质量特性概念的内涵来看,可靠性描述了装备在使用中不出、少出故障的质量特性,主要取决于设计,同时与使用、贮存、维修等因素也有关。装备不可能完全可靠,发生故障是必然的,维修性反映了装备是否好修的能力。装备维修保障需要依据装备的技术状态进行状态识别和故障诊断,技术状态的识别和故障的诊断都离不开测试,测试性反映了装备状态是否便于快速检测的特性。保障性通过可靠性、维修性、测试性、保障系统设计来保证,使装备的设计特性与保障资源、主装备与装备保障系统最佳配合,实现最佳费效比和可用度,保障性反映装备全系统是否便于快速保障的综合能力。安全性反映装备及其保障系统使用过程中是否能够避免发生各种事故的设计特性,可靠不一定安全,安全不一定可靠。环境适应性反映装备在遇到各种环境作用下,还能实现装备所有预定功能和性能的能力,是对装备可靠性的保障。

1.3　可靠性理论形成与发展

可靠性理论自 20 世纪 50 年代初在美国诞生以来,经历了近 70 年的研究与发展,取得了长足的进步和显著的成效,走过了工程化、标准化、制度化和信息化的发展历程,形成了以可靠性数学为基础理论、以可靠性物理为故障机理微观分析、以可靠性工程为可靠性技术和管理并重的综合学科体系。

1.3.1　国外可靠性理论形成与发展

在世界各国中,美国的可靠性理论发展居领先地位,美国建立了相应的管理和研究机构,制定了大量的法规、军用标准、手册和指南,装备的可靠性、维修性、保障性、安全性得到了快速发展。下面以美国为主体介绍国外可靠性理论形成与发展概况。

1939年,英国航空委员会《适航性统计学注释》首次提出飞机故障率不大于0.0001次/h的定量要求,相当于一小时内飞机的可靠度为0.9999,这是最早的飞机安全性和可靠性定量指标。第二次世界大战期间,德国在V-1火箭研制中,提出了串联系统可靠度乘积定律这一可靠性基本理论。在此期间,雷达等各种复杂电子设备相继问世,电子设备可靠性问题严重影响了装备作战使用效能,引起了各国的重视。

1943年,美国成立了电子管研究委员会,专门研究电子管的可靠性问题。1950年,美国成立了电子设备可靠性专门委员会。1952年,美国国防部成立了电子设备可靠性咨询组(advisory group on reliability of electronic equipment,A-GREE),推动了可靠性工程的发展。1955年,AGREE制定了一项包括从设计、研制、试验、生产、交付、贮存及使用等各阶段的可靠性发展计划。1957年,AGREE发表了《军用电子设备可靠性》研究报告,比较完整地阐述了可靠性的理论基础和研究方法,建立了可靠性工程学的框架,成为可靠性工程发展的奠基性文件,是可靠性理论发展的重要里程碑。

20世纪40年代至50年代,为解决可靠性问题,萌发了基于概率统计和故障物理两种方法。

1956年,日本从美国引进了可靠性技术和经济管理技术,并在1960年成立了质量委员会。日本将美国的可靠性研究成果应用到电子工业中,使电子工业产品质量得到了大幅提高。

20世纪60年代,可靠性工程以美国为先行,带动其他工业国家,获得了全面发展。美国在装备研制过程中开展了可靠性分配、预计、设计、分析、鉴定试验、验收试验、老化试验、评审等工作,开辟了可靠性物理研究,发展了故障模式、影响及危害性分析等技术,颁发了一系列标准。1961年,美国空军颁发MIL-R-27542《系统、分系统及设备的可靠性大纲》。1962年,美国颁发了MIL-HDBK-217《电子设备可靠性预计》,后持续修订,1995年修改为MIL-HDBK-217PLUS。1963年,美国国防部颁发MIL-STD-781《可修复的电子设备可靠性试验等级和接收/拒收准则》,1965年修改为MIL-STD-781A,1967年修改为MIL-STD-781B,并改名为《可靠性设计鉴定试验及产品验收试验(指数分布)》。1965年,美国国防部颁发MIL-STD-785《系统与设备的可靠性大纲要求》,1969年修改为MIL-STD-785A。

1965年,国际电工技术委员会设立了可靠性技术委员会,标志着可靠性工程成为一门国际化的技术工程。

1975年,美国成立了直属美国三军联合后勤司令部的电子系统可靠性联合技术协调组,统一可靠性管理。1978年,美国成立了全国性的数据交换网"政府机构与工业部门数据交换网"。美国在装备研制中,采用了可靠性研制与增长试验、环境应力筛选和综合环境试验,颁发了相应的标准:1977 年,颁发了 MIL-STD-2068《可靠性研制试验》和 MIL-STD-781C《可靠性设计鉴定试验及生产验收试验(指数分布)》;1978 年,颁发了 MIL-STD-1635《可靠性增长试验》。

20 世纪 80 年代,可靠性、维修性、保障性作为提高装备战斗力的重要工具,将可靠性与装备性能、费用和进度置于同等重要位置。1980 年,美国国防部颁发了 DoD-D5000.40《可靠性与维修性》,强调可靠性和维修性的统一管理和管理的制度化。1980 年,美国颁发了 MIL-STD-785B《系统与设备的可靠性大纲要求》,增加了可靠性工作项目和试验。1981 年,美国颁发了 MIL-HDBK-189《可靠性增长管理》。1985 年,颁发了 MIL-STD-2164《电子设备环境应力筛选方法》。1986 年,颁发了 MIL-STD-781D《工程研制、鉴定和生产的可靠性试验》。1987 年,美国颁发了 MIL-HDBK-781《工程研制、鉴定和生产的可靠性试验方法、方案和环境手册》,把有关可靠性试验统一在一起,进行了规范,在 1996 年,将其修为 MIL-HDBK-781A。1986 年,美国空军颁发了《Reliability and Maintainabity 2000》行动计划。1996 年 1 月,美国颁发了 MIL+HDBK-2164《电子设备环境应力筛选手册》,同一年 6 月将其修订为 MIL-HDBK-2164A,说明了环境应力筛选对电子设备的重要性。

20 世纪 80 年代起,美国提出了故障过程分析,开展了故障物理模型、可靠性设计与分析等方面的研究。

21 世纪初,美军发现 1996 年至 2000 年生产的装备 80% 达不到可靠性要求水平,为此,成立了一个特别行动小组进行调查,经过一年多的调查研究,特别行动小组建议制定一个新的可靠性大纲标准,把可靠性增长作为设计和研制的组成部分。2008 年,美国颁发了 GEIA-STD-0009《系统设计、研制和制造用的可靠性大纲标准》,该标准通过选择方法、工具和惯例实现每项可靠性活动,GEIA-STD-0009 要求在装备研制开始就要识别故障模式和故障机理。2009 年,美国颁发了 MIL-HDBK-189A《可靠性增长管理手册》,2011 年修订为 MIL-HDBK-189C,为采购机构和承包商在装备研制中的可靠性增长模型和方法提供指导。

1.3.2　国内可靠性理论形成与发展

我国可靠性理论研究起始于电子行业。1955 年,在广州建立了中国亚热带电信器材研究所,即目前的工业和信息化部电子第五研究所(原电子工业部第五研究所),开展了可靠性工作研究。1961 年,该所翻译出版了美国的《AGREE 报告》。这一时期国内翻译出版了一系列可靠性方面的书籍和资料,如《可靠性理论基础和计算》(1963 年)、《无线电电子设备的可靠性》(1964 年)、《无线电电子设备的可靠性与有效性的计算》(1966年)等。

20世纪70年代,原国防科学技术工业委员会组织开展了电子元器件筛选研究和元器件的可靠性验证试验,进行了加速寿命试验,推动了可靠性试验方案及数据分析研究工作。可靠性工程相继在航空航天、核工业、通信领域得到了应用。

1979年以后,我国相继建立了中国电子产品可靠性数据信息交换网,成立了全国电工电子产品可靠性与维修性标准化技术委员会、中国电子学会可靠性分会、中国电子学会电子产品可靠性与质量管理专业委员会、中国航空学会维修工程专业委员会、可靠性专业委员会、全国军事技术装备可靠性标准化技术委员会,以及航空、兵器、舰船和航天分委员会等专业技术组织。

20世纪80年代,可靠性工程得到了迅速发展。1985年,原国防科学技术工业委员会发布了《航空技术装备寿命和可靠性工作暂行规定》,统一了对寿命、可靠性工作的思想认识,使航空工业寿命和可靠性工作出现了新局面。原国防科学技术工业委员会、中国人民解放军总装备部组织制定了一系列的可靠性基础标准,形成了一个比较完善的可靠性标准体系:1987年,发布了GJB 299—1987《电子设备可靠性预计手册》,并于1991年、1998年、2006年分别修订为GJB/Z 299A—1991、GJB/Z 299B—1998、GJB/Z 299C—2006;1988年,发布了GJB 450—1988《装备研制与生产的可靠性通用大纲》,并于2004年修订改名为GJB 450A—2004《装备可靠性工作通用要求》,2021年修订为GJB 450B—2021。

20世纪90年代,我国可靠性工程获得了极大发展,建立了武器装备可靠性工程技术中心,开展了可靠性共性技术预先研究。1991年,原国防科工委颁发了《关于进一步加强武器装备可靠性、维修性工作的通知》,强调把可靠性、维修性放到与性能同等重要的位置来看待,树立以提高装备效能、降低全寿命周期费用为目标的质量观。1993年,原国防科工委颁发了《武器装备可靠性维修性管理规定》,随后关于航空、舰船和陆军装备的相应规定也陆续颁发。1994年,原国防科工委颁发了《武器装备可靠性维修性设计若干要求》。20世纪90年代发布了一系列可靠性通用标准,如表1-4所示。

表1-4　可靠性国家军用标准一览表

序号	标准编号	标准名称
1	GJB 299—1987	电子设备可靠性预计手册
	GJB/Z 299A—1991	
	GJB/Z 299B—1998	
	GJB/Z 299C—2006	

序号	标 准 编 号	标 准 名 称
2	GJB 450—1988	装备研制与生产的可靠性通用大纲
	GJB 450A—2004	装备可靠性工作通用要求
	GJB 450B—2021	
3	GJB 451—1990	可靠性维修性术语
	GJB 451A—2005	可靠性维修性保障性术语
	GJB 451B—2021	装备通用质量特性术语
4	GJB 546—1988	电子元器件可靠性保证大纲
	GJB 546A—1996	电子元器件质量保证大纲
	GJB 546B—2011	
5	GJB 768—1989	故障树分析
	GJB/Z 768A—1998	故障树分析指南
6	GJB 813—1990	可靠性模型的建立和可靠性预计
7	GJB 841—1990	故障报告、分析和纠正措施系统
8	GJB 899—1990	可靠性鉴定和验收试验
	GJB 899A—2009	
9	GJB 1032—1990	电子产品环境应力筛选方法
10	GJB 1391—1992	故障模式、影响及危害性分析程序
	GJB/Z 1391—2006	故障模式、影响及危害性分析指南
11	GJB 1407—1992	可靠性增长试验
12	GJB 1686—1993	装备质量与可靠性信息管理要求
	GJB 1686A—2005	装备质量信息管理通用要求
13	GJB 1775—1993	装备质量与可靠性信息分类和编码通用要求
14	GJB 1909—1994	装备可靠性维修性参数选择和指标确定要求
	GJB 1909A—2009	装备可靠性维修性保障性要求论证
15	GJB 3404—1998	电子元器件选用管理要求
16	GJB/Z 23—1991	可靠性和维修性工程报告编写一般要求
17	GJB/Z 27—1992	电子设备可靠性热设计手册
18	GJB/Z 34—1993	电子产品定量环境应力筛选指南

序号	标 准 编 号	标 准 名 称
19	GJB/Z 35—1993	元器件降额准则
20	GJB/Z 72—1995	可靠性维修性评审指南
21	GJB/Z 77—1995	可靠性增长管理手册
22	GJB/Z 89—1997	电路容差分析指南
23	GJB/Z 102—1997	软件可靠性和安全性设计准则
24	GJB/Z 108—1998 GJB/Z 108A—2006	电子设备非工作状态可靠性预计手册

进入 21 世纪，我国更加重视可靠性基础研究和预先研究，在装备型号研制中推行并行工程和可靠性工程应用，开展了可靠性一体化设计、可靠性仿真试验、高加速寿命试验、高加速应力筛选试验，开展了失效物理为基础的高可靠性和长寿命技术研究，软件可靠性问题引起了人们重视。同时，制订和修订了部分可靠性国家军用标准，出版了《可靠性、维修性、保障性技术丛书》和《装备标准化实践丛书》，对提高可靠性、维修性、保障性水平，推进型号可靠性工作，发挥了重要作用。

我国高等院校也积极投身可靠性工程领域研究和人才的培养，如国防科技大学、北京航空航天大学、陆军工程大学、西北工业大学、哈尔滨工业大学等相继成立了可靠性工程领域的机构和团队，广泛开展可靠性基础理论、关键技术与工程应用研究，为制定和贯彻标准与规范提供了重要的技术支持，部分成果在型号研制中得到应用。同时，部分高等院校也成立了可靠性、测试性、保障性、安全性等相关学科专业，为我国可靠性工程的贯彻和实施打下了坚实的人才基础。

思 考 题

1. 什么是可靠性，可靠性包含哪些因素？
2. 简述任务可靠性与基本可靠性的区别和联系。
3. 简述固有可靠性与使用可靠性的区别和联系。
4. 故障密度函数与故障率有何区别。
5. 有 100 只电子管，工作 500 h 有 8 只故障，工作 1000 h 有 50 只故障，求该电子管分别在 500 h 与 1000 h 的累积故障分布函数的估计值。

6. 若已知某产品的故障率为 $2.5 \times 10^{-5}/h$,可靠度函数为 $R(t) = e^{-\lambda t}$,试求可靠度为 99% 的可靠寿命及其中位寿命、特征寿命。

参 考 文 献

[1] 康建设,宋文渊,白永生,等. 装备可靠性工程[M]. 北京:国防工业出版社,2019.

[2] 吕明华. 可靠性工程标准化[M]. 北京:中国标准出版社,国防工业出版社,2016.

[3] 谢少锋,张增照,聂国健. 可靠性设计[M]. 北京:电子工业出版社,2015.

[4] 曾声奎. 可靠性设计分析基础[M]. 北京:北京航空航天大学出版社,2015.

[5] 曾声奎. 可靠性设计与分析[M]. 北京:国防工业出版社,2011.

[6] 康锐. 可靠性维修性保障性工程基础[M]. 北京:国防工业出版社,2012.

[7] 程五一,李季. 系统可靠性理论及其应用[M]. 北京:北京航空航天大学出版社,2012.

[8] 宋保维. 系统可靠性设计与分析[M]. 西安:西北工业大学出版社,2008.

[9] 高社生,张玲霞. 可靠性理论与工程应用[M]. 北京:国防工业出版社,2002.

[10] 姜兴渭,宋政吉,王晓晨. 可靠性工程技术[M]. 哈尔滨:哈尔滨工业大学出版社,2005.

[11] 甘茂治,康建设,高崎. 军用装备维修工程学[M]. 2 版. 北京:国防工业出版社,2005.

[12] 徐永成. 装备保障工程学[M]. 北京:国防工业出版社,2013.

[13] 杨秉喜. 雷达综合技术保障工程[M]. 北京:中国标准出版社,2002.

[14] 中央军委装备发展部. GJB 450B—2021 装备可靠性工作通用要求[S]. 北京:国家军用标准出版发行部,2021.

[15] 中央军委装备发展部. GJB 451B—2021 装备通用质量特性术语[S]. 北京:国家军用标准出版发行部,2021.

[16] 中央军委装备发展部. GJB 8892.9—2017 武器装备论证通用要求 第 9 部分:可靠性[S]. 北京:国家军用标准出版发行部,2017.

[17] 中国人民解放军总装备部. GJB 1909A—2009 装备可靠性维修性保障性要求论证[S]. 北京:总装备部军标出版发行部,2009.

[18] 中国人民解放军总装备部. GJB 368B—2009 装备维修性工作通用要求[S].

北京:总装备部军标出版发行部,2009.

[19] 中国人民解放军总装备部.GJB 2547A—2012 装备测试性工作通用要求[S].
北京:总装备部军标出版发行部,2012.

[20] 中国人民解放军总装备部.GJB 900A—2012 装备安全性工作通用要求[S].
北京:总装备部军标出版发行部,2012.

[21] 中国人民解放军总装备部.GJB 4239—2001 装备环境工程通用要求[S].北
京:总装备部军标出版发行部,2001.

[22] 祝华远,李军亮,孙鲁青.武器装备通用质量特性管理综述[J].兵工自动化,
2021,40(02):13-17.

[23] 张健,于水游,王雷.装备通用质量特性关系概述[J].光电技术应用,2020,35
(04):76-84.

第2章

雷达装备可靠性要求与确定

2.1 概　　述

2.1.1　可靠性要求概念

可靠性要求是装备订购方从可靠性角度向承制方(或生产方)提出的研制目标。正确、科学地确定可靠性要求是一项重要工作。承制方只有在透彻地理解可靠性要求后,才能在装备设计、研制、生产过程中充分考虑可靠性问题,并按可靠性要求有计划地实施有关的组织、监督、控制及验证工作。

可靠性要求包括可靠性设计要求和可靠性工作项目要求。可靠性设计要求就是常说的可靠性定量要求和可靠性定性要求,是对装备可靠性总体需求的全面、细致表述。可靠性工作项目要求是装备在论证立项、工程研制、鉴定定型、生产与使用阶段上工作项目的要求。它包括确定可靠性要求及其工作项目要求、可靠性管理要求、可靠性设计与分析要求、可靠性试验与评价要求和使用可靠性评估与改进要求。

可靠性定量要求是规定产品的可靠性参数、指标和相应的验证方法,用定量方法通过设计分析、试验验证等方式来保证产品可靠性的要求。可靠性定量要求一般明确选用的参数和确定的指标,并转化为设计准则,是满足定量指标的必要条件。

可靠性定性要求是为保证产品可靠性,对产品设计、工艺、软件等方面提出的非量化要求。由于定量要求不能完全反映装备可靠性的全部要求,通常用定性要求作为定量要求的重要补充。定性要求是采用文字描述的设计要求。

可靠性要求应与装备的使命任务、环境要求、维修保障资源协调一致。可靠性要求提得过高,必将需要采用更为先进的方法和手段,致使设计、研制、工艺复杂化,装备研制费用提高,但使用维修保障费用会降低;反之,可靠性要求过低,装备使用过程中的故障增多,增加装备的不能工作时间,影响装备战备完好性和作战任务的完成。为此,在确定可靠性要求时需要与维修性、测试性、保障性、安全性、环境适应性等要求进行反复的权衡分析、综合考虑、确保协调。

2.1.2 可靠性要求作用

1. 可靠性要求是开展雷达装备可靠性工作的前提

对于新研型号的雷达装备,订购方最关心的可靠性问题是:根据装备使命任务,装备具备什么样的可靠性水平才能满足战备完好性和任务成功性要求;订购方提出的可靠性要求与承制方达到的可靠性要求有什么不同;规定的可靠性要求和其他相关要求是否能实现降低寿命周期费用的目标;如何验证新研装备已经达到了规定的可靠性要求;哪些可靠性工作项目对于实现装备的可靠性要求是最有效的,哪些可靠性工作项目是要求承制方必须实施的。

从承制方的角度看,主要的可靠性问题是:是否真正理解了订购方提出的可靠性合同要求,可靠性合同要求具体包括哪些内容,哪些设计分析技术、试验方法能够更快、更好地实现规定的可靠性合同要求,哪些可靠性工作项目对实现规定的可靠性要求是最有效的,哪些可靠性工作项目是订购方要求必须实施的;如何试验或验证新研制装备已经达到了合同规定的可靠性要求。

从以上可以看出,可靠性要求是核心,问题主要是围绕"如何提出要求""如何实现要求""如何验证要求",所以科学且合理地确定装备可靠性要求是开展新研型号雷达可靠性工作的前提,也是订购方可靠性工作的首要任务。

2. 可靠性要求直接影响雷达装备的作战效能和作战适用性

作战效能和作战使用适用性是衡量新研雷达装备能否满足作战任务需求的两大重要综合标志。作战效能考虑编制、作战原则、战术、生存性、易损性和威胁,在计划或预期的作战环境中,由具有代表性的人员操作,系统完成任务的总体水平,简而言之,作战效能反映装备完成预期任务的程度。例如,雷达装备作战效能可从装备预警探测能力、情报处理能力、指挥控制能力、战场生存能力、综合保障能力等方面综合考虑。

作战适用性是在考虑可靠性、维修性、保障性、安全性、可用性、兼容性、运输性、互用性、战时利用率、人机工程、保障资源、环境效应、技术资料与训练要求等情况下,雷达装备能满意投入现场使用的能力,简而言之,作战适用性反映了装备能够令人满意地投入现场使用的能力。

可靠性是装备的重要质量特性,可靠性是与成功概率和故障频率有关的性能属性。从可靠性的内涵来看,与成功概率有关的可靠性(即任务可靠性)与装备完成任务的程度有关,它直接影响装备作战效能;与故障频率有关的可靠性(即基本可靠性)与装备的维修(即所需的保障资源)密切相关,是作战适用性范畴内的重要性能之一,它直接影响装备的适用性。所以说,确定的可靠性要求会影响装备的作战效能和作战适用性。

3. 可靠性要求影响雷达装备的寿命周期费用

寿命周期费用已经成为装备发展决策的重要因素,如何降低装备的使用与保障费用,如何降低新研装备的寿命周期费用,已经成为新研装备研制的重要目标之一(性能、费用和进度)。大量的有关战备完好性与保障性、可靠性、维修性等研究表明,可靠性与其相关特性是影响装备寿命周期费用的重要因素,为了降低新研装备的寿命周期费用,必须进行可靠性与这些相关特性和传统技术性能之间的权衡,例如提高装备的可靠性会使技术风险和研制费用提高,但可降低使用、保障费用,反之亦然。为了确保装备的作战效能和作战适用性,必须在效能与费用之间,在性能要求、技术可行性、费用、进度及风险之间进行充分的权衡协调,以实现降低费用的目标。可靠性要求不同,所需费用不同,所以在确定可靠性要求时必须重视费用这个因素,确定合理的可靠性要求一定会带来寿命周期费用的降低。

可靠性工作项目的实施也是需要费用的,所以在确定可靠性工作项目时,应选择费用效益比高的工作项目,总之,实施尽可能少的可靠性工作项目以实现规定的可靠性要求。

2.2　雷达装备可靠性设计要求

2.2.1　雷达装备可靠性定量要求

可靠性定量要求确定装备的可靠性参数、指标,以及验证时机和验证方法,以便在设计、生产、试验验证、使用过程中用量化方法评价或验证装备的可靠性水平。可靠性参数要反映战备完好性、任务成功性、维修人力费用及保障资源费用等四个方面的要求。

1. 可靠性参数

GJB 450B—2021《装备可靠性工作通用要求》将可靠性参数分为四类：基本可靠性参数、任务可靠性参数、耐久性参数和贮存可靠性参数。

1）基本可靠性参数

与战备完好性有关的基本可靠性参数主要有：平均故障前时间、平均故障间隔时间、平均维修间隔时间、平均不能工作事件间隔时间和平均拆卸间隔时间。

（1）平均故障前时间（mean time to failure，MTTF）T_{TF}。

平均故障前时间是不可修产品可靠性的一种基本参数，其度量方法为：在规定的条件下和规定的时间内，产品寿命单位总数与故障产品总数之比，记为 T_{TF}，其计算公式为

$$T_{TF} = \frac{\sum\limits_{i=1}^{n} t_i}{N_T} \tag{2.1}$$

式中：t_i 为在规定的时间内，第 i 个测试产品的工作时间（寿命单位数）；$\sum\limits_{i=1}^{n} t_i$ 为 n 个测试产品的总工作时间（寿命单位数）；N_T 为发生故障的产品总数。在提出 T_{TF} 指标时，应明确故障判断准则，并明确这个故障总数是关联故障总数，还是包括非关联故障的故障总数。

T_{TF} 作为基本参数，各样本的故障前时间是随机变量，在其分布函数确定的条件下，由 T_{TF} 可导出故障率 λ 在规定时间内的可靠度 $R(t)$。T_{TF} 既可作为使用参数，也可作为合同参数，提出时应明确其使用条件和故障计数准则（用哪些故障计算该参数）。

（2）平均故障间隔时间（mean time between failures，MTBF）T_{BF}。

平均故障间隔时间是可修产品可靠性的一种基本参数，其度量方法为：在规定的条件下和规定的时间内，产品寿命总数与故障产品总数之比，记为 T_{BF}，其计算公式为

$$T_{BF} = \frac{T_O}{N_T} = \frac{\sum\limits_{i=1}^{n} \sum\limits_{j=1}^{n_i} t_{ij}}{\sum\limits_{i=1}^{n} n_i} \tag{2.2}$$

式中：T_O 为在规定的时间内，产品的工作时间（这里的"时间"是指寿命单位数，可

以是时间(h)、里程(km)等,如 T_{BF} 为平均故障间隔时间,也可为平均故障间隔里程);N_T 为测试产品的所有故障总数;n 为测试产品的总数;n_i 为第 i 个测试产品的故障数;t_{ij} 为第 i 个产品从第 $j-1$ 次故障到第 j 次故障的工作时间。

T_{BF} 作为基本参数,对于可修复产品,各故障间隔时间不一定是独立同分布的随机变量。应把产品发生故障的时间看成是时间轴上依次出现的随机点,即对可修复产品的故障规律应用随机点过程描述,在工程应用中采用齐泊松过程处理。该参数可以作为使用参数,也可作为合同参数,只要明确规定时间和故障总数的含义。

(3) 平均维修间隔时间(mean time between maintenance,MTBM)T_{BM}。

平均维修间隔时间是与维修有关的一种可靠性参数,其度量方法为:在规定的条件下和规定的期间内,产品寿命单位总数与该产品计划维修和非计划维修事件总数之比,其计算公式为

$$T_{BM} = \frac{T_O}{N_M} \tag{2.3}$$

式中:T_O 为规定的时间内,装备(产品)的工作时间;N_M 为维修总次数,在论证 N_M 时应明确,除包括各类预防性维修和修复性维修外,还应说明包括哪些修理、保养、检测等,并应明确是否包括属于技术管理要求进行的例行维修活动,如雷达日维护、周维护、月维护、年维护等。

该参数仅适用于可修复产品,属使用参数,应在使用阶段用演示试验或实际观测的方法进行评估。

(4) 平均不能工作事件间隔时间(mean time between downing events,MTBDE)。

平均不能工作事件间隔时间是指在规定的条件和规定的时间内,产品寿命单位总数与不能工作的事件总数之比。

(5) 平均拆卸间隔时间(mean time between removals,MTBR)。

平均拆卸间隔时间是与保障资源有关的一种可靠性参数。它是指在规定的条件下和规定的时间内,产品寿命单位总数与从该产品上拆下其组成部分的总次数之比,不包括为了便于其他维修活动或改进产品而进行的拆卸。

2) 任务可靠性参数

与任务有关的可靠性参数主要有平均严重故障间隔时间、任务可靠度等。

(1) 平均严重故障间隔时间(mean time between critical failures,MTBCF)T_{BCF}。

平均严重故障间隔时间度量方法:在规定的一系列任务剖面中,产品任务总时间与严重故障总数之比(原称致命性故障间的任务时间),其计算公式为

$$T_{BCF} = \frac{T_{OM}}{N_{TM}} \tag{2.4}$$

式中：T_{OM} 为任务总时间，在任务剖面的工作时间，在很多情况下，把总工作时间视为任务总时间，即 $T_O = T_{OM}$，与 T_{BF} 中的 T_O 具有相同的含义；N_{TM} 为严重故障总数。

T_{BCF} 作为基本参数，对于可修复产品与 T_{BF} 同理，该参数可以作为使用参数，也可作为合同参数。

（2）任务可靠度（mission reliability）是指任务可靠性的概率度量。

任务成功概率（mission completion success probability，MCSP）是指在规定的条件下和规定的任务剖面内，装备能完成规定任务的概率。

3）耐久性参数

耐久性（durability）是指产品在规定的时间内，抵抗退化、磨损、断裂、腐蚀、热劣化和外来物损坏的能力。它是可靠性的一种特殊情况，是有用寿命的度量。有用寿命（useful life）是产品从制造到出现不可修复的故障或不可接受的故障率时的寿命单位。

耐久性参数主要有使用寿命、首次大修期限（首次翻修期限）、大修间隔期（翻修间隔期）等。

（1）使用寿命（service life）。

使用寿命是指产品使用到无论从技术上还是经济上考虑都不宜再使用，而必须大修或报废时的寿命单位数。

对于一种产品，其使用寿命不可能是完全相同的，使用寿命是一个随机变量，是一个统计值，达到规定寿命的概率一般也可称耐久度。因此一般在提出使用寿命指标时应包括：使用寿命的量值（寿命单位数）、达到使用寿命的概率及其置信度。

有使用寿命要求的产品，应同时提出耐久性损坏的判断准则，这是使用寿命的一些评估参数和定性评估标准。有些故障也会使产品（装备）报废或需要大修，但不是耐久性损坏，而是偶然故障。耐久性损坏一般是耗损型故障。

使用寿命的确定应通过规定的寿命试验。一个产品的部件或零件的使用寿命不一定是一个相同的指标，一个产品不同层次的部件、零件可以有不同的使用寿命要求。

对于不可修复产品，一般用使用寿命表述其耐久性水平；对于可修复产品，也可用首次大修期限（首次翻修期限）、大修间隔期（翻修间隔期）等参数表述其耐久性水平。

使用寿命既是使用参数，又是合同参数。

（2）首次大修期限（time to first overhaul，TTFO）。

首次大修期限是指在规定条件下，雷达从开始使用到首次大修的工作时间（小时)或日历持续时间(年),也称首次翻修期限,简称首翻期。

(3) 大修间隔期(time between overhauls,TBO)。

大修间隔期是指在规定条件下,雷达两次相继大修间的工作时间(小时)或日历持续时间(年),也称翻修间隔期限。

4) 贮存可靠性参数

贮存可靠性(storage reliability)是指在规定的贮存条件下和规定的贮存时间内,产品保持规定功能的能力,也称储存可靠性。

贮存可靠性参数主要包括贮存寿命、贮存可靠度。

(1) 贮存寿命(storage life)是指雷达在规定的贮存条件下能够满足规定要求的贮存期限,也称贮存期。贮存条件包括贮存的环境条件(露天或仓库室内的自然环境条件、室内有空调的环境条件)、封存条件等,还包括贮存期间定期检修和维护要求等。

(2) 贮存可靠度是贮存可靠性的概率度量。

2. 可靠性要求的导出

战备完好性、任务成功性、维修人力费用和保障资源费用等是与可靠性密切相关的用户使用要求。根据这些使用要求导出装备的可靠性要求。对于基本可靠性要求,理想的情况是建立某种使用要求与可靠性的关系式,以导出可靠性要求,例如使用要求就用使用可用度。

雷达在任一随机时刻需要和开始执行任务时,处于可工作或可使用状态的程度,用概率度量。可用度分为使用可用度 A_o、可达可用度 A_a 和固有可用度 A_i。

1) 使用可用度(operational availability)A_o

使用可用度是与能工作时间和不能工作时间有关的一种可用性参数。其一种度量方法为:装备的能工作时间与能工作时间和不能工作时间的和的比。它综合考虑了硬件设计,使用环境和保障条件,所以是全面评估装备战斗潜力的形式,其计算公式为

$$A_o = \frac{T_O + T_S}{T_O + T_S + T_{CM} + T_{PM} + T_{OS} + T_D} \tag{2.5}$$

式中:T_O 为工作时间;T_S 为备用(待机)时间;T_{CM} 为修复性维修总时间;T_{PM} 为预防性维修总时间;T_{OS} 为使用保障时间;T_D 为延误时间。

使用可用度是一个使用参数,一般在初始使用阶段或后续使用阶段进行评估。在论证工作中,允许根据装备实际的使用情况,对计算公式进行修正,如长期连续使用的装备不考虑备用时间,可直接用可靠性和维修性等参数表述,其计算公式为

$$A_o = \frac{T_{BM}}{T_{BM} + T_M + T_{MD}} \tag{2.6}$$

式中：T_{BM}为平均维修间隔时间；T_M为平均修复时间，包括平均修复性维修时间和平均预防性维修时间；T_{MD}为平均延误时间，为平均保障资源延误时间和平均管理延误时间的和。

2）可达可用度（achieved availability）A_a

在式（2.5）中，如果不考虑备用时间、使用保障时间和延误时间，便得到可达可用度为

$$A_a = \frac{T_O}{T_O + T_{CM} + T_{PM}} \tag{2.7}$$

可达可用度是仅与工作时间、修复性维修时间和预防性维修时间有关的一种可用性参数。其一种度量方法为：装备的工作时间与工作时间、修复性维修时间、预防性维修时间的和的比。与A_o比较，A_a与装备硬件的关系更大，由于它不包括维修前（后）的使用保障时间和延误时间，因此更适合承制方在研制阶段评估装备硬件在理想保障条件可能达到的可用度。

3）固有可用度（inherent availability）A_i

在式（2.5）中，如果进一步不靠考虑预防性维修总时间，便得到固有可用度为

$$A_i = \frac{T_O}{T_O + T_{CM}} \tag{2.8}$$

固有可用度是仅与工作时间和修复性维修时间有关的一种可用性参数。另一种度量方法为：装备的平均故障间隔时间与平均故障间隔时间和平均修复时间的和的比，即

$$A_i = \frac{M_{BF}}{M_{BF} + M_{CT}} \tag{2.9}$$

式中：M_{BF}为平均故障间隔时间；M_{CT}为平均修复时间。

平均故障间隔时间（mean time between failures，MTBF）M_{BF}是可修复产品的一种基本可靠性参数。其度量方法为：在规定的条件下和规定的期间内，产品寿命单位总数与故障总次数的比。

因为固有可用性不考虑预防性维修时间、使用保障时间和延误时间，所以它对大多数装备的战斗潜力只是一种粗略的评估。

4）任务成功度

常用的任务成功性参数是任务成功度D，影响任务完成的因素很多，如战场的环境条件、装备的功能特性等。D只考虑可靠性、维修性对完成任务的影响，从可靠性维修性等设计特性的角度考虑能完成任务的概率。可以利用任务成功度与任务可靠度的关系导出任务可靠性要求。任务成功度计算公式为

$$D = R(m) + [1 - R(m)]M_m \tag{2.10}$$

式中: $R(m)$ 为给定任务剖面的任务可靠度,一般以装备完成一个任务剖面的可靠度表示,如果在任务过程中不允许维修(抢修)的情况下,则 $D=R(m)$; M_m 为任务维修度,定义为在任务剖面中,在规定的维修级别和规定的时间内,维修(抢修)损坏的装备使其能够继续投入作战的概率。例如,1 h 以内使损坏的装备恢复功能,认为不影响装备继续完成任务,则表示 1 h 的维修度为任务维修度。

D 是一个使用参数,条件规定明确的也可作为合同参数,应明确使用参数与合同参数两种情况不同的考核条件。当给定 M_m 时,可根据要求的任务成功度 D 导出任务可靠度 $R(m)$。

3. 可靠性使用参数与可靠性合同参数

可靠性参数是可靠性特征的描述。可靠性参数通常分为可靠性使用参数和可靠性合同参数,根据不同的需求,在不同场合选择不同的使用参数和合同参数。

GJB 450B—2021《装备可靠性工作通用要求》对可靠性使用参数(operational reliability parameter)定义为:直接与战备完好性、任务成功性、维修人力费用和保障资源费用有关的一种可靠性度量。可靠性使用参数度量值称为使用值(目标值与门限值)。

常用的可靠性使用参数有反映战备完好性的使用可用度、平均不能工作事件间隔时间等,反映任务成功性的平均严重故障间隔时间,反映维修人力费用和保障资源费用的平均维修间隔时间、平均拆卸间隔时间(MTBR)等。

GJB 450B—2021《装备可靠性工作通用要求》对可靠性合同参数(contractual reliability parameter)定义为:在合同中表达订购方可靠性要求的,并且是承制方在研制和生产过程中可以控制的参数。可靠性合同参数度量值称为合同值(规定值与最低可接受值)。常用的可靠性合同参数有固有可用度、平均故障前时间、平均故障间隔时间、平均严重故障间隔时间、可靠度、故障率等。

可靠性指标是指对可靠性参数的度量值。可靠性指标根据可靠性参数可分为使用指标和合同指标。使用指标包括门限值与目标值,合同指标包括最低可接受值与规定值。

(1)门限值(threshold value)是完成作战使用任务(即满足使用要求)装备所应达到的最低使用指标。它是确定合同指标最低可接受值的依据。

(2)目标值(objective value)是用户期望装备达到的使用指标。它高于门限值,且是在使用中期望达到的量值,是确定合同指标规定值的依据。目标值和门限值之间是权衡技术、经济、进度的空间。

(3)最低可接受值(minimum acceptable value)是要求装备应达到的合同指标,是装备定型考核或验证的依据。

（4）规定值（specified value）是用户期望装备达到的合同指标。它高于最低可接受值，是装备设计的依据，一般装备应按高于规定值进行设计。

在装备各阶段，可靠性各参数值之间的关系如图 2-1 所示。

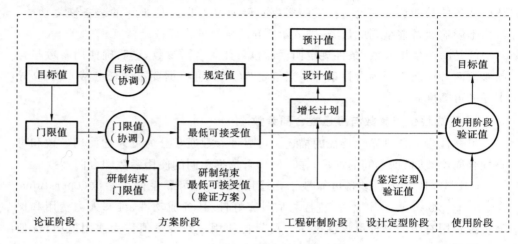

图 2-1　可靠性各参数值之间的关系

在论证阶段，由使用方根据装备的使用需求和任务要求，经过论证提出装备的目标值，并以此确定门限值（一般是针对使用参数的）。在方案阶段，由使用方与承制方协调，确定最终的目标值和门限值，并确定研制结束时的门限值——研制结束门限值，并将其转化为合同参数对应的规定值、最低可接受值及研制结束最低可接受值。在工程研制阶段，进行可靠性分配，确定装备各层次产品的设计目标——设计值（即与装备成熟期的目标值对应的规定值，而非研制结束时的最低可接受值），经过可靠性设计分析及可靠性增长，实现设计目标。在设计定型阶段，经过验证获得鉴定定型验证值，用以验证是否达到研制结束时的最低可接受值。在使用阶段，经过验证获得使用阶段验证值，用以验证装备可靠性是否达到使用方要求的目标值，最低不能低于门限值。

为便于分析，将可靠性使用参数与合同参数进行比较，如表 2-1 所示。

表 2-1　可靠性使用参数与合同参数的比较

比较项目	使 用 参 数	合 同 参 数
目的	度量作战使用效能，描述装备在预期环境下的性能	定义、度量和评定承制方的可靠性工作，从而影响设计和评估装备的固有能力
主要对象	作战和保障管理人员	工程技术人员

比较项目	使 用 参 数	合 同 参 数
所包含的事件	所有事件,不管是系统故障引起的事件、人员诱发的事件,还是其他事件	硬件或软件故障引起的失效和维修
度量依据	现场装备效能,包括产品设计、质量、安装环境、维修策略、修理、延误等的综合影响,以使用参数值描述	设计分析和试验,只包含设计和制造的影响,以设计参数值描述
影响度量值的因素	备件、维修人员的数量和技能,数据的准确性,维修时间	设计分析准确性和试验真实性
责任	全部	仅限合同条款
参数选择	用于描述作战使用中可靠性与维修性性能的需求水平	选择的参数必须保证实现预定的使用需求
典型参数	使用可用度、平均严重故障间隔时间、平均维修间隔时间、平均拆卸间隔时间	固有可用度、平均故障前时间、平均故障间隔时间、平均严重故障间隔时间

由表 2-1 可知,使用参数是作战使用部门用于度量现场装备性能的参数。这些度量考虑了所有影响性能的因素。例如,使用可用度考虑了所有的故障(不考虑其原因),实际的维修时间,由于保障原因引起的延误时间,以及其他因素。换句话说,使用参数度量是由整个环境确定的性能。合同参数反映了承制方可以进行某种控制以及可以说明的一些因素。对于那些承制方可以像工业产品一样完全(或接近完全)控制所有的因素,使用参数也可以用在合同中。当承制方不能完全控制时,订购方必须对这些参数进行转换,把这些参数转换成以工程和设计表示的参数,承制方可以控制和能够说明这些参数。下面举例说明使用参数和合同参数之间的区别。假定在 100 h 时间内发生 10 个维修事件,平均维修间隔时间 MTBM＝100/10＝10 h,而不管这 10 个事件是固有的、诱发的或没有缺陷的,还是这三类事件的组合。但是,从设计角度看,仅需考虑由装备故障引起的维修事件,而诱发的和没有缺陷的误拆卸维修等维修事件不是合同责任,不包含在合同参数中。

4. 可靠性使用要求与可靠性合同要求

可靠性要求首先是订购方根据使用要求提出的可靠性使用要求,即在实际使用保障条件下要求装备达到的可靠性水平,可靠性使用要求中有些因素是不能直接用于产品设计的,必须剔除那些非设计和制造因素,转换为合同要求,这就是说,需要把可靠性使用要求转换为可靠性合同要求。

可靠性使用要求一般应该用可靠性使用参数及其量值表达,便于在实际的使用条件下度量。可靠性合同要求用可靠性合同参数及其量值描述,可以在合同规定的条件下验证。从使用要求转换为合同要求,客观上就存在参数和量值的转换问题,但其实质上是环境因素和故障判据不同引起的差别,即便使用参数与合同参数采用了相同的参数,由于两者内涵的区别,在量值上也是不同的。

将可靠性使用要求转换为可靠性合同要求的目的是为承制方(或者说设计者、生产者)规定通过设计和生产可以控制的可靠性要求,达到可靠性合同要求,意味着可靠性使用要求也就满足了。这种"转换"就显得非常重要,如果转换的不合适,合同要求达到了,而使用要求却不能满足,或者合同要求过高了,增加了研制的成本。总之,在确定可靠性要求的过程中,转换是个很关键的问题。转换通常可通过两种途径实现:一是建立使用可靠性和设计可靠性之间的关系模型,确定影响转换的各种因素,然后通过收集使用、维修和设计数据,确定有关系数并验证这些模型;二是根据经验采用简单的"K系数",建立使用可靠性与固有可靠性的关系。这种简单的系数转换完全来自经验。

2.2.2 雷达装备可靠性定性要求

可靠性定性要求是对装备设计、工艺、软件及其他等方面提出的非量化要求。它与定量要求是同时提出的、相辅相成的。定量要求是必需的,是验证的依据;定性要求是达到定量要求的必要条件和补充,是可靠性要求不可或缺的部分。

可靠性定性要求一般可以分为两类:定性设计要求和定性分析要求。由于定性要求对数值无确切要求,所以在定量化设计分析缺乏大量数据支持的情况下,提出定性设计分析要求并加以实现就显得更为重要。

1. 定性设计要求

定性设计要求一般是在产品研制过程中要求采取的可靠性设计措施,如采用成熟技术,简化、降额、冗余、热设计、环境防护、人机工程等设计要求,以保证提高产品可靠性。这些要求都是概要性的设计措施,在具体实施时,需要根据产品的实际情况细化。

1)采用成熟技术设计的定性要求

(1)应控制新技术在新研装备中所占的比例,分析已有类似产品或技术在使用可靠性方面的缺陷,采取有效的改进措施,提高其可靠性。

(2)应在满足功能要求的前提下,尽量采用经过工程实践验证具有高可靠性的设计。

(3)为满足性能要求而采用的新技术应经过前期的技术验证,证实其能满足产品的可靠性要求。

2）简化设计的定性要求

（1）在满足功能和预期使用条件的前提下，尽可能将产品设计成具有最简单的结构和外形。

（2）设计时应使用较少的零部件实现多种功能，以简化组装、减少差错等。

3）降额设计的定性要求

雷达装备电子元器件特别多，其可靠性对电应力和温度应力敏感。合理的降额能使设备在低于其额定的条件下工作，大幅降低故障率。

（1）选用的电子元器件、液压元件、气动元件、电机、轴承、各种结构件，应采用降低负荷额定值的设计，以提供更大的安全贮备。

（2）机械、电气、机电等设备零件应减少其承受载荷的应力。

4）环境防护设计的定性要求

雷达装备良好的环境防护设计是装备可靠工作的前提，主要应充分考虑和做好三防设计、热设计、机械振动设计、电磁兼容设计等方面的环境防护设计。

（1）所有元器件、零部件应具有防潮湿、防盐雾、防霉菌的能力，应根据雷达装备工作环境，分析潮湿、盐雾、霉菌对设备的危害和设备本身能适应的程度，确定防护措施。可采用元器件和材料、工艺、结构、隔离等三防（三防指防潮湿、防盐雾、防霉菌）设计措施。

（2）应选用耐腐蚀的材料，依据使用环境和材料的性质，对零件表面采用镀层、涂料、阳极化处理或其他表面处理，提高其防腐蚀性能。

（3）在材料与工艺防护达不到要求时，可对有特殊要求的电路、部件在结构上采取密封措施。应尽可能采用密封元器件，选用能抵御有害环境因素的材料。

（4）应将装备与有害环境完全隔离。

5）热设计的定性要求

雷达发射功率大，电子设备热能耗散多，当系统工作时，内部的温度就会升高。由于电子元器件的故障与温度有关，所以热设计的正确与否是影响系统可靠性的主要因素之一。发射电源是热耗散最大的地方，馈线系统是对温度最敏感的部位。

（1）应合理安排电子设备布局，功率发热器件尽量安装于上部，对温度敏感的设备远离系统内部的发热器件。

（2）室内的机柜和机箱上应开设通风孔，应为系统整机或关键功率器件设置散热风扇。

（3）收发组件（T/R 组件）、发射电源是系统内部较大的热源，应安排好其位置并尽量使其直接向系统外部散热，也可采用冷却系统进行散热。

6）人机工程的定性要求

（1）雷达方舱、电站方舱内的环境条件（如温度、湿度、灯光、振动、气压等）应满足操作人员在舱内正常使用(操作)设备的要求。

(2)装备在正常工作位置的噪声、振动、冲击等应在安全范围内,若超出允许范围,应采取安全措施。

7)电磁兼容设计的定性要求

雷达装备是一个复杂的电子系统,需精心考虑电磁兼容设计。在雷达装备工作时,应考虑雷达与其他电子设备间、电源线缆与信号线缆间的电磁兼容性,使它们互相不干扰,不影响装备性能。

8)冗余设计的定性要求

采用冗余设计首先要进行权衡分析,当采用其他技术(如降额、简化电路和采用更可靠的元器件等)不能解决问题时,应采用冗余设计。冗余设计减少了任务故障,但增加了后勤故障。为了缓和这种矛盾,应在较低层次而不是较高层次用硬件冗余。冗余设计可以提高产品的任务可靠性,但降低了其基本可靠性,增加了体积和重量。

对雷达装备来说,由于空间和重量的限制,不容许过多采用冗余设计,因而可仅在电源馈线、重要的信号传输线、发射、接收、信号处理、终端显示等分系统的组件上采用冗余设计。

2. 定性分析要求

定性分析要求一般是在产品研制过程中要求采取的可靠性分析工作,以保证提高产品可靠性。这些可靠性分析工作需要在产品研制的各个阶段根据产品的实际情况和分析方法的特点、具体组织实施。

1)故障模式、影响及危害分析(FMECA)

FMECA 是系统的、自下而上的归纳分析法,评价每个零部件或设备的故障模式对装备或系统产生的影响,确定其严酷度,发现设计中的薄弱环节,提出改进措施。

2)故障树分析(FTA)

FTA 是系统的、自上而下的演绎分析法,分析造成产品某种故障状态(或事件)的各种原因和条件,以确定各种原因或原因的组合,发现设计中的薄弱环节,提出改进措施。

3)功能危险分析(FHA)

FHA 是综合的、系统的演绎分析法,检查系统功能故障,确定设计方案的可行性,发现设计中潜在的问题,提出改进措施。

4)区域安全性分析(ZSA)

ZSA 是按照装备的区域进行分析、检查的方法,判断是否会由于系统、设备安装不当而产生不可接受的风险,或是否会由于该区域中某系统的设备故障而引起另一系统的故障。

2.3　雷达装备可靠性工作项目要求

可靠性工作的目的是确保新研或改型装备满足合理的可靠性要求,并达到规定的可靠性要求,保持和提高现役装备的可靠性水平,以满足装备战备完好性和任务成功性要求,降低对保障资源的要求并减少寿命周期费用,并为装备寿命周期管理和可靠性持续改进提供必要的信息。它贯穿于装备立项论证到使用的全过程。

GJB 450B—2021《装备可靠性工作通用要求》规定了装备寿命周期内开展可靠性工作的一般要求和工作项目,为订购方和承制方开展可靠性工作提供依据和指导,适用于各类装备(或分系统和设备)。GJB 450—1988《装备研制与生产的可靠性通用大纲》经历了两次修订:2004 年第 1 次修订并改名为 GJB 450A—2004《装备可靠性工作通用要求》;2021 年第 2 次修订为 GJB 450B—2021。

装备可靠性工作项目是实现可靠性要求的工作保证。GJB 450B—2021 规定了 5 个系列,共 37 项工作项目。其中,确定可靠性要求及其工作项目要求(100 系列)包含 2 个工作项目;可靠性管理(200 系列)包含 8 个工作项目;可靠性设计与分析(300 系列)包含 17 个工作项目;可靠性试验与评价(400 系列)包含 7 个工作项目;使用可靠性评估与改进(500 系列)包含 3 个工作项目。其组成框图如图 2-2 所示。

对各类具体装备,订购方和承制方可根据装备使用要求、可靠性要求、可靠性验证方式及时机、工作项目应用时机、必要的保障条件得到满足的程度、工作项目费效比等内容进行权衡,以实现装备可靠性要求为目的,对工作项目及其内容实施裁剪,选取经济且有效的工作项目。

2.3.1　确定可靠性要求及其工作项目要求

确定可靠性要求和确定可靠性工作项目要求是订购方主导的两项重要的可靠性工作,是进行可靠性管理、设计、制造、试验和验收的依据。承制方应积极参加这两项可靠性工作,协助订购方合理地确定可靠性要求及其工作项目要求。

GJB 450B—2021《装备可靠性工作通用要求》中"确定可靠性要求及其工作项

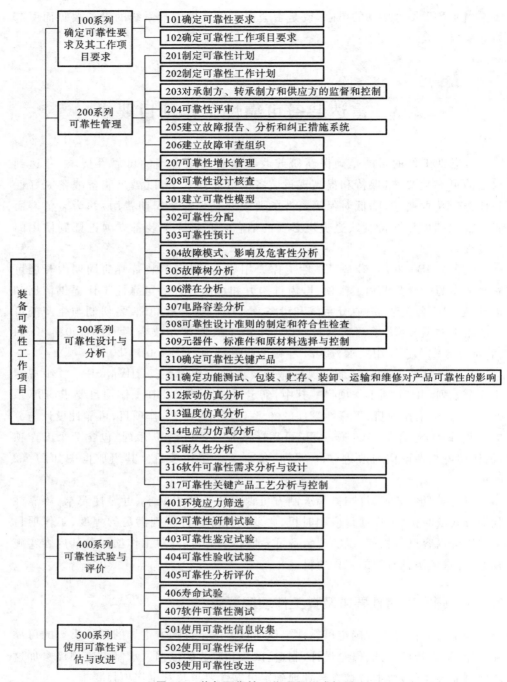

图 2-2　装备可靠性工作项目组成框图

目要求(100 系列)"给出了 2 个工作项目。下面分别进行简要介绍。

1. 确定可靠性要求(工作项目 101)

确定可靠性要求的目的是协调并确定可靠性定量要求和定性要求,作为可靠性设计和考核验证的依据。其工作项目要点如下。

(1) 订购方应根据装备的任务需求和使用要求提出装备的可靠性要求,包括定量要求和定性要求。

(2) 装备的可靠性要求应与维修性、测试性、安全性、环境适应性、保障系统及其资源等要求协调确定,以合理的费用满足系统战备完好性和任务成功性要求。

(3) 在可靠性要求论证过程中应遵循确定可靠性要求的原则。

(4) 可靠性要求论证工作应按 GJB 1909A—2009《装备可靠性维修性保障性要求论证》规定的要求和程序进行。

(5) 应明确装备的寿命剖面、任务剖面、故障判据、验证时机和验证方法等约束条件。

(6) 应对可靠性要求进行评审。可靠性要求的评审应有装备论证、研制、试验、生产和使用等各方面的代表参加。

(7) 可靠性要求论证的结果应按照对应的阶段,分别纳入装备研制立项论证报告、研制总要求、鉴定定型试验方案、研制合同和其他相关文件。

2. 确定可靠性工作项目要求(工作项目 102)

确定可靠性工作项目要求的目的是选择并确定可靠性工作项目,确保可靠性工作协调和有序开展,以可接受的寿命周期费用,实现规定的可靠性要求。其工作项目要点如下。

(1) 订购方应优先选择经济、有效的可靠性工作项目。

(2) 可靠性工作项目的选择取决于具体装备的情况,考虑的主要因素有:要求的可靠性水平、装备的类型和特点、装备的复杂程度和重要性、装备新技术含量、费用、进度及所处阶段等。

(3) 可靠性工作项目应与维修性、测试性和综合保障工作项目相协调,综合安排,相互利用信息,减少重复的工作。

(4) 应明确可靠性工作项目要求的具体内容,以确保可靠性工作项目的实施效果。

(5) 承制方应根据装备的特点和所处的阶段,确定适宜的可靠性工作项目,至少应包括订购方规定的全部工作项目。

(6) 应对选择的可靠性工作项目的经济性、有效性进行评审。

可靠性工作项目及其在寿命周期各个阶段的适用性如表 2-2 所示。

表 2-2　可靠性工作项目及其在寿命周期各个阶段的适用性

工作项目编号	工作项目名称	论证立项	工程研制	鉴定定型	生产与使用
101	确定可靠性要求	√	√	×	×
102	确定可靠性工作项目要求	√	√	×	×
201	制定可靠性计划	√	√	△	△
202	制定可靠性工作计划	△	√	△	△
203	对承制方、转承制方和供应方的监督和控制	△	√	√	√
204	可靠性评审	√	√	√	√
205	建立故障报告、分析和纠正措施系统	×	√	√	√
206	建立故障审查组织	×	√	√	√
207	可靠性增长管理	×	√	√	○
208	可靠性设计核查	×	√	√	○
301	建立可靠性模型	△	√	√	○
302	可靠性分配	△	√	√	○
303	可靠性预计	△	√	√	○
304	故障模式、影响及危害性分析	△	√	√	△
305	故障树分析	×	√	√	△
306	潜在分析	×	√	√	○
307	电路容差分析	×	√	√	○
308	可靠性设计准则的制定和符合性检查	△	√	√	○
309	元器件、标准件和原材料选择与控制	×	√	√	√
310	确定可靠性关键产品	×	√	√	○
311	确定功能测试、包装、贮存、装卸、运输和维修对产品可靠性的影响	×	√	√	○
312	振动仿真分析	×	√	√	○
313	温度仿真分析	×	√	√	○
314	电应力仿真分析	×	√	√	○
315	耐久性分析	×	√	√	○
316	软件可靠性需求分析与设计	△	√	√	○

续表

工作项目编号	工作项目名称	论证立项	工程研制	鉴定定型	生产与使用
317	可靠性关键产品工艺分析与控制	△	√	√	√
401	环境应力筛选	×	√	√	√
402	可靠性研制试验	×	√	√	○
403	可靠性鉴定试验	×	√	√	○
404	可靠性验收试验	×	×	△	√
405	可靠性分析评价	×	×	√	√
406	寿命试验	×	×	△	△
407	软件可靠性测试	×	△	√	○
501	使用可靠性信息收集	×	×	×	√
502	使用可靠性评估	×	×	×	√
503	使用可靠性改进	×	×	×	√

注:"√"表示该阶段适合的工作项目,"△"表示该阶段可选用的工作项目,"○"表示该阶段仅产品设计更改时适用的工作项目,"×"表示该阶段不适用的工作项目。

2.3.2　可靠性管理工作项目要求

可靠性是装备的设计特性,是设计赋予装备的固有属性,但可靠性也是管理出来的。

可靠性管理的基本职能就是通过制定计划,建立或明确工作机构和组织,对整个寿命期中的各项可靠性活动进行监督、控制和指导,以尽可能少的经费投入,实现规定的可靠性要求。

GJB 450B—2021《装备可靠性工作通用要求》中"可靠性管理(200 系列)"包含8 个工作项目。下面分别进行简要介绍。

1. 制定可靠性计划(工作项目 201)

制定可靠性计划的目的是全面规划装备寿命周期的可靠性工作,制定并实施可靠性计划,以保证装备可靠性工作有效开展。其工作项目要点如下。

(1)订购方应在装备立项综合论证开始时制定可靠性计划。其主要内容包括:装备可靠性工作的总体要求和安排,可靠性工作的管理和实施机构及其工作要求,可靠性及其工作项目要求论证工作的安排,可靠性信息工作的要求与安排,对承制方监督与控制工作的安排,可靠性评审工作的要求与安排,使用可靠性评价与改进工作的要求与安排,工作进度计划及可靠性工作经费安排等。

(2)随着可靠性工作的进展,订购方应不断调整、完善可靠性计划。

(3)可靠性计划应通过评审。

2. 制定可靠性工作计划(工作项目 202)

制定可靠性工作计划的目的是制定并实施可靠性工作计划,以确保装备满足合同规定的可靠性要求。其工作项目要点如下。

(1)承制方应根据订购方的可靠性工作计划、研制总要求和研制合同要求,制定可靠性工作计划。其主要内容包括:装备的可靠性要求和可靠性工作项目的要求,工作计划中至少应包含合同规定的全部可靠性工作项目;各项可靠性工作项目的实施细则,如工作项目的目的、内容、范围、实施程序、完成结果和对完成结果检查评价的方式,实施各项工作项目之间的相互关系;可靠性工作的管理和实施机构及其职责,以及保证计划得以实施所需的组织、人员和经费等资源的配备;可靠性工作与装备研制计划中其他工作协调的说明;实施计划所需数据资料的获取途径或传递方式与程序;可靠性评审工作的安排;可靠性工作涉及的关键问题及其对实现可靠性要求的影响,解决这些问题的方法或途径;工作进度计划等。

(2)可靠性工作计划随着装备研制的进展不断完善。当订购方的要求变更时,计划应做必要的相应更改。

(3)可靠性工作计划应经评审和订购方认可。

3. 对承制方、转承制方和供应方的监督和控制(工作项目 203)

订购方对承制方、承制方对转承制方和供应方的可靠性工作进行监督与控制,必要时采取相应的措施,以确保承制方、转承制方和供应方交付的装备符合规定的可靠性要求。其工作项目要点如下。

(1)订购方应对承制方的可靠性工作实施有效的监督与控制,督促承制方全面落实可靠性工作计划,以实现合同规定的各项要求。

(2)承制方在选择转承制方和供应方时,应考虑其装备可靠性保证能力,优先选择可靠性保证能力较高的转承制方和供应方。

(3)承制方应明确对转承制装备和供应品的可靠性要求,并与装备的可靠性要求协调一致。

(4)承制方应明确对转承制方和供应方的可靠性工作项目要求和监控方式。

(5)承制方对转承制方和供应方的要求均应纳入有关合同,主要包括以下内容:可靠性定量与定性要求及其验证时机和方法;对转承制方可靠性工作项目的要求;对转承制方可靠性工作实施监督和检查的安排;转承制方执行故障报告、分析和纠正措施系统的要求;承制方参加转承制方可靠性评审、可靠性试验的要求;转承制方或供应方提供装备规范、图样、可靠性数据资料和其他技术文件等的要求。

4. 可靠性评审(工作项目 204)

可靠性评审的目的是按计划进行可靠性要求和可靠性工作评审,以保证可靠性要求的合理性以及相应的可靠性工作系统有效地开展。其工作项目要点如下。

(1) 订购方应安排并进行可靠性要求和可靠性工作项目要求的评审,并主持或参与合同要求的可靠性评审。

(2) 承制方制定的可靠性评审计划应经订购方认可。计划内容应包括评审点设置、评审内容、评审类型、评审方式及评审要求等。

(3) 应提前通知参加评审的装备论证、设计、试验、生产、使用和保障等各方代表,并提供有关评审的文件和资料。

(4) 可靠性评审应尽可能与维修性、测试性、安全性、环境适应性、保障系统及其资源等评审结合进行,必要时也可单独进行。

(5) 可靠性评审的结果应形成文件,主要包括评审的结论、存在的问题、解决措施及完成日期。

(6) 评审组织方应对可靠性评审中的问题跟踪并督促解决落实。

5. 建立故障报告、分析和纠正措施系统(工作项目 205)

建立故障报告、分析和纠正措施系统(failure reporting, analysis and corrective action systems, FRACAS),确立并执行故障记录、分析和纠正程序,防止故障的重复出现,从而使装备的可靠性得到增长。其工作项目要点如下。

(1) 应按 GJB 841—1990《故障报告、分析和纠正措施系统》建立并运行 FRACAS。

(2) FRACAS 的工作程序包括故障报告、故障原因分析、纠正措施的确定和验证,以及反馈到设计、生产中的程序。

(3) 故障纠正的基本要求是定位准确、机理清楚、问题复现、措施有效。

(4) 应将故障报告和分析的记录、纠正措施的实施效果及故障审查组织的审查结论立案归档,使其具有可追溯性。

(5) 承制方应将 FRACAS 的信息及时纳入本单位的质量信息系统,不断充实单位的质量问题数据库,形成支撑装备可靠性工作的数据资源。

6. 建立故障审查组织(工作项目 206)

建立故障审查组织,负责审查重大故障、故障发展趋势、纠正措施的执行情况和有效性。其工作项目要点如下。

(1) 可成立专门的故障审查组织,或指定现有的某个机构负责故障审查工作。故障审查组织至少应包括设计、试验、生产和使用单位等各方面的代表。该组织的主要工作是:审查故障原因分析的正确性;审查纠正措施的执行情况和有效性;批准故障处理结案。

（2）故障审查组织需定期召开会议,遇到重大故障时,应及时进行审查。

（3）故障审查组织的全部活动和资料均应立案归档。

7. 可靠性增长管理（工作项目 207）

可靠性增长管理应在装备研制早期制定并实施可靠性增长管理计划,以实现装备可靠性研制过程按计划增长。其工作项目要点如下。

（1）应利用装备研制过程中各项试验的资源与信息,把可靠性试验和其他有关试验均纳入以可靠性增长为目的的综合管理之下,促使装备经济且有效地达到预期的可靠性目标。

（2）应从装备研制早期开始,重点对关键分机、部件、组件实施可靠性增长管理。

（3）定量的可靠性增长管理可确定可靠性增长目标,制定可靠性增长计划。

8. 可靠性设计核查（工作项目 208）

可靠性设计核查的目的是识别可靠性分析存在的问题及纠正措施的有效性,促使可靠性设计与分析工作落实。其工作项目要点如下。

（1）在研制过程中,可对关键分机、部件、组件开展可靠性设计核查。

（2）可靠性设计核查应包括设计分析资料审查、分析计算、建模仿真、物理检查以及必要的试验验证等工作。

（3）应制定可靠性设计核查大纲,核查结束后应形成可靠性设计核查报告。

（4）应将可靠性设计核查结果形成证据,对可靠性要求实现的风险进行分析,尤其对可靠性设计核查发现的问题和设计缺陷,应制定和落实纠正措施。

2.3.3 可靠性设计与分析工作项目要求

可靠性设计与分析的目的是将成熟的可靠性设计与分析技术应用到装备的研制过程,通过设计赋予装备应有的可靠性,通过分析尽早发现装备可靠性薄弱环节或设计缺陷,采取有效的设计措施加以改进,以满足或提高装备的可靠性。

GJB 450B—2021《装备可靠性工作通用要求》中可靠性设计与分析（300 系列）包含 17 个工作项目,可分为三大类工作。其中,设计计算类有:建立可靠性模型（工作项目 301）,可靠性分配（工作项目 302）,可靠性预计（工作项目 303）。设计分析类有:故障模式、影响及危害性分析（工作项目 304）,故障树分析（工作项目 305）,潜在分析（工作项目 306）,电路容差分析（工作项目 307）,确定功能测试、包装、贮存、装卸、运输和维修对产品可靠性的影响（工作项目 311）,振动仿真分析

（工作项目 312），温度仿真分析（工作项目 313），电应力仿真分析（工作项目 314），耐久性分析（工作项目 315），软件可靠性需求分析与设计（工作项目 316）。设计准则类有：可靠性设计准则的制定和符合性检查（工作项目 308），元器件、标准件和原材料选择与控制（工作项目 309），确定可靠性关键产品（工作项目 310），可靠性关键产品工艺分析与控制（工作项目 317）。

在实际的工作中，应根据型号装备的特点、研制要求等选取可靠性设计与分析工作项目。下面分别进行简要介绍。

1. 建立可靠性模型（工作项目 301）

建立装备的可靠性模型，用于可靠性要求的分配、预计和评价。其工作项目要点如下。

（1）可采用 GJB 813—1990《可靠性模型的建立和可靠性预计》或其他相关标准规定的程序和方法建立装备可靠性模型，可靠性模型包括可靠性框图和相应的数学模型。可靠性框图应以产品功能框图、原理图、工程图为依据且相互协调。

（2）对于 GJB 813—1990 中规定的建模方法不适用的情形，可采用适宜的其他程序和方法建立其任务可靠性模型。订购方有要求时，建模方法应经订购方认可。

（3）可靠性模型应随着可靠性和其他相关试验获得的信息，以及产品结构、使用要求和使用约束条件等方面的更改而修改。

（4）应根据需要分别建立产品的基本可靠性模型和任务可靠性模型。

2. 可靠性分配（工作项目 302）

可靠性分配是将装备的可靠性要求分配或分解到规定的装备层次。其工作项目要点如下。

（1）应将装备可靠性定量要求分配到规定的装备层次，将可靠性定性要求分解传递到规定的装备层次，作为可靠性设计和提出外协、外购装备可靠性要求的依据。

（2）可靠性定性要求的分解传递应针对装备的类型和特点。

（3）可靠性定量要求应按装备成熟期规定值进行分配，可靠性分配应留有一定余量。

（4）可靠性要求的分配结果应列入相应的技术规范。

3. 可靠性预计（工作项目 303）

可靠性预计是预计装备的基本可靠性和任务可靠性，评价设计方案是否能满足规定的可靠性要求，并确定可靠性设计的薄弱环节，为优化设计方案提供依据。

其工作项目要点如下。

（1）应对规定层次的装备、分系统进行可靠性预计。可靠性预计应包括：基本可靠性预计，以便为寿命周期费用分析和保障性分析提供依据；任务可靠性预计，以便估计装备在执行任务过程中完成其规定功能的能力。

（2）应按 GJB 813—1990《可靠性模型的建立和可靠性预计》、GJB/Z 299C—2006《电子设备可靠性预计手册》中提供的方法，或订购方认可的其他方法进行预计。

（3）预计时应利用工作项目 301 所建立的可靠性模型，采用 GJB/Z 299C—2006《电子设备可靠性预计手册》、GJB/Z 108A—2006《电子设备非工作状态可靠性预计手册》，或其他数据。

（4）对机械、电气和机电产品的可靠性和寿命预计，可采用相似产品数据和其他适宜的方法进行。

（5）对有贮存要求的分机、组件等，应进行贮存可靠性预计。

（6）可靠性预计应考虑运行比的影响。

（7）应针对可靠性预计发现的薄弱环节采取必要的设计改进措施。

4. 故障模式、影响及危害性分析（工作项目 304）

故障模式、影响及危害性分析（failure mode，effects and criticality analysis，FMECA）是分析装备及其可能的故障模式和可能产生的影响，并按照每个故障模式产生影响的严重程度及其发生概率予以分类，找出装备潜在的薄弱环节，并提出改进措施。其工作项目要点如下。

（1）应在规定的产品层次上进行故障模式和影响分析（failure mode，effects analysis，FMEA）或故障模式、影响及危害性分析（FMECA）。应考虑在寿命剖面和任务剖面内规定产品层次上所有可能的故障模式，并确定其影响。

（2）FMEA 或 FMECA 工作应与设计和制造工作协调进行，使设计和工艺能反映 FMEA（FMECA）工作的结果和建议。

（3）可参照 GJB/Z 1391—2006《故障模式、影响及危害性分析指南》在不同阶段采用的功能法、硬件法和工艺法进行分析，并注意在不同阶段开展 FMECA 工作的迭代协调。

（4）对功能复杂分系统、分机的故障影响分析，可采用对其功能模型故障注入的仿真分析方法进行。

5. 故障树分析（工作项目 305）

故障树分析是运用演绎法逐级分析，寻找导致某种故障事件（顶事件）的各种可能原因，直到最基本的原因，并通过逻辑关系的分析确定潜在的设计缺陷，以便采取改进措施。其工作项目要点如下。

（1）故障树分析（fault tree analysis，FTA）一般适用于可能会导致产生安全隐患或严重影响任务完成的装备故障原因分析。

（2）可在进行功能危险分析（function hazard analysis，FHA）、FMECA 等工作的基础上，以灾难的或严重的故障事件作为顶事件，进行 FTA。

（3）FTA 工作应参照 GJB/Z 768A—1998《故障树分析指南》进行。

6. 潜在分析（工作项目 306）

潜在分析是在假定装备所组成部分均正常工作的情况下，分析确认能引起非期望的功能或抑制所期望的功能的潜在状态。其工作项目要点如下。

（1）根据所分析的对象，潜在分析可分为针对电路的潜在电路分析（sneak circuit analysis，SCA）、针对软件的潜在分析和针对液或气管路的潜在通路分析。

（2）对安全和任务关键的装备组成部分应进行潜在分析。

（3）应在设计的不同阶段，利用已有的设计和制造资料（包括原理图、流程图、结构框图、设计说明、工程图样和生产文件等）尽早开展潜在分析，并应随着设计的逐步细化，及时进行分析、更新。

（4）利用线索表或其他合适的方法进行 SCA 分析，包括识别潜在路径、潜在时序、潜在指示和潜在标记，并根据其危害程度采取相应的设计更改措施。

7. 电路容差分析（工作项目 307）

电路容差分析（circuit tolerance analysis）是预测电路性能参数稳定性的一种分析技术，分析电路在规定的使用条件范围内，电路组成部分参数的容差对电路性能容差的影响，并根据分析结果提出相应的改进措施。其工作项目要点如下。

（1）应对温度、辐照、负载变动等因素影响较大的关键电路特性进行分析。

（2）可参照 GJB/Z 89—1997《电路容差分析指南》提供的方法和程序进行电路容差分析。

（3）对安全和任务关键的电路可参照 GJB/Z 223—2005《最坏情况电路分析指南》进行最坏情况分析。

（4）应在初步设计评审时提出需进行分析的电路清单。

（5）容差分析的结果应形成文件并采取相应的措施。

（6）对可靠性关键的非电产品也应在参数设计基础上开展容差分析，确定合理的容差。

8. 可靠性设计准则的制定和符合性检查（工作项目 308）

制定并贯彻可靠性设计准则，以指导设计人员进行产品的可靠性设计。其工作项目要点如下。

（1）承制方应根据合同规定的可靠性要求，参照相关的标准和手册，并在认真总结工程经验的基础上制定专用的可靠性设计准则，供设计人员在设计中贯彻实施。

（2）应重视对相似装备曾经发生过的问题及其有效的纠正措施进行系统总结，纳入装备可靠性设计准则，以杜绝相同或相似问题的重复发生。

（3）制定可靠性设计准则主要包括：采用成熟的技术和工艺；简化设计；合理选择并正确使用元器件、标准件和原材料；降额设计准则，其中元器件降额准则可参照 GJB/Z 35—1993《元器件降额准则》制定；容错、冗余和防差错设计；电路容差设计；防瞬态过应力设计；热设计准则，其中电子产品热设计准则可参照 GJB/Z 27—1992《电子设备可靠性热设计手册》制定；工作与非工作状态下的环境防护设计；与人的因素有关的设计。

（4）应系统地贯彻可靠性设计准则，并开展符合性检查。

（5）可靠性设计准则符合性报告应作为设计评审的内容，确保装备设计与准则要求符合。

9. 元器件、标准件和原材料选择与控制（工作项目 309）

控制元器件、标准件和原材料的选择与使用。其工作项目要点如下。

（1）承制方应根据研制装备的特点制定元器件、标准件和原材料的选择与控制要求，并形成控制文件。

（2）承制方应根据 GJB 3404—1998《电子元器件选用管理要求》对元器件的选择、采购、监制、验收、筛选、保管、使用（含电装）、故障分析及相关信息等进行全面管理。必要时，应进行破坏性物理分析。

（3）承制方应制定型号的元器件、标准件和原材料的优选目录，并经订购方认可。

（4）承制方应制定相应的元器件、标准件和原材料的选用指南。

（5）承制方应对元器件和标准件淘汰问题提出相应的对策和建议。

10. 确定可靠性关键产品（工作项目 310）

分析确定可靠性关键产品，并实施重点控制。其工作项目要点如下。

（1）应通过 FMECA、FTA 或其他分析方法来确定可靠性关键产品，并确定可靠性关键产品所有故障的原因。可靠性关键产品包括硬件和软件。

（2）应形成可靠性关键产品清单，并明确相应的控制方法和试验要求。

（3）应通过评审确定是否需要对关键产品清单及其控制计划和控制方法加以增删，并评价关键产品控制和试验的有效性。

（4）应按照 GJB 190—1986《特性分类》进行特性分析，确定可靠性关键产品的关键及重要特性,形成关键和重要特性清单,作为开展工艺分析与控制工作的输入。

11. 确定功能测试、包装、贮存、装卸、运输和维修对产品可靠性的影响(工作项目 311)

通过测试与分析确定功能测试、包装、贮存、装卸、运输、维修对装备可靠性的影响。其工作项目要点如下。

(1) 承制方应制定并实施测试和分析程序,评价或估计功能测试、包装、贮存、装卸、运输、维修对装备可靠性的影响,并利用评价结果开展工作:确定受功能测试、包装、贮存、装卸、运输和维修影响的装备和对装备主要特性的影响程度;制定定期现场检查和测试的程序,并确定测试装备的数量、可接受的性能水平和允许测试的次数等;确定包装、贮存、装卸、运输要求;制定修复计划并确定修复方法和步骤;预计装备的故障率,用于装备的设计改进等。

(2) 对长期贮存(尤其是一次性使用)的装备,应尽早进行贮存分析,确定贮存时间、环境条件变化对装备性能及可靠性的影响,以便采取有效措施,保证装备的贮存可靠性。

12. 振动仿真分析(工作项目 312)

采用工程仿真分析方法分析振动对装备的影响,尽早发现结构和材料的抗振设计薄弱环节,并采取相应的设计改进措施。其工作项目要点如下。

(1) 当设计进展到结构和材料基本确定时,可采用有限元分析(FEA)等方法对装备的振动特性及响应进行分析。

(2) 应根据装备的特点建立适当的 FEA 等仿真分析模型,确保振动仿真分析误差在工程允许的范围。

(3) 应对装备的振动影响进行分析,并根据装备的抗振能力确定设计薄弱环节。

13. 温度仿真分析(工作项目 313)

在设计过程中分析温度对装备的影响,尽早发现相关薄弱环节,及时采取设计改进措施。其工作项目要点如下。

(1) 当设计进展到装备结构、材料以及温度边界条件基本确定时,应采用流体力学分析和有限元分析等方法,对装备的温度(包括高温、低温及温度循环)特性、温度流场及其变化情况进行仿真分析。

(2) 应根据装备的特点建立适当的温度仿真分析模型,确保仿真分析误差在工程允许的范围内。

(3) 应分析温度流场及其变化对装备的影响,包括高温或低温对装备功能和性能的影响、导致材料物性的变化,以及热胀冷缩导致的机械应力损伤等,并根据其影响的严重程度确定相应的薄弱环节。

14. 电应力仿真分析(工作项目 314)

在电路中分析电应力对装备的影响,尽早发现相关薄弱环节,及时采取设计改进措施。其工作项目要点如下。

(1)当电子产品研制进展到电路设计基本确定时,应采用电路自动化设计等分析方法,对电路功能和性能进行仿真分析。

(2)应根据装备的特点建立适当的电应力仿真分析模型,确保仿真分析误差在工程允许的范围内。

(3)应分析电磁干扰、电性能退化、电参数漂移以及元器件故障等对电路功能和性能的影响,并确定主要影响因素。

15. 耐久性分析(工作项目 315)

识别可能过早发生耗损故障的产品,确定故障的根本原因和可能采取的纠正措施,分析产品的日历寿命和工作寿命是否满足规定的要求。其工作项目要点如下。

(1)应尽早对影响装备耐久性的主要故障模式及其故障机理进行识别,并开展耐久性分析,制定预防和纠正措施。

(2)开展耐久性分析应考虑的主要内容包括:应综合考虑装备结构、材料特性及寿命周期的环境载荷与工作载荷等因素;应分析装备耗损型故障对装备功能性能的影响,确定装备及其组成部分的失效判据;应一并考虑工作载荷和环境载荷对耐久性的影响;应充分考虑装备部署位置和安装方式对耐久性的影响;采用建模仿真的方法进行分析时,应对仿真模型进行验证,保证分析结果准确、有效;采用相似装备进行耐久性分析时,应从装备结构、功能、设计、材料、制造和使用剖面等多个维度进行全面分析。

(3)应对装备工作寿命和日历寿命同时进行分析,以确定装备及各组成零部件的寿命,并制定装备有寿件清单。

16. 软件可靠性需求分析与设计(工作项目 316)

分析软件的可靠性需求及运行剖面,形成软件可靠性需求并开展软件可靠性设计。其工作项目要点如下。

(1)应结合软件运行剖面,将软件可靠性要求分析转换为软件可靠性需求,并将软件可靠性需求分配到规定层次的软件组件。

(2)应根据软件可靠性需求并结合软件产品的特点,参照 GJB/Z 102—1997《软件可靠性和安全性设计准则》建立并维护软件可靠性设计准则。

（3）应开展软件故障模式影响分析和软件故障树分析等软件可靠性分析工作，识别潜在故障模式及故障路径，确定可靠性薄弱环节。

（4）软件可靠性设计应与软件功能设计紧密结合，覆盖可靠性薄弱环节。

（5）应对外购和重用软件的可靠性进行分析评估，确保其可靠性风险在可接受范围内。

17. 可靠性关键产品工艺分析与控制（工作项目 317）

通过识别可靠性关键产品的工艺设计和生产过程薄弱环节，采取有效的预防控制措施，保证工艺生产质量和产品可靠性水平。其工作项目要点如下。

（1）应按照 GJB 3363—1998《生产性分析》开展生产性分析，对确定的可靠性关键产品，明确其关键和重要特性的工艺制造方法和工艺路线，提出工艺总方案。

（2）应对可靠性关键产品的工艺过程进行潜在失效模式和影响分析，识别工艺过程所有可能的故障模式及其对产品的影响，确定潜在的薄弱环节，并提出工艺改进措施。

（3）应考虑工装设计、制造、使用以及维护保养对工艺过程的影响，使用时应考虑工装的防错功能，以防止或减少人为差错。

（4）应对关键和重要特性形成的工艺过程，以及加工难度大、质量不稳定的工艺过程，提出控制方法和检验要求，形成控制计划，并根据控制计划编制工艺规程或作业指导书。

（5）应按照 GJB 1269A—2000《工艺评审》对可靠性关键产品的工艺过程控制文件进行评审。

（6）应对可靠性关键产品的工艺过程的受控状态及过程能力进行分析和评价。

2.3.4　可靠性试验与评价工作项目要求

可靠性试验是评价装备可靠性的一个重要手段。装备在工程研制、鉴定定型、生产和使用阶段出现的可靠性问题在很大程度上通过可靠性试验发现，装备的可靠性通过试验验证。

可靠性试验的目的是发现装备设计、材料和工艺方面的缺陷，验证装备的可靠性是否满足要求，为评估装备的战备完好性、任务成功性、维修人力和保障资源提供信息。

GJB 450B—2021《装备可靠性工作通用要求》中可靠性试验与评价（400 系列）包含 7 个工作项目。下面分别进行简要介绍。

1. 环境应力筛选（工作项目 401）

环境应力筛选（environmental stress screening，ESS）为研制和生产的产品建立并实施环境应力筛选程序，以便发现和排除不良元器件、制造工艺和其他原因引入的缺陷造成的早期故障。其工作项目要点如下。

（1）环境应力筛选主要适用于电子产品，也适用于电气、机电、光电和电化学产品。

（2）承制方应对电子产品的电路板、组件和设备层次尽可能 100％地进行 ESS，对备件也应实施相应层次的 ESS，一般还应按规定和有关要求对进厂的元器件进行二次筛选。

（3）对设备应按 GJB 1032A—2020《电子产品环境应力筛选方法》、GJB/Z 34—1993《电子产品定量环境应力筛选指南》或订购方认可的方法进行 ESS；对电路板和组件应按有关标准规范或 GJB 1032A—2020 订购方认可的方法进行 ESS；除纯机械产品以外的非电产品可参考相关标准规范进行 ESS。

（4）在研制和生产过程中，承制方应制定并实施 ESS 方案，方案中应包括实施筛选的产品层次及各层次的产品清单、筛选方法、筛选应力类型和水平、筛选过程中监测的性能参数、产品合格判据、实施和监督部门及其工作要求等。生产阶段的 ESS 方案应经订购方认可。

2. 可靠性研制试验（工作项目 402）

可靠性研制试验通过对产品施加适当的环境应力和工作应力，寻找产品中的设计缺陷，并改进设计，以提高产品固有可靠性水平。其工作项目要点如下。

（1）承制方在研制阶段应尽早开展可靠性研制试验，通过试验、分析、改进过程提高产品的可靠性。

（2）承制方应制定可靠性研制试验方案，并对可靠性关键产品，尤其是新技术含量较高的产品实施可靠性研制试验。可靠性研制试验方案应包括试验项目、受试产品、试验条件、试验方案、试验过程中检查的性能参数、产品合格判据、实施和监督部门及其工作要求等内容。订购方提出要求时，可靠性研制试验方案应经订购方认可。

（3）可靠性研制试验的作用在于暴露产品设计缺陷，识别设计薄弱环节并验证设计余量。可靠性研制试验包括可靠性强化试验、可靠性增长试验以及可靠性摸底试验等。

（4）可靠性增长试验可按照 GJB 1407—1992《可靠性增长试验》的要求进行。

（5）对试验中发生的故障均应纳入故障报告、分析和纠正措施系统，并对纠正措施的有效性及试验后产品的可靠性状况作出说明。

3. 可靠性鉴定试验（工作项目 403）

可靠性鉴定试验是验证产品设计是否达到规定的可靠性要求的试验。其工作项目要点如下。

（1）对有可靠性指标要求的产品，应开展可靠性鉴定试验。可靠性鉴定试验一般应在第三方的试验机构进行。

（2）可靠性鉴定试验的受试产品应代表鉴定产品的技术状态，并经订购方认定。

（3）应按 GJB 899A—2009《可靠性鉴定和验收试验》或其他有关标准规定的要求和方法进行可靠性鉴定试验，可靠性鉴定方案应明确用于鉴定试验的样本量、采用的统计试验方案、试验剖面、故障判据以及试验检测要求等试验要素。可靠性鉴定试验方案应通过评审并经订购方认可。

（4）可靠性鉴定试验应在环境鉴定试验和环境应力筛选完成后进行。

（5）应制定可靠性鉴定试验的管理和监控要求。

4. 可靠性验收试验（工作项目 404）

可靠性验收试验是验证批生产产品的可靠性是否保持在规定的水平的试验。其工作项目要点如下。

（1）可靠性验收试验的受试产品应从批生产产品中随机抽取。

（2）应按 GJB 899A—2009《可靠性鉴定和验收试验》或其他有关标准规定的要求和方法进行可靠性验收试验。

（3）产品可靠性验收试验方案需经订购方认可。

（4）可靠性验收试验应在环境应力筛选完成后进行。

（5）应制定可靠性验收试验的管理和监控要求。

5. 可靠性分析评价（工作项目 405）

可靠性分析评价通过综合利用与产品有关的各种信息，评价产品是否满足规定的可靠性要求。其工作项目要点如下。

（1）可靠性分析评价一般适用于样本量少或难以通过试验对产品可靠性进行验证的产品。

（2）应当充分利用相似产品和产品组成部分的各种试验数据及使用数据，作为可靠性分析评价的基础数据。

（3）应尽早制定可靠性分析评价方案，系统说明所利用的各种数据、采用的分析方法（包括建模仿真分析方法）和评价的置信水平等。可靠性分析评价方案应经订购方认可。

（4）应制定可靠性分析评价的管理和监控要求。

6. 寿命试验（工作项目 406）

寿命试验是验证产品在规定条件下的使用寿命或贮存寿命的试验。其工作项目要点如下。

（1）对有寿命要求的产品应进行寿命试验，对产品的首翻期、翻修间隔期或总寿命进行验证。

（2）应当尽早制定寿命试验方案，明确受试样件的技术状态、样件数量、试验剖面和试验方法等。寿命试验方案应经订购方认可。

（3）开展寿命试验应考虑的内容：应考虑受试产品的使用特点，根据运行比，确定试验所用的寿命单位和试验时间；应尽可能模拟产品实际使用时的安装位置、安装方式和载荷条件；开展日历寿命试验时，应根据产品工作时的环境条件和非工作时的环境条件确定日历寿命试验剖面；为缩短试验时间，在不改变失效机理的条件下可采用加速寿命试验的方法。

（4）对难以开展寿命试验的产品，可以利用相似产品的贮存数据和产品组成部分的贮存寿命试验数据来评价产品的贮存寿命。

（5）应制定寿命试验的管理和监控要求。

7. 软件可靠性测试（工作项目 407）

软件可靠性测试是测试验证软件可靠性需求实现的充分性和有效性，同时对测试中发现的问题进行分析和定位，采取纠正措施实现软件可靠性增长。其工作项目要点如下。

（1）应根据软件故障影响的关键程度，确定开展可靠性测试的软件级别、测试类型和测试方法。

（2）开发的可靠性测试用例集应覆盖全部软件可靠性需求。

（3）必要时可通过故障注入方法验证软件故障模式防护措施的有效性。

（4）应制定软件可靠性测试工作的管理和监控要求。

2.3.5 使用可靠性评估与改进工作项目要求

GJB 450B—2021《装备可靠性工作通用要求》中使用可靠性评估与改进（500系列）包含 3 个工作项目。通过实施 3 个工作项目可以收集装备使用期间的可靠性信息，评估装备的使用可靠性；发现装备使用中的可靠性缺陷，进行可靠性改进，提高装备的使用可靠性水平；为装备作战计划、使用计划、维修保障提供信息，为改型和新研装备的可靠性要求论证，以及可靠性设计、试验、评价提供数据。下面分别进行简要介绍。

1. 使用可靠性信息收集(工作项目 501)

使用可靠性信息收集是通过有计划地收集装备使用期间的各项有关数据,为装备的使用可靠性评估与改进、使用与维修工作改进以及新研装备的论证与研制工作等提供信息。其工作项目要点如下。

(1)使用可靠性信息包括装备在使用、维修、贮存和运输等过程中产生的信息,包括工作时间、故障和维修信息、监测数据、使用环境信息等。

(2)订购方应组织制定使用可靠性信息收集计划,计划中应规定的主要内容包括:信息收集和分析的部门、单位及人员的工作要求;信息收集工作的管理与监督要求;信息收集的范围、方法和程序;信息分析、处理、传递的要求和方法;信息分类与故障判别准则;定期进行信息审核、汇总的安排等。

(3)使用单位应按规定的要求和程序完整、准确地收集使用可靠性信息。按规定的方法、方式、内容和时限来分析、传递和贮存使用可靠性信息。对装备的重大故障或隐患应及时报告。

(4)使用可靠性信息应按照 GJB 1775—1993《装备质量与可靠性信息分类和编码通用要求》及有关标准进行分类和编码。

(5)使用可靠性信息应纳入部队现有的装备信息系统。

2. 使用可靠性评估(工作项目 502)

使用可靠性评估是评估装备在实际使用条件下达到的可靠性水平,验证装备是否满足规定的使用可靠性要求。其工作项目要点如下。

(1)使用可靠性评估应以装备在实际的使用条件下收集的各种数据为基础,必要时也可组织专门的试验,以获得评估所需的数据信息。

(2)订购方应组织制定使用可靠性评估计划,计划中应规定评估的对象、评估的参数和模型、评估准则、样本量、统计的时间长度、置信水平以及所需的资源等。

(3)使用可靠性评估一般在装备部署后,在人员经过培训、保障资源按要求配备到位的条件下进行。

(4)使用可靠性评估应综合利用装备使用期间的各种信息。

(5)应编制使用可靠性评估报告。

3. 使用可靠性改进(工作项目 503)

对装备使用中暴露的可靠性问题采用改进措施,以提高装备的使用可靠性水平。其工作项目要点如下。

(1)根据装备在使用中发现的问题和技术的发展,通过必要的权衡分析或试验,确定需要改进的项目。

（2）对需要改进的项目，应提交原项目的专项使用可靠性评估报告。

（3）订购方应组织制定使用可靠性改进计划，主要内容包括：改进的项目、方案，达到的目标，负责改进的单位、人员及工作要求，经费，进度安排，验证要求和方法等。

（4）改进装备使用可靠性的途径主要包括：设计的更改，制造工艺的更改，使用与维修方法的改进，保障系统及保障资源的改进等。

（5）应全面跟踪、评价改进措施的有效性。

2.4　雷达装备可靠性要求确定

2.4.1　可靠性要求确定原则

确定可靠性要求的主要原则包含以下内容。

1. 可靠性定量要求应可度量和可验证

可靠性定量要求，无论是可靠性使用要求，还是可靠性合同要求，都是用可靠性参数及其量值描述的，为度量可靠性要求。首先对可靠性参数应给予明确的定义，在规定其量值时，必须明确验证的时机、统计的时间长度、故障判据、环境条件等。因此，在选择可靠性参数时，应全面考虑装备的任务使命、类型特点、复杂程度及参数是否能且便于度量等因素。

2. 在满足使用要求的前提下选择尽可能少的可靠性参数

确定可靠性要求的目的是满足用户的任务需求和使用要求，对雷达装备来说，必须根据雷达的使命任务、使用要求和装备技术体制，在满足系统战备完好性和任务成功性要求的前提下，选择的可靠性参数数量应尽可能最少且参数之间相互协调。

3. 考虑影响可靠性要求的各种因素

在确定可靠性要求时，应全面考虑使用要求、寿命周期费用、研制进度、雷达技术水平及相似雷达装备的可靠性水平等因素。

4. 装备可靠性要求源于装备的使用要求

装备使用要求是新研雷达装备使用方案和详细性能及能力的说明。使用要求中的战备完好性、任务成功性、有关使用保障能力和费用等是导出装备可靠性要求的依据。

装备的基本可靠性要求应由装备战备完好性要求导出；任务可靠性要求应由装备的任务成功性要求导出；装备的贮存可靠性要求和寿命要求应考虑装备的设计方案、使用方案、维修保障能力及费用等因素。

5. 协调权衡可靠性要求与装备其他特性

装备的可靠性、维修性对于相同的固有可用度而言是一对互补的特性，即可靠性提高一些，维修性可以降低一些；可靠性差一些，可用提高维修性补偿。好的测试性能够提高维修性水平，对于相同的使用可用度，固有可用度与保障系统的能力是一对互补的特性。由此不难看出可靠性仅是影响战备完好性、任务成功性的重要因素之一。

在确定可靠性要求时，必须按照 GJB 3872—1999《装备综合保障通用要求》和 GJB 1909A—2009《装备可靠性维修性保障性要求论证》的规定，协调并权衡确定可靠性、维修性和保障系统及其资源等要求，以满足系统战备完好性要求，整体地形成可靠性维修性保障性要求。

6. 协调并权衡任务可靠性要求和基本可靠性要求

任务可靠性要求和基本可靠性要求是为分别满足任务成功性和战备完好性而确定的，当为满足任务成功性而要求提高任务可靠性（冗余、备份）时，会引起基本可靠性下降，为此，在确定可靠性要求的过程中，应紧密结合装备的设计方案，充分权衡基本可靠性和任务可靠性要求，以最终满足装备战备完好性和任务成功性要求。

7. 订购方与承制方对可靠性要求的确定

订购方可以单独提出关键分系统和设备的可靠性要求，对于订购方没有明确规定的较低层次设备的可靠性要求，由承制方通过可靠性分配的方法确定。

2.4.2　可靠性要求确定过程

可靠性要求的确定即可靠性要求的论证，是装备可靠性维修性保障性（RMS）要求论证的重要组成部分。可靠性要求的确定应与相关要求的论证一起协调进行，是一个由初定到确定，由综合到单项，反复协调、权衡，最终确定的过程。装备可靠性要求确定的一般过程如图 2-3 所示。

1. 在装备立项论证时，提出初步的可靠性使用要求

（1）根据作战任务需求，按照 GJB 1371—1992《装备保障性分析》给出的 200 系列工作项目，进行使用研究、比较分析、保障性和有关保障性设计因素等分析工作，提出新装备的初始可靠性使用要求。

（2）可靠性使用要求主要是指装备的战备完好性要求、任务成功性要求，以及

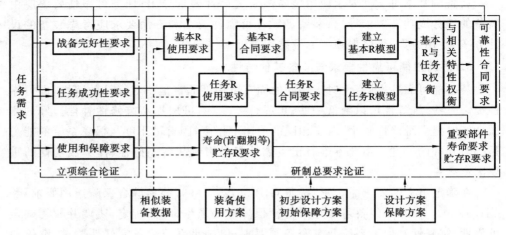

图 2-3 装备可靠性要求确定的一般过程

有关使用、保障和费用方面的要求或约束。

（3）可靠性要求的论证是装备战术技术指标论证的一部分,必须将初定的战备完好性要求、任务成功性要求及有关的使用和保障要求纳入装备的立项综合论证报告。

2. 在装备研制总要求论证时,提出并权衡可靠性使用要求和可靠性合同要求

（1）参考相似装备的数据,确定装备的初始可靠性使用要求。包括:由初始的战备完好性要求导出初始的基本可靠性使用要求,由初始的任务成功性要求导出初始的任务可靠性使用要求,由有关的使用和保障要求等提出初步的寿命和贮存可靠性要求。

（2）将可靠性使用要求转换为可靠性合同要求。利用经验系数或转换模型,将初定的可靠性使用要求转换为初定的可靠性合同要求,应注意确保转换的正确性和合理性。

（3）分析可靠性合同要求实现的可行性。利用备选的设计方案,通过建模、分配和预计等工作,结合相似装备的数据,分析新研装备可靠性合同要求实现的技术、经济可行性。

（4）当可靠性合同要求难以实现时,通过调整可靠性与相关特性的要求、进一步完善设计方案等途径,重复上述步骤,直至使合同要求得以满足为止。

3. 在装备研制总要求论证结束前,最终确定可靠性要求

（1）最终确定的可靠性要求与相关特性的要求是相互协调的,并能满足战备完好性、任务成功性及有关的使用和保障要求。

（2）最终确定的可靠性要求（基本可靠性要求、任务可靠性要求、耐久性要求、贮存可靠性要求）应与相关要求一起纳入装备研制总要求论证报告。

2.5　可靠性要求确定方法与应用

2.5.1　基于权衡法的可靠性指标确定方法

可靠性与维修性共同决定着装备的固有可用度 A_i。因此，当规定 A_i 后，必须在可靠性与维修性之间进行权衡。因为 A_i 仅仅取决于平均修复时间 M_{CT} 与平均故障间隔时间 M_{BF} 的比，即

$$\alpha = \frac{M_{CT}}{M_{BF}} = \frac{\lambda}{\mu} \tag{2.11}$$

因此

$$A_i = \frac{M_{BF}}{M_{BF} + M_{CT}} = \frac{1}{1+\alpha} \tag{2.12}$$

假设装备 1、2 的维修性和可靠性参数分别为 $M_{CT1}=0.1\ h$、$M_{BF1}=2\ h$，$M_{CT2}=10\ h$，$M_{BF2}=200\ h$，则它们的固有可用度分别为

$$A_{i1} = \frac{1}{1+\frac{0.1}{2}} = 0.952, \quad A_{i2} = \frac{1}{1+\frac{10}{2000}} = 0.952$$

但是，它们可能都不符合要求，2 h 的平均故障间隔时间对某些装备来说可能太短，10 h 的平均修复时间对某些装备来说可能太长。所以，必须保证平均故障间隔时间（MTBF）不低于某一规定的最小值，平均修复时间（MTTR）不高于某一规定的最大值，以及它们的组合不应产生不可接受的固有可用度。

在指标的权衡过程中，还应遵守某些约束条件。例如，MTBF 太高，超出目前技术水平是不现实的，或者费用太高，也是不可行的；MTTR 接近于零，则必然导致过高的维修性设计特性。因此可能需要具有从一个故障设备自动转换到备用设备的机构。这表明，权衡不仅包括装备参数及变量间的关系，还受技术和经济条件的制约。

下面举一个设计例子：要求设计一个系统，它应满足 $A_i \geqslant 0.99$，MTBF$\geqslant$200 h，MTTR$\leqslant$4 h。试运用权衡法，确定可靠性与维修性合同指标量值。

先根据式（2.11），画一个可靠性与维修性权衡区域图，如图 2-4 所示。

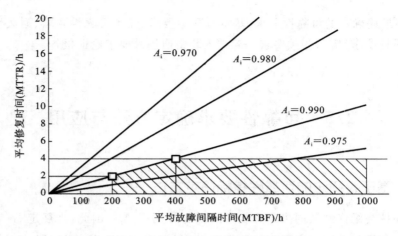

图 2-4　可靠性与维修性的权衡

由图 2-4 可见,阴影部分为权衡的可选区域,有两种权衡方法:一种是把 A_i 定在 0.990,这意味着可以选择 0.990 等可用度线上两个允许端点之间 MTBF 与 MTTR 的任意组合,这些点位于 MTBF=200 h、MTTR=2 h 的交点和 MTBF=400 h、MTTR=4 h 的交点之间;另一种是使 A_i 大于 0.990,从而使 MTBF 与 MTTR 阴影区内的任意组合均在权衡范围内。

假定在考虑技术约束条件后初步确定表 2-3 所示的 4 个备选方案。

表 2-3　装备权衡备选方案

序号	设 计 方 案	A_i	MTBF/h	MTTR/h
1	R:设计采用军用标准件与降额设计 M:模块化与自动测试	0.990	200	2.0
2	R:设计采用高可靠性的元器件及部件 M:局部模块化,半自动测试	0.990	300	3.0
3	R:设计采用部分余度设计 M:手动测试及有限的模块化	0.990	350	3.5
4	R:设计采用高可靠性的元器件及部件 M:模块化及自动测试	0.993	300	2.0

由表 2-3 可知,备选方案 1~3 具有相同的 $A_i=0.990$,其中方案 1 侧重维修性,方案 3 强调可靠性,方案 2 介于方案 1 和方案 3 之间。方案 4 是方案 1、方案 2 的组合,且 $A_i=0.993$,大于方案 1~3 的 A_i。由于这些方案均在图 2-4 的可选区域内,难以取舍,需采用费用准则进一步权衡。

备选方案的费用比较如表 2-4 所示。由表 2-4 可知,方案 2 在相同固有可用度的备选方案中寿命周期费用最低。但是方案 4 不仅寿命周期费用低,而且可用度最高,所以经权衡优化后选择方案 4,该方案既提高了可靠性,又改善了维修性。

表 2-4　备选方案的费用比较

项　目		现用	1	2	3	4
采购费用/万元	研究、发展	300	325	319	322	330
	生产、试验	4500	4534	4525	4530	4542
	总数	4800	4859	4844	4852	4872
10 年维修保障费用/万元	备件	210	151	105	90	105
	修理	1297	346	382	405	346
	培训、资料	20	14	16	18	14
	维护	475	525	503	505	503
	总数	2002	1036	1006	1018	968
寿命周期费用		6802	5895	5850	5870	5840

虽然在工程实践中权衡工作要比这复杂得多,但其思路大体上是这样的。

2.5.2　基于标准的可靠性参数选择方法

1. 明确新研武器装备可靠性要求涉及的范围和层次

在武器装备论证中,可靠性要求的范围应覆盖构成武器系统的各类武器装备,对复杂的武器系统的组成与编配应包括:主战装备、保障装备、其他相关配套设备。

对复杂武器系统的可靠性要求要分层次提出,以便各级鉴定定型时分别考核。根据武器装备试验鉴定需要,一般可按三个层次提出:系统级的要求、分系统级的要求、重要仪器和设备的要求。

表 2-5 给出了可靠性参数选择方法示例。表 2-6 给出了贮存可靠性参数选择方法示例。

表 2-5　可靠性参数选择方法示例

参　数	系统、分系统名称				
	系统	分系统 1	分系统 2	分系统 n	仪器设备
平均故障前时间			√		△
平均故障间隔时间	√			√	√
平均维修间隔时间	√			√	√

参　　数	系统、分系统名称				
	系统	分系统1	分系统2	分系统 n	仪器设备
单次系统成功率	√	√	√		√
完成任务的成功概率	√	△	√	√	√
平均严重故障间隔时间	√		△		
使用寿命				√	

注:"√"表示主要选用参数,"△"表示还可选用参数。

表 2-6　贮存可靠性参数选择方法示例

参　　数	系统、分系统名称				
	系统	分系统1	分系统2	分系统 n	重要仪器设备
贮存寿命	√		√		√
检测周期	√	√	√		√
首次大修期限	√	√	√	√	
平均失效前贮存时间	√	√	√		√

注:"√"表示主要选用参数。

2. 已有型号武器装备中的可靠性参数构成特点分析

在确定新型武器装备可靠性参数时,为了提高继承性,应对已有型号装备中提出的可靠性参数构成情况进行归纳综合,提出继续采用的参数,并与需求分析进行对比,找出不足部分,适当增加必要的内容,做到在已有成果的基础上进行补充完善。

表 2-7 给出了已有型号装备可靠性参数统计表格式。

表 2-7　已有型号装备可靠性参数统计表格式

参 数 类 型	型号1	型号2	型号3
基本可靠性			
任务可靠性			
耐久性			
贮存可靠性			

在对各型号装备统计的基础上,应进一步分析、综合,提出结论意见,主要内容包括:新型装备应当继承的内容,即继续提出该类指标项目;不能满足新型装备要

求,需要补充或扩展的项目。

3. 有关标准中规定的可靠性参数统计分析

GJB 450B—2021《装备可靠性工作通用要求》、GJB 1909A—2009《装备可靠性维修性保障性要求论证》和 GJB 8892.9—2017《武器装备论证通用要求第 9 部分:可靠性》附录 C 可靠性要求中分别给出了可靠性参数,内容如表 2-8所示。由表 2-8 可以看出,三个标准的规定存在有一些区别,应选择共同部分加以应用。必要时可将可靠性、维修性、保障性综合在一起进行分析、比较。

表 2-8　可靠性参数表

参数类型	GJB 450B—2021	GJB 1909A—2009	GJB 8892.9—2017
基本可靠性	平均维修间隔时间;平均故障间隔时间	平均故障前时间;平均故障间隔时间;平均预防性维修间隔时间;平均维修间隔时间	平均故障间隔时间;平均维修间隔时间
任务可靠性	平均严重故障间隔时间;任务可靠度	平均严重故障间隔时间;成功概率	平均严重故障间隔时间;任务可靠度
耐久性	使用寿命、贮存寿命、首次翻修期、翻修间隔期	使用寿命、首次翻修期限(首次大修寿命)	使用寿命、首次翻修期限(首次大修寿命)
贮存可靠性	贮存可靠度	贮存寿命	贮存寿命

对有关标准中规定的各种可靠性参数进行综合分析和归类,明确应贯彻的内容,为建立实用的参数体系提供依据。

4. 建立新型装备可靠性参数体系

在上述各项工作的基础上,进一步分析寿命期各类剖面,补充并完善相关内容,建立符合装备特点的可靠性参数体系。

5. 确定具体的可靠性指标要求

对可靠性参数体系中的每一项参数,通过综合权衡和量化分析后确定具体的指标要求。

2.5.3　可靠性参数选择和指标确定示例

下面以雷达装备参数的选择、指标的确定、定性要求的确定来说明其可靠性要求确定的过程和方法。

1. 雷达装备的组成及特点

雷达装备主要由天馈、发射、接收、信号处理、终端、监控、伺服、供配电等分系统组成,其特点如下。

(1)多功能、多用途、高精度、快速反应的需求。

(2)目标特性更为复杂,要求处理的目标类型多(高空快速隐身目标、低空慢速小目标)、区域广(空间、临近空间、太空、海上、陆地)、批量大。

(3)干扰环境更复杂、更严重,包括地面高楼大厦等建筑物的地杂波干扰,海浪、气象和宇宙射线等大自然干扰,电视发射、调频发射、电信发射、车辆等人为电磁干扰。

(4)使用条件恶劣,包括高/低温环境、高度(低气压)环境、盐雾环境、湿热环境、振动冲击环境、加速度环境等。

(5)由人工向半自动化、自动化、智能化和网络化方向发展。

以上特点都给雷达装备的可靠性带来了新的问题和研究内容。

2. 雷达装备的任务需求

雷达装备是防空预警体系的重要组成部分,主要担负对空中目标的搜索、警戒、引导、跟踪与识别任务。要求它能及时、准确、连续地发现空中目标,及时向指挥部门发出空中目标情报信息,引导航空兵作战、保障飞行训练和实施空中交通管制等。

3. 使用方案

1)任务剖面

每天可连续工作 24 h,不停机维护检查时间≤1 h,允许采用几小时一班等轮流工作方式。年预计工作时间××××~×××× h。任务期间应满足 GJB 74A—1998《军用地面雷达通用规范》对高温、低气压、湿热、低温、冲击、振动、霉菌、盐雾、沙尘、淋雨、太阳辐射、风环境等环境要求。

2)寿命剖面

雷达装备寿命剖面示意图如图 2-5 所示。

雷达装备平均服役期限××年,服役期内允许送厂翻修×次。服役期内可能经历的运输方式有:公路运输、铁路运输、海上(含江、河)运输和空中运输。贮存有效期承受应力、装卸等运输作业和各类运输方式承受应力应满足 GJB 74A—1998《军用地面雷达通用规范》中的相关规定。站上维修包括修复性维修和预防性维修。

4. 故障判断准则

判别是否故障以机内测试设备(BITE)指示值守人员判断为主,外接仪表或辅

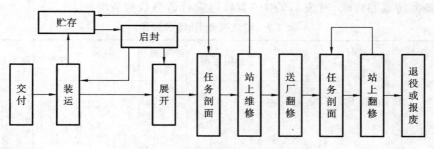

图 2-5　雷达装备寿命剖面示意图

助维修设备测试为辅。要求对每种功能和(或)每个 LRU、BITE 按下列等级用颜色或数据显示。

绿色——正常。

蓝色——告警。

黄色——轻微(不影响功能,但需安排非计划维修;技术规范说明检测门限)。

橙色——边缘(任务降级、技术规范应规定边缘值)。

红色——严重(功能丧失或因严重降级不再使用;技术规范定量或定性说明)。

在所有时间内发生的后 3 类显示,经值守人员判定为故障后均应记录,经故障审查后确认计入平均故障间隔时间(MTBF)统计,在任务剖面内发生的严重故障计入平均严重故障间隔时间(MTBCF)统计。

5. 初始保障方案

维修方案采用部队级维修和基地级维修。

部队级(雷达站)维修以更换故障的部件和组件为主,部队级(旅团技术保障队)维修以支持预防性维修和少量修复性维修为主。基地级维修以修复大部分故障件、中修、大修为主。设想雷达每天工作 24 h,每天允许不停机维护检查 1 h。

1) 部队级维修

部队级维修由经过本专业训练的技术人员组织实施。主要任务:清洁和润滑等保养工作;防锈,防腐蚀;监视和测量性能;电子部件原位检查;系统的调整和校准(或统调);寻找故障、隔离故障;更换部件和组件;故障记录、器材保管,以及信息记录、传递。

2) 基地级维修

基地级维修由按受过专门的军修厂和雷达生产厂维修训练并具有高技术能力的人员实施。其维修活动通常包括:修理、翻修、测试和检查所有的分系统、组件。

6. 雷达装备可靠性维修性保障性(RMS)参数体系

雷达装备可靠性维修性保障性(RMS)参数集如表 2-9 所示。针对不同型号雷达装备的特点和需求,对表 2-9 中的参数可进行适当裁剪或增加。

表 2-9　雷达装备 RMS 参数集

参数类型	参数名称	参数类别		适用范围			验证时间		验证方法			反映目标			
		使用参数	合同参数	雷达系统	分系统	组件	设计定型	部署使用	试验验证	试验评估	分析评估	战备完好性	任务成功性	维修人力费用	保障资源费用
综合参数	固有可用度	✓	✓	☆	☆	○						✓			
	可达可用度		✓	○	○	○						✓			
	使用可用度		✓	☆	☆	○						✓			
可靠性	平均故障间隔时间	✓	✓	☆	☆	☆	✓		✓					✓	✓
	平均故障维修间隔时间	✓		○	○	○	✓		✓					✓	✓
	平均需求间隔时间	✓		○	○	○	✓								✓
	故障率	✓	✓				✓		✓				✓		
	任务可靠度	✓		○	○	○							✓		
	平均严重故障间隔时间	✓		☆	☆	☆							✓		
维修性	平均修复时间	✓		☆	☆	☆								✓	
	最大修复时间	✓		☆	☆	☆								✓	
	平均预防性维修时间	✓		☆	○	○								✓	
	恢复功能用的任务时间	✓		○	○	○							✓		
	冗余分系统切换时间		✓	○	○	○							✓		
	维修工时率	✓	✓	☆					✓	✓	✓			✓	
	维修事件的平均直接维修工时	✓		○	○	○	✓	✓	✓		✓			✓	
	维修活动的平均直接维修工时	✓		○	○	○			✓		✓			✓	
测试性	故障检测率	✓	✓	☆	☆	☆	✓		✓		✓				✓
	故障隔离率	✓	✓	☆	☆	☆	✓							✓	✓
	虚警率	✓		○	○	○	✓	✓	✓		✓				✓

续表

参数类型	参数名称	参数类别		适用范围			验证时间		验证方法			反映目标			
		使用参数	合同参数	雷达系统	分系统	组件	设计定型	部署使用	试验验证	试验评估	分析评估	战备完好性	任务成功性	维修人力费用	保障资源费用
耐久性	使用寿命	√	√	○	○	○	√	√	√		√	√			
	贮存寿命	√		○	○	○	√	√			√				
	首翻期	√	√	☆			√	√			√	√			
保障系统	平均保障延误时间	√	√		○	○		√		√					√
	站级备件满足率	√	√	☆				√							√
	站级故障修复比	√	√	☆				√							√
	备件供应反应时间	√	√	☆	○	○		√		√					√
	等器材无用度	√		☆	○	○		√							

注:"√"表示主要选用参数;"☆"表示选用参数;"○"表示适用的参数。

7. 定性要求

1) 可靠性定性要求

可靠性定性要求主要有以下要求。

(1) 制定和贯彻成熟设计、简化设计、余度设计、降额设计等。

(2) 制定和实施元器件大纲(包含零件淘汰计划),确定关键件和重要件、环境防护、热设计等方面要求。

2) 维修性定性要求

维修性定性要求主要有以下要求。

(1) 保证良好的可达性。

(2) 提高标准化和互换性程度。

(3) 具有完善的防差错措施及识别标记。

(4) 保证维修安全(涉及人、机安全的部位,应用醒目标记符号说明,有防护保险措施等)。

(5) 良好的测试性。

(6) 对贵重件的可修复性要求。

(7) 减少维修内容和降低维修技能要求。

（8）符合维修的人素工程要求。

3）保障性定性要求

保障性定性要求主要有以下要求。

（1）维修策略和维修体制方面的要求。

（2）规定保障性分析最低成果要求。

（3）规定对综合保障各要素（规划维修、保障设备、人员与人力、培训、技术资料、供应保障、计算机资源保障、保障设施、包装、装卸和贮存运输）等的具体要求。

（4）自保障设计等。

思 考 题

1. 简述可靠性定量要求和定性要求的含义及其相互关系。
2. 雷达装备可靠性定量要求包含哪些参数指标？
3. 简述雷达装备可靠性定性要求的内容。
4. 简述可靠性设计与分析的工作项目要求。
5. 简述可靠性要求确定的过程。

参 考 文 献

[1] 曾声奎. 可靠性设计分析基础[M]. 北京：北京航空航天大学出版社，2015.

[2] 吕明华. 可靠性工程标准化[M]. 北京：中国标准出版社，国防工业出版社，2016.

[3] 康建设，宋文渊，白永生，等. 装备可靠性工程[M]. 北京：国防工业出版社，2019.

[4] 杨秉喜. 雷达综合技术保障工程[M]. 北京：中国标准出版社，2002.

[5] 甘茂治，康建设，高崎. 军用装备维修工程学[M]. 2 版. 北京：国防工业出版社，2005.

[6] 谢少锋，张增照，聂国健. 可靠性设计[M]. 北京：电子工业出版社，2015.

[7] 王自力. 可靠性维修性保障性要求论证[M]. 北京：国防工业出版社，2011.

[8] 徐永成. 装备保障工程学[M]. 北京：国防工业出版社，2013.

[9] 康锐.可靠性维修性保障性工程基础[M].北京:国防工业出版社,2012.

[10] 宋太亮,俞沼统,冯渊,等.GJB 450A《装备可靠性工作通用要求》实施指南[M].北京:总装备部电子信息基础部技术基础局,总装备部技术基础管理中心,2008.

[11] 中央军委装备发展部.GJB 450B—2021 装备可靠性工作通用要求[S].北京:国家军用标准出版发行部,2021.

[12] 中央军委装备发展部.GJB 451B—2021 装备通用质量特性术语[S].北京:国家军用标准出版发行部,2021.

[13] 中央军委装备发展部.GJB 8892.9—2017 武器装备论证通用要求 第 9 部分:可靠性[S].北京:国家军用标准出版发行部,2017.

[14] 中国人民解放军总装备部.GJB 1909A—2009 装备可靠性维修性保障性要求论证[S].北京:总装备部军标出版发行部,2009.

[15] 王喆峰,薛霞.雷达系统可靠性参数选择与指标确定的探讨[J].雷达与对抗,2006(03):66-69.

[16] 卢雷,杨江平.雷达装备 RMS 参数体系论证[J].现代防御技术,2013,41(03):160-165,191.

[17] 丁定浩.论证军用装备 RMS 顶层参数指标的意义和建议[J].电子产品可靠性与环境试验,2011,29(05):1-5.

[18] 帅勇,宋太亮,肖自强.基于综合模型的可靠性参数选择方法[J].火力与指挥控制,2015,40(11):62-68.

第3章

雷达装备可靠性建模

3.1 概　　述

　　雷达装备属于复杂的电子装备系统,具有多平台、多功能、综合一体化等特点。雷达装备可靠性建模可为可靠性指标论证、分配、产品方案论证及可靠性设计评审等活动提供依据。

3.1.1　可靠性模型概念

　　模型是所研究的系统、过程、事物或概念的一种表达形式。建模是指建立系统模型的过程。用模型描述系统的因果关系或相互关系的过程都属于建模。

　　可靠性模型是从可靠性角度表示装备各组成单元之间的逻辑关系的模型,是为可靠性分配、预计、分析和评定所建立的可靠性框图和可靠性数学模型。

1. 可靠性框图

　　可靠性框图是将装备各单元之间的可靠性逻辑关系用框图表示的一种模型。可靠性框图是对复杂产品的一个或一个以上的功能模式,用方框表示各组成单元的故障或它们的组合如何导致装备故障的逻辑图,一般由方框和连线组成,方框代表装备的组成单元,连线表示各单元之间的功能逻辑关系。

可靠性框图简明扼要、直观地描述装备在完成任务时所有单元之间的相互依赖关系图形。在建立框图时，应在充分了解装备任务和寿命周期的基础上，掌握装备的结构特征和性能特征。

2. 可靠性数学模型

可靠性数学模型是对可靠性框图表示的逻辑关系的数学描述，表示装备与组成单元的可靠性函数或参数之间的关系。

典型系统的可靠性模型有串联结构、并联结构、串-并混合结构、表决及复杂结构等多种类型。本章 3.2 节将对典型系统可靠性模型进行分析、讨论。

3.1.2　可靠性模型分类

系统可靠性模型分为两类：基本可靠性模型和任务可靠性模型。

1. 基本可靠性模型

基本可靠性模型用以估计产品及其组成单元引起的维修及保障要求。它包括一个可靠性框图和一个相应的可靠性数学模型。其详细程度应该达到产品规定的分析层次，以获得可以利用的信息，而且故障率数据对该层次产品设计来说能够作为考虑维修和综合保障要求的依据。

基本可靠性模型是一个串联模型，即使存在冗余单元或代替工作模式的单元，也都按串联处理。所以，贮备单元越多，系统的基本可靠性越低。

基本可靠性模型系统中任一单元（包括贮备单元）发生故障后，都需要维修或更换，故而可以把它看作度量使用费用的一种模型。

当合同中的可靠性指标为基本可靠性 MTBF 时，建立串联的可靠性模型。基本可靠性模型不能用来估计任务可靠性，只有在无冗余或替代工作模式时，基本可靠性模型与任务可靠性模型才一致。

2. 任务可靠性模型

任务可靠性模型用以估计产品在执行任务过程中完成规定功能的概率，描述完成任务过程中产品各单元的预定作用，是用以度量工作有效性的一种模型。因此，本章所述的串联、并联、旁联及混联等典型的可靠性模型主要是针对任务可靠性模型而言的。显然，系统中贮备单元越多，其任务可靠性越高。

在进行装备设计时，应同时建立基本可靠性及任务可靠性模型，权衡不同设计方案的效费比，并作为分摊效费比的依据。例如，在某种设计方案中，为了提高其任务可靠性而大量采用贮备单元，则其基本可靠性必然很低，即需要增加许多人力、设备、备件等来维修这些贮备单元；在另一种设计方案中，为了降低对维修及保障的要求而采用全串联模型（无贮备单元），则其任务可靠性必然较低。设计者的责任就是要在不同的设计方案中利用基本可靠性及任务可靠性模型进行权衡,在一定的条件下得到最合理的设计方案。

3.1.3 可靠性建模的目的和作用

可靠性建模是可靠性工程的一项基本工作,是分析、论证、确定、评估可靠性指标的重要工具。其目的和作用如下。

(1)可靠性建模是为了分配、预计和评估装备的可靠性。进行可靠性分配,把系统级的可靠性要求分配给系统级以下各个层次,以便进行装备设计。进行可靠性预计和评估,估计或确定设计及设计方案可达到的可靠性水平,为可靠性设计、装备维修保障决策提供依据。

(2)可靠性建模是发现、权衡和改进可靠性的工具。可以发现并找出装备的薄弱环节,定量地指出装备的可靠性问题,指导工程设计和研制工作。当设计变更时,进行灵敏度分析,权衡系统内的某个参数发生变化时对系统可靠性、费用和可用性的影响,确定最佳设计方案。用于查找某些能引起任务中断或可能出现单点故障的部位,以提供改进措施。

(3)根据不同时期提供的估计值,评估可靠性增长和采取纠正措施的有效性,为实施分级、分阶段的可靠性增长提供信息。

3.1.4 可靠性建模的步骤和原则

GJB 813—1990《可靠性模型的建立和可靠性预计》中建立可靠性模型的步骤规定为:定义产品、确定产品可靠性框图和确定计算产品可靠性的概率表达式(数学模型)。

基本可靠性建模就是将构成系统或产品的所有单元建立串联模型。对于任务可靠性模型来说,需要明确产品的任务剖面、任务时间、故障判据、使用环境条件等。

1. 定义产品

产品定义包括产品的功能、使命任务、性能参数、允许限制及故障判据等。

1)确定产品的功能和使命任务

产品具有不同的功能和使命任务,对每一项任务,可能有不同的可靠性要求和可靠性模型,对多任务的产品,应建立一个能够包括所有功能的可靠性模型。例如,在雷达装备中,针对搜索、跟踪、识别等不同功能,雷达具有不同的工作方式,用每一项任务的可靠性模型来描述这些任务。因此,应先确定产品完成的具体任务,如果任务要求是变化的,则需要编制一组可靠性框图以满足完成各种任务的要求。

2）确定产品的工作模式

为清楚起见,对功能工作模式及代替工作模式做如下规定。

功能工作模式:一种功能工作模式执行一种特定的功能。例如,在雷达装备中,搜索和跟踪必定是两种功能工作模式。

代替工作模式:当产品有不止一种方法完成某一特定功能时,它就是具有代替工作模式。例如,通常用甚高频发射机发射的信息,可以用超高频发射机发射,作为一种代替工作模式。把确定任务功能和确定工作模式联系起来,如产品任务是同时传输实时数据和贮存数据,它必须有两台发射机,并且不存在冗余或代替工作模式。而对于有两台发射机但不要求同时传输实时数据和贮存数据的系统来说,存在冗余或代替工作模式。

在拟定数学模型之前,必须先规定要求。必须编写出一个文字说明,说明完成任务需要的条件。任务可靠性框图是说明完成任务需要什么的一种图形。当要求不单一时,可能需要拟定几个任务可靠性模型,以适应不同的要求。

3）规定产品的性能参数、允许极限和使用环境条件

为了建立产品的故障判据,应规定产品的性能参数、允许极限和使用环境条件。

4）确定产品的结构极限和功能接口

产品的结构极限包括最大尺寸、最大重量、人为因素极限、安全规定及材料能力等。当某产品关联于另一个产品时,各产品之间的兼容性必须协调一致,即规定各产品功能之间的接口,如人机接口,与控制单元、电源等之间的接口。

5）确定产品的故障判据

应该列出导致任务不成功的条件和影响任务不成功的性能参数及参数的界限值,即产品的故障判据。例如,雷达完成任务的一个条件是发射机的冷却系统不能出现故障,如果冷却系统出故障,发射机过热,则发射机会自动停止,导致雷达不能完成任务。

6）确定产品的寿命剖面

确定产品在其整个寿命期内所经历的每一个重大事件。例如,某雷达的寿命剖面是从产品交付开始,涉及装运、贮存、启封、展开、任务剖面、站上维修等事件及环境,最后至报废或退役为止。

2. 建立任务可靠性框图

建立任务可靠性框图应依据以下 8 个原则。

(1)框图标题。每个可靠性框图应有一个标题,该标题包括产品的标志、任务说明及寿命剖面的有关部分,以及对工作方式的说明。

（2）规定条件。每个可靠性框图应规定有关的限制条件。这些条件会影响框图形式的选择、可靠性参数或可靠性变量，以及绘制框图时所做的假设或简化。

（3）完成任务。应用专门的术语规定完成任务，并确切地说明在规定的条件下，可靠性对产品完成任务的影响。

（4）方框顺序。可靠性框图中的方框应按一定的逻辑顺序排列，以表示工作过程中事件发生的顺序。

（5）方框含义。可靠性框图中的每个方框应只代表构成产品的一个功能单元，所有方框均应按要求以串联、并联、旁联或其组合形式连接。

（6）方框标志。可靠性框图中的每一个方框都应进行标志。为避免混淆，对具有许多方框的框图应按照相关编码系统统一规定的代码进行标志。应专门说明可靠性模型未包括的产品的硬件或功能单元。

（7）可靠性变量。每个方框应规定可靠性变量，以表明每个方框完成其规定功能所需的工作时间（循环次数或事件等），并用于计算方框的可靠性。

（8）框图假设。在建立可靠性框图时应采用技术性的和一般性的假设。常用的一般性假设如下。

① 在分析装备可靠性时必须考虑方框所代表的单元或功能的可靠性特征值。

② 所有连接方框的线没有可靠性值，不代表与装备有关的导线和连接器，导线和连接器单独放入一个方框或作为另一个单元（或功能）的一部分。

③ 装备的所有输入在规定极限之内，即不考虑由于输入错误而引起装备故障的情况。

④ 用框图中的一个方框表示的单元（或功能）故障会造成整个装备的故障，有代替工作模式的除外。

⑤ 系统和单元只具有正常或故障两种状态，没有中间状态。

⑥ 就故障率来说，用一个方框表示的每一单元（或功能）故障率是相互独立的，即某一单元的正常或故障不会对另一单元带来影响。

⑦ 单元故障的出现是随机的，其寿命服从指数分布，故障率为恒值。

⑧ 只分析硬件的可靠性，即软件可靠性、人员可靠性不纳入装备可靠性模型，且与硬件之间没有相互影响。

总之，可靠性框图表示产品在寿命剖面中所有功能的相互关系及独立性。产品的所有余度及其他防止故障影响的措施也应在框图中表示出来，以便采取防止单点故障对更高一级的产品造成灾难性影响的措施。对每一个工作阶段或每一个工作模式需要绘制一个独立的可靠性框图，因为产品的用途及致命性可能随着任务阶段或工作模式的不同而变化。

3. 建立相应的数学模型

系统可靠性模型还要表示出系统及其单元之间的可靠性逻辑关系和数量关系,这就需对已建好的可靠性框图建立相应的数学模型。用数学式表达各单元的可靠性与系统可靠性之间的函数关系,以此来求解系统的可靠性值。

4. 修正可靠性模型

随着产品设计阶段向前推移,诸如产品环境条件、设计结构、应力水平等信息越来越多,产品定义也应该不断修改和充实,从而保证可靠性模型的精确程度不断提高。

可靠性模型的建立应在初步设计阶段进行,并为系统可靠性分配及拟定改进措施提供依据。随着产品工作的进展,可靠性框图应不断修改、完善,并逐级展开,越画越细,数学模型也越准确。

3.2 典型系统可靠性模型

根据单元在系统中所处的状态及其对系统的影响进行分类,系统分类示意图如图 3-1 所示。

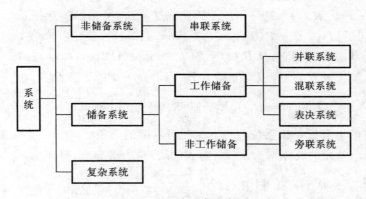

图 3-1 系统分类示意图

下面介绍几种常用的典型系统可靠性模型。为简化问题,先做两点假设。

(1)认为系统及其组成的各单元均可能处于两种状态:正常和故障。

(2)各单元所处的状态是相互独立的。

根据雷达装备及各分系统组成的可靠性逻辑关系,雷达装备进行可靠性建模时典型的可靠性系统可能包括串联系统、并联系统、混联系统、表决系统、冷/温储备系统(考虑检测装置和转换开关的可靠度)和定时检修系统等。

3.2.1　串联系统

1. 串联系统定义与可靠性框图

串联系统是指组成系统的所有单元中任一单元的故障均会导致整个系统故障的系统。

由 n 个单元组成的串联系统,当且仅当 n 个单元都正常工作时,系统才正常工作,其可靠性框图如图 3-2 所示。

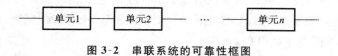

图 3-2　串联系统的可靠性框图

2. 可靠性数学模型

由于 n 个单元的串联系统中,只要有一个单元故障,系统就发生故障,故系统寿命 T 相当于单元中最短的寿命。

设第 i 个单元的寿命为 T_i,其可靠度为 $R_i(t)=P(T_i>t)$,$i=1,2,\cdots,n$,且它们相互独立,则系统寿命 $T=\min(T_1,T_2,\cdots,T_n)$。

串联系统的可靠度函数为

$$
\begin{aligned}
R_s(t) &= P(T>t) = P\{\min(T_1,T_2,\cdots,T_n)>t\} \\
&= P(T_1>t,T_2>t,\cdots,T_n>t)
\end{aligned}
\tag{3.1}
$$

由于各单元状态相互独立,且 $R_i(t)=P(T_i>t)$,$i=1,2,\cdots,n$,则有

$$
\begin{aligned}
R_s(t) &= P(T_1>t)P(T_2>t)\cdots P(T_n>t) \\
&= R_1(t)R_2(t)\cdots R_n(t) = \prod_{i=1}^{n} R_i(t)
\end{aligned}
\tag{3.2}
$$

即串联系统的可靠度是该系统各独立单元可靠度的乘积。

设第 i 个单元的故障率为 $\lambda_i(t)$,对式(3.2)两边求导数,整理得

$$
R'_s(t) = \prod_{i=1}^{n} R_i(t) \sum_{i=1}^{n} \frac{R'_i(t)}{R_i(t)} = -R_s(t) \sum_{i=1}^{n} \lambda_i(t)
\tag{3.3}
$$

得系统的故障率为

$$
\lambda_s(t) = -\frac{R'_s(t)}{R_s(t)} = \sum_{i=1}^{n} \lambda_i(t)
\tag{3.4}
$$

即串联系统的故障率是各个单元的故障率之和。

3. 模型讨论

(1) 假定第 i 个单元寿命服从参数为 λ_i 的指数分布,即故障率 $\lambda_i(t)=\lambda_i$,$R_i(t)$

$= \mathrm{e}^{-\lambda_i t}, i=1,2,\cdots,n$，则系统的可靠度为

$$R_{\mathrm{s}}(t) = \prod_{i=1}^{n} R_i(t) = \prod_{i=1}^{n} \mathrm{e}^{-\lambda_i t} = \exp\left(-\sum_{i=1}^{n} \lambda_i t\right) \tag{3.5}$$

系统的故障率为

$$\lambda_{\mathrm{s}}(t) = \sum_{i=1}^{n} \lambda_i(t) \tag{3.6}$$

这说明，当系统的各单元均服从指数分布时，串联系统也服从指数分布。

系统的平均寿命为

$$\theta_{\mathrm{s}} = \frac{1}{\displaystyle\sum_{i=1}^{n} \lambda_i} \tag{3.7}$$

（2）各单元寿命均服从参数为 λ 的指数分布，即故障率 $\lambda_i(t)=\lambda$，$R_i(t)=\mathrm{e}^{-\lambda t}$，$i=1,2,\cdots,n$，则系统的可靠度、故障率和平均寿命分别为

$$R_{\mathrm{s}}(t)=\mathrm{e}^{-n\lambda t}, \quad \lambda_{\mathrm{s}}(t)=n\lambda, \quad \theta_{\mathrm{s}}=\frac{1}{n\lambda} \tag{3.8}$$

由于雷达所使用的电子元器件绝大多数寿命服从负指数分布，对于工程计算，无冗余设计的单元的故障率默认为常数。

由上面的分析可看出：串联系统的可靠度低于该系统的每个单元的可靠度，且随着串联单元数量的增大而迅速降低，因此，要提高系统的可靠度，必须减少系统中的单元数或提高系统中最低的单元可靠度，即提高系统中薄弱单元的可靠度。串联系统的故障率大于该系统的各单元的故障率。串联系统的各单元寿命服从指数分布，系统寿命也服从指数分布。

3.2.2　并联系统

1. 并联系统定义与可靠性框图

并联系统是指组成系统的所有单元都发生故障时系统才发生故障的系统，它是最简单的冗余系统。从完成功能而言，仅需一个单元也能完成，设置多单元并联是为了提高系统的任务可靠性。但是，系统的基本可靠性随之下降，增加了维修和保障要求，设计时应进行综合权衡。其可靠性框图如图 3-3 所示。

图 3-3　并联系统的可靠性框图

2. 可靠性数学模型

由于 n 个单元组成的并联系统，其特征是，其中任何一个单元正常工作，系统就能正常工作，只

有 n 个单元全部故障时,系统才故障,故系统寿命 T 相当于单元中最长的寿命。

设第 i 个单元的寿命为 T_i,其可靠度为 $R_i(t)=P(T_i>t)$,$i=1,2,\cdots,n$,且它们相互独立,则系统寿命 $T=\max(T_1,T_2,\cdots,T_n)$。

并联系统的可靠度函数为

$$
\begin{aligned}
R_s(t) &= P(T>t) = P\{\max(T_1,T_2,\cdots,T_n)>t\} \\
&= 1-P\{\max(T_1>t,T_2>t,\cdots,T_n)\leqslant t\} \\
&= 1-P(T_1\leqslant t,T_2\leqslant t,\cdots,T_n\leqslant t) \\
&= 1-\prod_{i=1}^{n}[1-R_i(t)]
\end{aligned} \tag{3.9}
$$

用 $F_s(t)$、F_i 分别表示系统和第 i 个单元的累积故障分布函数(不可靠度),则式(3.9)可表示为

$$
F_s(t)=\prod_{i=1}^{n}F_i(t) \tag{3.10}
$$

即并联系统的不可靠度函数等于其各单元不可靠度函数的乘积。

3. 模型讨论

(1) 假定第 i 个单元寿命服从参数为 λ_i 的指数分布,即故障率 $\lambda_i(t)=\lambda_i$,$R_i(t)=e^{-\lambda_i t}$,$i=1,2,\cdots,n$,则系统的可靠度为

$$
R_s(t)=1-\prod_{i=1}^{n}(1-e^{-\lambda_i t}) \tag{3.11}
$$

将式(3.11)展开得

$$
R_s(t)=\sum_{i=1}^{n}e^{-\lambda_i t}-\sum_{1\leqslant i<j\leqslant n}e^{-(\lambda_i+\lambda_j)t}+\cdots+(-1)^{n-1}\exp\left(-\sum_{i=1}^{n}\lambda_i t\right) \tag{3.12}
$$

系统的平均寿命为

$$
\theta_s=\int_0^{+\infty}R_s(t)\mathrm{d}t=\sum_{i=1}^{n}\frac{1}{\lambda_i}-\sum_{1\leqslant i<j\leqslant n}\frac{1}{\lambda_i+\lambda_j}+\cdots+(-1)^{n-1}\frac{1}{\sum_{i=1}^{n}\lambda_i} \tag{3.13}
$$

系统的故障率为

$$
\lambda_s=\frac{F_s'(t)}{R_s(t)}=-\frac{R_s'(t)}{R_s(t)} \tag{3.14}
$$

当 $n=2$ 时,2 单元寿命服从参数为 λ_1、λ_2 的指数分布,即 2 单元并联系统的可靠度、故障率与平均寿命分别为

$$
R_s(t)=e^{-\lambda_1 t}+e^{-\lambda_2 t}-e^{-(\lambda_1+\lambda_2)t} \tag{3.15}
$$

$$
\lambda_s(t)=\frac{\lambda_1 e^{-\lambda_1 t}+\lambda_2 e^{-\lambda_2 t}-(\lambda_1+\lambda_2)e^{-(\lambda_1+\lambda_2)t}}{e^{-\lambda_1 t}+e^{-\lambda_2 t}-e^{-(\lambda_1+\lambda_2)t}} \tag{3.16}
$$

$$
\theta_s=\frac{1}{\lambda_1}+\frac{1}{\lambda_2}-\frac{1}{\lambda_1+\lambda_2} \tag{3.17}
$$

（2）各单元寿命均服从参数为 λ 的指数分布，即故障率 $\lambda_i(t)=\lambda$，$R_i(t)=\mathrm{e}^{-\lambda t}$，$i=1,2,\cdots,n$，则系统的可靠度、故障率和平均寿命分别为

$$R_s(t)=1-(1-\mathrm{e}^{-\lambda t})^n \tag{3.18}$$

$$\lambda_s(t)=\frac{n\lambda\mathrm{e}^{-\lambda t}(1-\mathrm{e}^{-\lambda t})^{n-1}}{1-(1-\mathrm{e}^{-\lambda t})^n} \tag{3.19}$$

$$\theta_s=\frac{1}{\lambda}(1+\frac{1}{2}+\cdots+\frac{1}{n})=\frac{1}{\lambda}\sum_{i=1}^{n}\frac{1}{i} \tag{3.20}$$

由上述分析可知：并联系统的可靠度高于各单元的可靠度，这说明通过并联可以提高系统的可靠度，但并联系统单元数多，系统的结构尺寸及重量都大，造价高。并联系统的平均寿命高于各单元的平均寿命。并联系统的各单元服从指数寿命分布，该系统不再服从指数寿命分布。

3.2.3　混联系统

1. 定义

混联系统是由若干个串联系统和若干个并联系统组合在一起的系统。

对于一般混联系统，可用串联和并联原理，将混联系统中的串联和并联部分简化成等效单元的子系统。先利用串联和并联系统可靠性特征量计算公式求出子系统的可靠性特征量，最后把每一个子系统作为一个等效单元，得到一个与混联系统等效的串联或并联系统，即可求得全系统的可靠性特征量。下面介绍两种特殊的混联系统。

2. 可靠性框图与数学模型

1）系统冗余模型

系统冗余模型是由多个单元串联组成串联子系统，再由多个串联子系统并联组成的系统。从模型来看，系统的结构是冗余的，因此，称为系统冗余模型。其可靠性框图如图 3-4 所示。

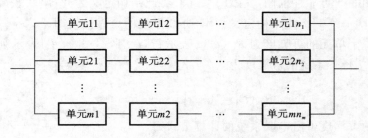

图 3-4　系统冗余模型的可靠性框图

针对图 3-4 可靠性框图,不同的书籍有着不同的定义。文献[1]~[3]将此结构定义为串-并联系统的可靠性框图,文献[4]~[6]将此结构定义为并-串联系统的可靠性框图。

假设各单元的可靠度为 $R_{ij}(t)$,i 表示行,$i=1,2,\cdots,m$;j 表示列,$j=1,2,\cdots,n_m$,则第 i 行子系统的可靠度为

$$R_{is}(t) = \prod_{j=1}^{n_m} R_{ij}(t) \tag{3.21}$$

整个系统的可靠度可由并联系统的计算公式得

$$R_s(t) = 1 - \prod_{i=1}^{m}\left[1 - \prod_{j=1}^{n_m} R_{ij}(t)\right] \tag{3.22}$$

当 $n_1 = n_2 = \cdots = n_m = n$,且 $R_{ij}(t) = R(t)$时,系统的可靠度可简化为

$$R_s(t) = 1 - [1 - R^n(t)]^m \tag{3.23}$$

有了系统的可靠度,可以依此计算系统的其他可靠性特征量。

2) 单元冗余模型

单元冗余模型是由多个单元并联组成并联子系统,再由多个并联子系统串联组成的系统。从模型来看,系统的单元是冗余的,因此称为单元冗余模型。其可靠性框图如图 3-5 所示。

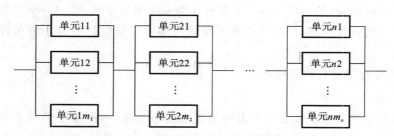

图 3-5　单元冗余模型的可靠性框图

针对图 3-5 可靠性框图,文献[1]~[3]将此结构定义为并-串联系统的可靠性框图,文献[4]~[6]将此结构定义为串-并联系统的可靠性框图。

假设每个单元的可靠度为 $R_{ij}(t)$,i 表示行,$i=1,2,\cdots,m_j$;j 表示列,$j=1,2,\cdots,n$,则第 j 行子系统的可靠度为

$$R_{js}(t) = 1 - \prod_{i=1}^{m_j}[1 - R_{ij}(t)] \tag{3.24}$$

整个系统的可靠度可由串联系统的计算公式得

$$R_s(t) = \prod_{j=1}^{n} R_{js}(t) = \prod_{j=1}^{n}\left\{1 - \prod_{i=1}^{m_j}[1 - R_{ij}(t)]\right\} \tag{3.25}$$

当 $n_1 = n_2 = \cdots = n_m = m$，且每个单元的可靠度都相等，均为 $R_{ij}(t) = R(t)$ 时，系统的可靠度可简化为

$$R_s(t) = \{1 - [1 - R(t)]^m\}^n \tag{3.26}$$

3. 模型讨论

混合结构模型中，以单元冗余模型的可靠度最高。这是因为单元冗余模型中的每一个并联段中各单元互为后备，当其中一个单元故障时，并不影响一个并联单元段。而在系统冗余模型中，若其中一个单元故障时，并联中的一个支路就故障了。所以单元冗余模型主要用于对开路故障形式的保护，而系统冗余模型主要用于对短路故障形式的保护。

3.2.4　表决系统

1. 表决系统定义与可靠性框图

在组成系统的 n 个单元中，至少有 m 个单元正常工作，系统才能正常工作，大于 $n-m$ 个单元故障，系统就故障。这样的模型称为 $m/n(\mathrm{G})$ 并联结构模型，也称表决系统。它属于工作贮备模型。

从表决系统的定义可知，当 $m=n$ 时，即 $n/n(\mathrm{G})$ 是串联系统；当 $m=1$ 时，即 $1/n(\mathrm{G})$ 是并联系统。

机械系统、电路系统和自动控制系统等常采用最简单的 $2/3(\mathrm{G})$ 表决系统，先来分析 $2/3(\mathrm{G})$ 表决系统的可靠性特征，然后说明 $m/n(\mathrm{G})$ 表决系统可靠度的计算方法。

$m/n(\mathrm{G})$ 表决系统的可靠性框图如图 3-6 所示。$2/3(\mathrm{G})$ 表决系统的可靠性框图如图 3-7 所示。

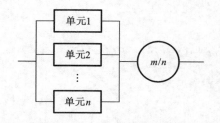
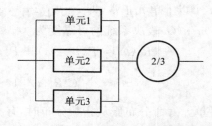

图 3-6　$m/n(\mathrm{G})$ 表决系统的可靠性框图　　　图 3-7　$2/3(\mathrm{G})$ 表决系统的可靠性框图

2. 可靠性数学模型

1) $2/3(\mathrm{G})$ 表决系统

假设 3 个单元的寿命分别为 θ_1、θ_2、θ_3，它们相互独立，且每个单元的可靠度为

$R_1(t)$、$R_2(t)$、$R_3(t)$，系统正常工作有四种可能情况：单元1、2正常，单元3故障；单元1、3正常，单元2故障；单元2、3正常，单元1故障；单元1、2、3都正常。系统的可靠度为

$$R_s(t) = R_1(t)R_2(t)F_3(t) + R_1(t)F_2(t)R_3(t) + F_1(t)R_2(t)R_3(t) + R_1(t)R_2(t)R_3(t) \tag{3.27}$$

如果单元的寿命服从指数分布，即 $R_i(t) = e^{-\lambda_i t}$，$i = 1,2,3$，则有

$$R_s(t) = e^{-(\lambda_1+\lambda_2)t} + e^{-(\lambda_2+\lambda_3)t} + e^{-(\lambda_1+\lambda_3)t} - 2e^{-(\lambda_1+\lambda_2+\lambda_3)t} \tag{3.28}$$

当3个单元的可靠度相等，即 $R_i(t) = R(t)$ 时，2/3(G)表决系统的可靠度和平均寿命分别为

$$R_s(t) = 3R^2(t) - 2R^3(t) \tag{3.29}$$

$$\theta_s = \frac{1}{\lambda_1+\lambda_2} + \frac{1}{\lambda_2+\lambda_3} + \frac{1}{\lambda_1+\lambda_3} - \frac{2}{\lambda_1+\lambda_2+\lambda_3} \tag{3.30}$$

当各单元的故障率均为 λ 时，单元可靠度为 $R(t) = e^{-\lambda t}$，则

$$R_s(t) = 3R^2(t) - 2R^3(t) = 3e^{-2\lambda t} - 2e^{-3\lambda t} \tag{3.31}$$

$$\theta_s = \frac{3}{2\lambda} - \frac{2}{3\lambda} = \frac{5}{6\lambda} \tag{3.32}$$

这说明2/3(G)表决系统的平均寿命比单个单元的平均寿命还要低，实际上，2/3(G)表决系统的意义在于短时间内改善可靠性，而不在于提高平均寿命。

2）m/n(G)表决系统

为了处理方便，假设组成的 m/n(G)表决系统的 n 个单元可靠度均为 $R(t)$，故障率为 λ，各单元寿命相互独立，且服从相同分布。

根据二项式定理，n 个单元中有 i 个单元正常，$n-i$ 个单元故障的概率为 $R^i(t)[1-R(t)]^{n-i}$。n 个单元中取 i 个正常单元的组合数为 C_n^i。表决系统中，m 个或 m 个以上单元正常，即 $i = m, m+1, \cdots, n$。

m/n(G)表决系统的可靠度为

$$R_s(t) = P(i = m) + P(i = m+1) + \cdots + P(i = n)$$

$$= \sum_{i=m}^{n} C_n^i R^i(t)[1-R(t)]^{n-i} \tag{3.33}$$

当各单元寿命分布服从指数分布时，有

$$R_s(t) = \sum_{i=m}^{n} C_n^i e^{-\lambda t}(1 - e^{-\lambda t})^{n-i} \tag{3.34}$$

可以计算系统的平均寿命

$$\theta_s = \int_0^{+\infty} R_s(t)\mathrm{d}t = \frac{1}{\lambda}\sum_{i=m}^{n} \frac{1}{i} \tag{3.35}$$

3.2.5　旁联系统

1. 旁联系统定义与可靠性框图

组成系统的 n 个单元中只有一个单元工作,当工作单元故障时,能立即通过转换开关接到另一个贮备单元继续工作,直到所有单元都故障时系统才故障,这种系统称为旁联系统,也称为非工作贮备系统。旁联系统的可靠性框图如图 3-8 所示,其中 K 为转换开关。

旁联系统与并联系统的区别在于:并联系统中的每个单元一开始就同时处于工作状态,而旁联系统中仅用一个单元工作,其余单元处于待机工作状态。

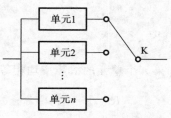

图 3-8　旁联系统的可靠性框图

旁联系统根据贮备单元在贮备期内是否失效可分为两种情况:一是贮备单元在贮备期内故障率为零;二是贮备单元在贮备期内也可能故障。

下面对转换开关完全可靠情况下的两种情况进行讨论。

2. 可靠性数学模型

1）贮备单元完全可靠的旁联系统

贮备单元完全可靠是指备用的单元在贮备期内不发生故障,也不劣化,贮备期的长短对以后的使用寿命没有影响。

若系统由 n 个单元组成,其中一个单元工作,$n-1$ 个单元备用,且第 i 个单元的寿命为 $T_i,i=1,2,\cdots,n$,其寿命分布函数为 $F_i(t)$,且相互独立,则系统的工作寿命 T 为各单元寿命之和,即

$$T=T_1+T_2+\cdots+T_n \tag{3.36}$$

系统的可靠度为

$$R_s(t)=P(T>t)=P\{(T_1+T_2+\cdots+T_n)>t\}$$
$$=1-P\{(T_1+T_2+\cdots+T_n)\leqslant t\} \tag{3.37}$$

由概率统计可知,$P\{(T_1+T_2+\cdots+T_n)\leqslant t\}$ 是联合概率分布,则由卷积公式有

$$P\{(T_1+T_2+\cdots+T_n)\leqslant t\}=F_1(t)*F_2(t)*\cdots*F_n(t) \tag{3.38}$$

$$R_s(t)=1-F_1(t)*F_2(t)*\cdots*F_n(t) \tag{3.39}$$

式中:$F_1(t)*F_2(t)*\cdots*F_n(t)$ 表示卷积。

系统的平均寿命为

$$\theta_s = E\Big(\sum_{i=1}^{n} T_i\Big) = \sum_{i=1}^{n} E(T_i) = \sum_{i=1}^{n} \theta_i \tag{3.40}$$

(1) 如果 n 个单元寿命都服从指数分布,其可靠度 $R_i(t) = e^{-\lambda_i t}, i=1,2,\cdots,n$。根据卷积公式可证明系统的可靠度和平均寿命分别为

$$R_s(t) = \sum_{i=1}^{n} \Big(\prod_{\substack{j=1 \\ j \neq i}}^{n} \frac{\lambda_j}{\lambda_j - \lambda_i} e^{-\lambda_i t}\Big) \tag{3.41}$$

$$\theta_s = \sum_{i=1}^{n} \theta_i = \sum_{i=1}^{n} \frac{1}{\lambda_i} \tag{3.42}$$

如果 n 个单元的故障率均相等,即 $\lambda_1 = \lambda_2 = \cdots = \lambda_n = \lambda$,则有

$$R_s(t) = \Big[1 + \lambda t + \frac{(\lambda t)^2}{2!} + \cdots + \frac{(\lambda t)^{n-1}}{(n-1)!}\Big] e^{-\lambda t} = \sum_{i=0}^{n-1} \frac{(\lambda t)^i}{i!} e^{-\lambda t} \tag{3.43}$$

$$\theta_s = \sum_{i=1}^{n} \theta_i = \frac{n}{\lambda} \tag{3.44}$$

(2) 如果 $n=2$,即系统由两个单元组成,假设单元的寿命都服从指数分布,故障率分别为 λ_1、λ_2 时,系统的寿命为两个单元寿命之和,即 $T_s = T_1 + T_2$。

假设两个单元寿命的分布密度函数分别为 $F_1(t)$、$F_2(t)$,则

$$F_1(t) = \lambda_1 e^{-\lambda_1 t}, \quad F_2(t) = \lambda_2 e^{-\lambda_2 t}$$

利用卷积公式,系统寿命的分布密度函数为

$$F_s(t) = F_1(t) * F_2(t)$$

利用拉普拉斯变换 $P(t) = e^{-\lambda t}$、$P(s) = \dfrac{1}{s+\lambda}$ 和拉普拉斯变换的性质 $L[aF(t)] = aL[F(t)]$,可得

$$L[F_1(t)] = \frac{\lambda_1}{s+\lambda_1}, \quad L[F_2(t)] = \frac{\lambda_2}{s+\lambda_2}$$

又根据两个函数卷积的拉普拉斯变换等于两个函数拉普拉斯变换的积,则有

$$L[F_s(t)] = L[F_1(t) * F_2(t)] = L[F_1(t)] \times L[F_2(t)] = \frac{\lambda_1}{s+\lambda_1} \times \frac{\lambda_2}{s+\lambda_2}$$

进行反拉普拉斯变换,系统寿命的分布密度函数为

$$F_s(t) = \frac{\lambda_1 \lambda_2}{\lambda_2 - \lambda_1} (e^{-\lambda_1 t} - e^{-\lambda_2 t}) \tag{3.45}$$

系统的可靠度和平均寿命分别为

$$R_s(t) = \int_t^{+\infty} F_s(t)\,dt = \frac{\lambda_2}{\lambda_2 - \lambda_1} e^{-\lambda_1 t} + \frac{\lambda_1}{\lambda_1 - \lambda_2} e^{-\lambda_2 t} \tag{3.46}$$

$$\theta_s = \int_0^{+\infty} R_s(t)\,dt = \frac{1}{\lambda_1} + \frac{1}{\lambda_2} \tag{3.47}$$

若 $\lambda_1 = \lambda_2 = \lambda$,则类似有

$$L[F_s(t)]=L[F_1(t)]\times L[F_2(t)]=\frac{\lambda^2}{(s+\lambda)^2}$$

$$F_s(t)=\lambda^2 te^{-\lambda t} \tag{3.48}$$

$$R_s(t)=\int_t^{+\infty}F_s(t)\mathrm{d}t=\int_t^{+\infty}\lambda^2 te^{-\lambda t}\mathrm{d}t=(1+\lambda t)e^{-\lambda t} \tag{3.49}$$

$$\theta_s=\frac{2}{\lambda} \tag{3.50}$$

由前面的讨论可知：在各单元组成的系统中，串联系统的寿命为单元中最小的寿命，并联系统的寿命为单元中最大的寿命，转换开关与贮备单元完全可靠的旁联系统的寿命为所有单元寿命之和，既有 $\min(T_1,T_2,\cdots,T_n)\leqslant\max(T_1,T_2,\cdots,T_n)<(T_1+T_2+\cdots+T_n)$，这说明转换开关、贮备单元均完全可靠的旁联系统的可靠性最佳，串联系统的可靠性最差。

2）贮备单元不完全可靠的旁联系统

贮备单元由于受环境因素的影响，在贮备期间故障率不为零，当然这种故障率比工作时的故障率要小得多。贮备单元在贮备期故障率不为零的旁联系统比贮备单元在贮备期故障率为零的旁联系统要复杂得多。考虑上述的复杂情况，下面只介绍两个单元组成的贮备单元在贮备期不完全可靠的旁联系统。其中一个为工作单元，另一个为备用单元，又假设两个单元工作与否相互独立，贮备单元进入工作状态后的寿命与其经过的贮备期长短无关。

设两个单元的工作寿命分别为 T_1、T_2，且相互独立，均服从指数分布，故障率分别为 λ_1、λ_2；第二个单元的贮备寿命为 Y，服从参数为 μ 的指数分布。

当工作的单元 1 故障时，贮备单元 2 已经故障，即 $T_1>Y$，表明贮备无效，系统也故障，此时系统的寿命就是工作单元 1 的寿命 T_1。当工作的单元 1 故障时，贮备单元 2 未故障，即 $T_1<Y$，贮备单元 2 立即接替单元 1 工作，直至单元 2 故障，系统才故障，此时系统的寿命是 T_1+T_2。根据以上分析，系统的可靠度为

$$R_s(t)=P(T_1+T_2>t,T_1<Y)+P(T_1>t,T_1>Y) \tag{3.51}$$

经推导得系统的可靠度和平均寿命分别为

$$R_s(t)=e^{-\lambda_1 t}+\frac{\lambda_1}{\lambda_1+\mu-\lambda_2}(e^{-\lambda_2 t}-e^{-(\lambda_1+\mu)t}) \tag{3.52}$$

$$\theta_s=\frac{1}{\lambda_1}+\frac{1}{\lambda_2}\left(\frac{\lambda_1}{\lambda_1+\mu}\right) \tag{3.53}$$

特别地，当 $\lambda_1=\lambda_2=\lambda$ 时，系统的可靠度和平均寿命分别为

$$R_s(t)=e^{-\lambda t}+\frac{\lambda}{\mu}(e^{-\lambda t}-e^{-(\lambda+\mu)t}) \tag{3.54}$$

$$\theta_s=\frac{1}{\lambda}+\frac{\lambda}{\lambda+\mu} \tag{3.55}$$

当 $\mu=0$，即贮备单元在贮备期内不故障时，该系统就是两个单元在贮备期内完全可靠的旁联系统；当 $\mu=\lambda_2$ 时，该系统为两个单元的并联系统。

3.2.6 网络系统

在工程实际中，许多系统并非串联、并联或混联结构系统，而是一个具有复杂结构的网络系统。

网络系统的可靠度计算是很复杂的，一般网络可靠度的计算方法主要有状态枚举法、全概率分解法、最小路集法、最小割集法和 Monte-Carlo 模拟法等，前两种适用于小型网络；最小路集法和最小割集法对大型复杂网络十分有效。本节仅介绍前四种方法。

1. 状态枚举法

状态枚举法也称真值表法，实际上就是穷举法。它是基于对各单元故障的所有可能组合进行列表的一种方法。

状态枚举法的基本思想：设一个系统由 n 个单元组成，每个单元的可靠度和不可靠度分别为 p_i 和 q_i，$i=1,2,\cdots,n$。因为每个单元只有正常和故障两种状态。由 n 个单元组成的网络系统总共有 2^n 种不同的状态，而且各种状态之间不存在交集，那么在这 2^n 种不同的状态中，将能使系统正常工作的所有状态的可靠度相加，可得系统的可靠度。

2. 全概率分解法

全概率分解法的基本思想：将一个复杂的网络系统分解为若干个简单的子系统，先求各子系统的可靠度，再利用全概率公式计算系统总的可靠度。

假设系统 K 中有一个子系统 M，先分别假定子系统 M 处于正常和故障两种状态，这样就可分别得到两个相应的子系统 $K|M$、$K|\overline{M}$，由全概率公式，根据得到的这两个子系统能正常工作的概率来确定该系统的可靠度为

$$R_{\mathrm{s}}(K)=P(M)P(K|M)+P(\overline{M})P(K|\overline{M}) \tag{3.56}$$

式中：$P(M)$ 为子系统 M 正常的概率；$P(\overline{M})$ 为子系统 M 故障的概率；$P(K|M)$ 为子系统 $K|M$ 正常的概率；$P(K|\overline{M})$ 为子系统 $K|\overline{M}$ 正常的概率。

显然，这种方法可以连续使用，直至使每个子系统的可靠度都易于计算为止。

3. 最小路集法与最小割集法

1）相关概念

(1) 网络图：根据系统的可靠性框图，把表示单元的每个框用弧表示并标明方向，然后在各框的连接处标上节点，就构成系统的网络图。桥形网络可靠性框图和桥形网络图如图 3-9 所示。

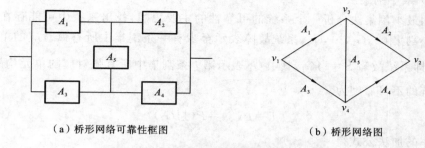

（a）桥形网络可靠性框图　　　　　　　（b）桥形网络图

图 3-9　桥形网络可靠性框图和桥形网络图

（2）路集：在网络图中，从节点 v_1 出发，经过一串弧序列可以到达节点 v_2，则称这个弧序列为从 v_1 到 v_2 的一个路集或一条路。一个路集中所有弧对应的单元都正常时，系统就能正常运行。

（3）最小路集：如果在一条路集的弧序列中，任意除去其中的一条弧后，它就不再是一条路集，则称该路集为最小路集。最小路集表示一种可使系统正常工作的最少单元的集合，即每一个单元都是必不可少的，减少其中任何一个单元，系统就不能正常工作。

（4）割集：在网络图中，若存在某弧集，当截断这些弧时，就将截断所有从输入节点到输出节点的路径，则称该弧集为一条割集。一条割集中所有弧对应的单元都故障时，系统就不能正常运行。

（5）最小割集：如果在一条割集的弧序列中，去掉其中任一条弧后，它就不成为割集，则称该割集为最小割集。若在一条割集中增加任意一个其他单元，就可使系统正常工作。

图 3-9 中，v_1、v_2、v_3、v_4 为四个节点，A_1、A_2、A_3、A_4、A_5 为五条弧。

2）最小路集法

用最小路集法分析一个系统的可靠性的主要思想：找出系统中可能存在的所有最小路集 $L_1, L_2, \cdots, L_n$，系统正常工作表示至少有一条路集畅通，即系统正常，$S = \bigcup_{i=1}^{n} L_i$，系统的可靠度为

$$R = P(S) = P\left(\bigcup_{i=1}^{n} L_i\right) \tag{3.57}$$

由概率的加法公式得

$$R = \sum_{i=1}^{n} P(L_i) - \sum_{i<j=2}^{n} P(L_i L_j) + \sum_{i<j<k=3}^{n} P(L_i L_j L_k) + \cdots + (-1)^{n-1} P(L_1 L_2 \cdots L_n)$$

$$\tag{3.58}$$

3) 最小割集法

用最小割集法分析一个系统的可靠性的主要思想:找出系统中可能存在的所有最小割集 $G_1,G_2,\cdots,G_m$,系统故障表示至少有一条割集中所有弧对应的单元均故障,即系统故障 $\overline{S}=\bigcup\limits_{j=1}^{m}\overline{G}_j$,其中 $\overline{G}_j$ 表示第 j 条割集中所有弧对应的单元均故障,则系统的不可靠度为

$$F=P(\overline{S})=P(\bigcup_{j=1}^{m}\overline{G}_j) \tag{3.59}$$

由概率的加法公式得

$$F=\sum_{j=1}^{m}P(\overline{G}_j)-\sum_{j<k=2}^{m}P(\overline{G}_j\overline{G}_k)+\sum_{j<k<l=2}^{m}P(\overline{G}_j\overline{G}_k\overline{G}_l)+\cdots+(-1)^{m-1}P(\overline{G}_1\overline{G}_2\cdots\overline{G}_m) \tag{3.60}$$

最后得系统的可靠度为 $R=1-F$。

3.3　可靠性建模的应用

下面以一维相扫有源相控阵雷达为例建立其可靠性模型。

相控阵雷达是采用相控阵天线的雷达。相控阵天线采用电子方法实现波束无惯性扫描,其电子方法有相位控制、频率控制和时延控制。它与机械扫描天线的雷达相比,最大的差别是天线无需转动即可实现天线波束的快速扫描。因此,它也称电扫描雷达或电子扫描阵列雷达。

相控阵雷达可以根据有源组件设置的位置不同分为有源相控阵雷达和无源相控阵雷达。采用集中式大功率发射机(多数为电真空发射机)或者若干部大功率发射机和无源相控阵天线的雷达称为无源相控阵雷达。

有源相控阵雷达的每一阵列单元接有一个发射机/接收机(T/R)前端。由于天线阵包含了大量的有源部件,所以被称为有源相控阵雷达。有源相控阵雷达因具有天线波束快速扫描、波束形状捷变、抗干扰能力好、系统可靠性高等特点,得到了广泛的应用。

建立有源相控阵雷达系统和分系统及设备的可靠性框图与数学模型是开展可靠性分配和预计、进行可靠性分析的基础。

3.3.1　雷达装备可靠性模型

有源相控阵雷达主要由天馈、收发、信号处理、终端、伺服、监控、冷却、供配电

等分系统组成。根据雷达的工作原理,导出雷达各单元之间的功能关系,构建雷达装备的可靠性框图,如图 3-10 所示。

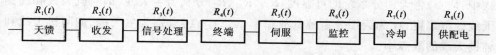

图 3-10　雷达装备的可靠性框图

从图 3-10 可知,有源相控阵雷达装备是由相互独立的指数寿命分布的分系统组成的,可靠性模型是串联模式,任何一个分系统发生故障,装备都将发生一次故障,需要维修,其故障率服从指数分布。按串联系统模型建立的雷达装备可靠性数学模型为

$$R_s(t) = \prod_{i=1}^{8} R_i(t) = \prod_{i=1}^{8} e^{-\lambda_i t} = \exp\left(- \sum_{i=1}^{8} \lambda_i t\right) \tag{3.61}$$

$$\lambda_s = \sum_{i=1}^{8} \lambda_i \tag{3.62}$$

$$T_{BF} = \frac{1}{\lambda_s} \tag{3.63}$$

式中:$R_s(t)$ 为雷达系统的可靠度;$R_1(t) \sim R_8(t)$ 为各分系统的可靠度;λ_s 为雷达系统的故障率;λ_i 为第 i 个分系统的故障率,$i=1,2,\cdots,8$;T_{BF} 为雷达系统的平均故障间隔时间。

下面对主要分系统的可靠性模型进行讨论。

3.3.2　天馈分系统可靠性模型

天线和馈线是雷达装备的两个重要组成部分,通常合称为天馈分系统。天馈分系统主要由雷达主天线、询问机天线和辅助天线以及它们的馈线组成。其主要功能是传输电磁波、向空间辐射和接收电磁波。天馈分系统的可靠性模型如图 3-11 所示。

主天线、询问机天线和辅助天线及其馈线的功能各不相同,其中一个组成单元故障,不影响另一个组成单元工作,因此,天馈分系统可靠性模型是并联系统模型。其各组成部分在工作中出现故障是随机的,且服从指数分布,则可靠性数学模型为

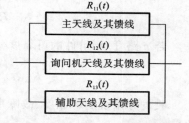

图 3-11　天馈分系统的可靠性模型

$$R_1(t) = 1 - \prod_{i=1}^{3} [1 - R_{1i}(t)] = 1 - \prod_{i=1}^{3} (1 - e^{-\lambda_{1i} t}) \tag{3.64}$$

$$\lambda_1 = -\frac{R'_1(t)}{R_1(t)} \qquad (3.65)$$

式中:$R_1(t)$为天馈分系统的可靠度;R_{11}、R_{12}、R_{13}分别为主天线、询问机天线和辅助天线的可靠度;λ_1为天馈分系统的故障率;λ_{11}、λ_{12}、λ_{13}分别为主天线、询问机天线和辅助天线的故障率。

3.3.3 收发分系统可靠性模型

收发分系统主要由频综组件、一本振功分组件、二本振功分组件、激励组件、激励移相功分组件、n路 T/R 组件组成,主要产生基于高稳定源的本振信号、时钟信号,产生激励信号,提供具有不同相位的大功率射频信号,对目标回波进行选择、放大和变换等工作。其可靠性框图如图 3-12 所示。

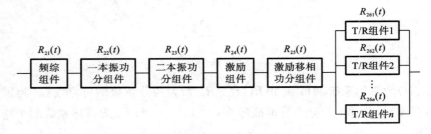

图 3-12 收发分系统的可靠性框图

从图 3-12 中可以看出,收发分系统的可靠性模型是一般的混联系统。对于一般混联系统,可用串联和并联系统模型原理,采用等效的方式得到可靠性特征量。

若频综组件、一本振功分组件、二本振功分组件、激励组件、激励移相功分组件的可靠度分别为 R_{2i},$i=1,2,\cdots,5$,则串联部分的可靠度为

$$R_{s1}(t) = \prod_{i=1}^{5} R_{2i}(t) \qquad (3.66)$$

若 n 路 T/R 组件的可靠度分别为 R_{26j},$j=1,2,\cdots,n$,则并联部分的可靠度为

$$R_{s2}(t) = 1 - \prod_{j=1}^{n} [1 - R_{26j}(t)] \qquad (3.67)$$

收发分系统的可靠度、故障率分别为

$$R_2(t) = R_{s1}(t)R_{s2}(t) = \prod_{i=1}^{5} R_{2i}(t)\left(1 - \prod_{j=1}^{n} [1 - R_{26j}(t)]\right) \qquad (3.68)$$

$$\lambda_2 = -\frac{R'_2(t)}{R_2(t)} \qquad (3.69)$$

3.3.4 信号处理分系统可靠性模型

信号处理分系统主要由鉴相器板、数字波束形成(DBF)板、定时控制板、波控计算机板、脉冲压缩板、副瓣相消板、滤波器板、杂波图板、管理板、检测板、光纤板、接口板、电源板、机箱背板、通信单元等组成,完成噪声和干扰抑制、门限检测等功能。其可靠性框图如图 3-13 所示。

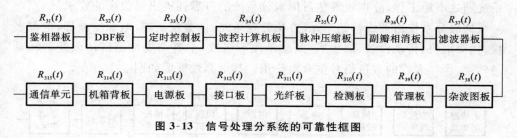

图 3-13 信号处理分系统的可靠性框图

信号处理分系统中,一个组成单元故障,系统就发生故障,因此信号处理分系统是串联模型,其可靠度和故障率分别为

$$R_3(t) = \prod_{i=1}^{15} R_{3i}(t) \tag{3.70}$$

$$\lambda_3 = \sum_{i=1}^{15} \lambda_{3i} \tag{3.71}$$

式中:$R_{3i}(t)$ 为各组成单元的可靠度;λ_{3i} 为各组成单元的可靠度,$i=1,2,\cdots,15$。

3.3.5 终端分系统可靠性模型

终端分系统主要由录取处理板、显示控制板、通信处理板、总线板、电源板、信号转接板、显示计算机等组成,完成目标参数录取、航迹跟踪和信息显示等功能。其可靠性框图如图 3-14 所示。

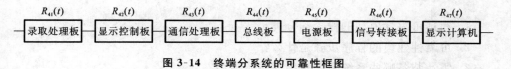

图 3-14 终端分系统的可靠性框图

终端分系统组成中,任何一个组成单元故障,都会导致终端分系统工作不正常,因此终端分系统是串联模型,其可靠度和故障率分别为

$$R_4(t) = \prod_{i=1}^{7} R_{4i}(t) \tag{3.72}$$

$$\lambda_4 = \sum_{i=1}^{7} \lambda_{4i} \qquad (3.73)$$

式中：$R_{4i}(t)$ 为各组成单元的可靠度；λ_{4i} 为各组成单元的可靠度，$i=1,2,\cdots,7$。

3.3.6 伺服分系统可靠性模型

伺服分系统是雷达的重要组成部分。伺服分系统出现故障不能工作时，雷达系统随之不能工作，故现代雷达对伺服分系统的可靠性提出了很高的要求。

伺服分系统由天线控制单元、方位处理单元、伺服控制器、电源滤波器、电源模块、伺服电机、传动设备、同步机、制动单元等组成，主要完成控制雷达天线的转动与转速，产生天线的方位信号供全机使用。其可靠性框图如图 3-15 所示。

图 3-15 终端分系统的可靠性框图

伺服分系统组成中，任何一个组成单元故障，都会导致伺服分系统工作不正常，因此伺服分系统是串联模型，其可靠度和故障率分别为

$$R_5(t) = \prod_{i=1}^{9} R_{5i}(t) \qquad (3.74)$$

$$\lambda_5 = \sum_{i=1}^{9} \lambda_{5i} \qquad (3.75)$$

式中：$R_{5i}(t)$ 为各组成单元的可靠度；λ_{5i} 为各组成单元的可靠度，$i=1,2,\cdots,9$。

思 考 题

1. 简述可靠性模型的概念和分类。
2. 可靠性建模的程序步骤是什么？
3. 雷达装备哪些系统模型是串联系统模型？
4. 雷达装备哪些系统模型是并联系统模型？
5. 针对相控阵雷达，建立收发分系统的可靠性模型。

参 考 文 献

[1] 程五一,李季. 系统可靠性理论及其应用[M]. 北京:北京航空航天大学出版社,2012.

[2] 曾声奎. 可靠性设计与分析[M]. 北京:国防工业出版社,2011.

[3] 高社生,张玲霞. 可靠性理论与工程应用[M]. 北京:国防工业出版社,2002.

[4] 康建设,宋文渊,白永生,等. 装备可靠性工程[M]. 北京:国防工业出版社,2019.

[5] 郭波,武小悦,张秀斌,等. 系统可靠性分析[M]. 长沙:国防科技大学出版社,2002.

[6] 宋保维. 系统可靠性设计与分析[M]. 西安:西北工业大学出版社,2008.

[7] 冯静,孙权,罗鹏程,等. 装备可靠性与综合保障[M]. 长沙:国防科技大学出版社,2008.

[8] 吕明华. 可靠性工程标准化[M]. 北京:中国标准出版社,国防工业出版社,2016.

[9] 甘茂治,康建设,高崎. 军用装备维修工程学[M]. 2 版. 北京:国防工业出版社,2005.

[10] 谢少锋,张增照,聂国健. 可靠性设计[M]. 北京:电子工业出版社,2015.

[11] 王自力,孙宇锋,肖波平,等. 可靠性维修性保障性要求论证[M]. 北京:国防工业出版社,2011.

[12] 徐永成. 装备保障工程学[M]. 北京:国防工业出版社,2013.

[13] 康锐. 可靠性维修性保障性工程基础[M]. 北京:国防工业出版社,2012.

[14] 宋太亮,俞沼统,冯渊,等. GJB 450A《装备可靠性工作通用要求》实施指南[M]. 北京:总装备部电子信息基础部技术基础局,总装备部技术基础管理中心,2008.

[15] 陈锋. 某雷达系统可靠性设计方案[D]. 南京:南京理工大学,2013.

[16] 冒媛媛,赵伟. 大型相控阵雷达天线阵面的任务可靠性设计[J]. 现代雷达,2016,38(09):67-70.

[17] 熊年生,黄正英. 机载有源相控阵天线阵的可靠性研究[J]. 雷达科学与技术,2009,7(4):250-252,266.

[18] 邓林,邓明,张成伟,等. 有源相控阵可靠性分析及设计[J]. 装备环境工程,

2012,9(2):21-24,37.

[19] 丁定浩,李健.机载相控阵雷达天线阵的可靠性新模型[J].雷达科学与技术,
2006,4(2):81-84.

[20] 周行.多阶段任务系统可靠性建模与应用研究[D].成都:电子科技大
学,2016.

[21] 杜海东,曹军海,刘福胜.基于Bayes网络的装备多阶段任务系统可靠性建模
与评估研究[J].兵器装备工程学报,2021,42(06):170-174.

[22] 丁贝.基于Bayes方法的雷达系统可靠性评估[J].机械管理开发,2013(03):
77-78.

[23] 朱宏,潘爽,钱思霖.基于CARMES的舰载雷达复杂系统可靠性建模[J].电
子世界,2019(18):34-35,38.

[24] 王学峰.雷达高任务可靠性模型对比分析[J].雷达与对抗,2020,40(04):
7-10.

[25] 张科,季少卫.雷达供电系统架构可靠性研究[J].现代雷达,2022,44(01):
83-89.

[26] 杜广涛.联机检修结构可靠性模型在雷达设计中的应用[J].电子产品可靠性
与环境试验,2014,32(03):14-17.

[27] 倪大江.某雷达天线阵面T/R组件的共因失效模型[J].电子机械工程,2012,
28(01):26-28.

[28] 郑蒨.某相控阵天线可靠性控制[J].价值工程,2018,37(16):131-133.

[29] 李庆,韦锡峰,陈婳怡,等.星载有源相控阵天线可靠性建模与分析[J].雷达
科学与技术,2020,18(02):194-199.

[30] 郭琳.有源相控阵天线可靠性建模与分析[J].硅谷,2012(11):191-192.

[31] 李波,蒋颖晖,刘牲,等.有源相控阵雷达天线阵面可靠性模型研究[J].质量
与可靠性,2018(06):28-30.

第4章

雷达装备可靠性分配

4.1 概　　述

可靠性分配就是将装备的可靠性要求按照一定的分配原则和方法逐级分解(转换)为较低层次产品(分系统、单元及模块等)的可靠性要求的过程。它是一个由整体到局部、自上而下的分解过程,上一层次产品的可靠性分配值作为下一层次产品可靠性的定量要求。

雷达装备属于典型的任务电子系统,由多个分系统、单元及模块组成。在方案阶段,通过可靠性分配将顶层可靠性定性和定量要求分解到下一产品层次,为该层次方案设计和选型提供依据。在初步设计阶段,通过可靠性分配与可靠性预计的不断迭代来优化设计。

4.1.1　可靠性分配的目的与作用

可靠性分配是可靠性设计中不可缺少的工作项目,是可靠性工作的决策点。其目的和作用如下。

(1) 通过将整个系统的可靠性要求分解转换为每一个分系统或每个单元的可靠性要求,使系统和各组成单元的可靠性要求协调一致。

（2）使各层次产品的设计人员尽早明确所研制产品的可靠性要求,为各层次产品的可靠性设计、元器件和原材料的选择提供依据。使设计人员全面权衡系统的性能、功能、费用、时间及有效性,获得合理的系统设计,在单元设计、制造、试验、验收时,加以保证,使整个装备可靠性要求得到保证。

（3）随着对装备和各组成单元认识的深化,装备设计中的薄弱环节及关键单元和部位得以暴露,为可靠性要求的修正、调整和改进提供依据。

（4）通过可靠性分配,为各转承制方或供应方提出可靠性要求提供依据。

（5）根据所分配的可靠性定量要求估算所需人力、时间和资源等信息。

（6）利用可靠性分配结果可以为其他专业工程(如维修性、测试性、安全性、综合保障等)提供信息。

4.1.2 可靠性分配的原理与准则

1. 可靠性分配的原理

可靠性分配是在一定的约束条件下最优化求解问题,必须明确目标函数与约束条件,关键在于求解下面的基本不等式,即

$$f(R_1, R_2, \cdots, R_n) \geqslant R_S^* \tag{4.1}$$

$$g(R_1, R_2, \cdots, R_n) \leqslant G_S^* \tag{4.2}$$

式中:$f(R_i)$ 为分系统的可靠性和系统的可靠性之间的函数关系,$i=1,2,\cdots,n$;R_1,$R_2,\cdots,R_n$ 为分配给第 $1,2,\cdots,n$ 个分系统的可靠性指标;R_S^* 为系统的可靠性指标;$g(R_i)$ 为分系统的约束条件和系统的约束条件之间的函数关系;G_S^* 为系统设计的综合约束条件,包括费用、重量、体积、功耗等因素。

对于简单串联系统而言,式(4.1)就成为

$$R_1(t)R_2(t) \cdots R_n(t) \geqslant R_S^*(t) \tag{4.3}$$

如果对分配没有任何约束条件的话,式(4.1)有无数个解,因此,问题在于要确定一个方法,通过该方法能得到合理的可靠性分配值的唯一解或有限个解。

目标函数与约束条件基本上可分为三类:第一类是以可靠性指标为约束条件,目标函数是在满足可靠性下限的条件下,使成本、质量、体积最小,且研制周期尽量短;第二类是以成本为约束条件,要求可靠性尽量高;第三类是以研制周期为约束条件,要求成本尽量低,可靠性尽量高。不管在什么情况下,都必须考虑现有技术水平能否达到所需的可靠性。

2. 可靠性分配的准则

可靠性分配时应综合考虑系统下级各功能产品的复杂程度、重要程度、技术水平、工作环境、任务时间以及实现可靠性要求的费用及时间周期等因素。一般遵循

以下准则。

（1）对于复杂程度高的分系统、设备等，应分配较低的可靠性指标，因为产品越复杂，其组成单元就越多，要达到高可靠性就越困难，并且费用越高。

（2）对于重要程度高的产品，应分配较高的可靠性指标，因为对重要的单元，该单元故障会产生严重的后果，或导致系统故障。

（3）对于技术上不成熟的产品，应分配较低的可靠性指标，因为此类产品提出高可靠性要求会延长研制时间，增加研制费用。

（4）对于处于恶劣环境条件下工作的产品，应分配较低的可靠性指标，因为恶劣的环境会增加产品的故障率。

（5）对于整个任务时间内均需连续工作的产品，应分配较低的可靠性指标，因为产品的可靠性随着工作时间的增加而降低。

（6）对于维修性差的产品，应分配较高的可靠性指标，因为对于维修困难或不便更换的产品，应要求它不出或少出故障。

（7）分配到同一层次产品的划分规模应尽可能适当，以便于权衡和比较。

（8）应根据产品特点和使用要求，确定采用哪一种可靠性参数进行分配，如雷达采用平均故障间隔时间进行分配。

（9）应按规定值进行可靠性分配，分配时应适当留有余地，以便在系统增加新的单元或局部改进设计时，不必再重新进行分配。

（10）对于已有可靠性指标的货架产品或技术成熟的系统、成品，不再参与可靠性分配。同时，在进行可靠性分配时，要从总指标中剔除这些单元的可靠性指标值。

4.1.3　可靠性分配的指标与层次

1. 可靠性分配的指标

可靠性分配的参数包括基本可靠性参数和任务可靠性参数，主要包括以下参数。

（1）可靠度。

（2）故障率。

（3）平均故障间隔时间。

（4）平均严重故障间隔时间。

可靠性分配的指标可以是规定值，作为可靠性设计的依据；也可以是最低可接受值，作为论证的依据。在分配之前应根据实际情况给分配指标增加一定的余量。

基本可靠性参数的分配和任务可靠性参数的分配有时是相互矛盾的，提高产品的任务可靠性，可能会降低基本可靠性，反之亦然。因此，在进行可靠性分配时，要对两者进行权衡分析或采取互不影响的措施。

2. 可靠性分配的层次

可靠性分配是自上而下的过程,开始于系统,终止于需要提出可靠性定量要求的产品层次。一般来说,系统可靠性分配的层次,按下列原则确定。

(1)系统中的新研产品。

(2)系统中的改进产品。

特别是当上述新研或改进产品属于外协配套产品时,原则上必须分配可靠性定量要求。

4.2 可靠性分配的程序

可靠性分配是一个从整体到局部、自上而下、反复迭代、逐步分解的过程。可靠性分配的输入包括:规定的系统可靠性指标和已知系统的各类信息。规定的系统可靠性指标是使用方提出的、在产品设计任务书(或合同)中规定的系统可靠性指标。已知系统的各类信息包括使用环境、技术成熟度等所有能够对系统可靠性造成影响的因素,系统现有的设计信息,以及相似系统的信息等。可靠性分配的输出是可靠性分配报告。

雷达装备属于典型的任务电子系统,由多个分系统、单元及模块组成,在进行可靠性指标分配时,遵循程序:明确可靠性要求、定义系统层级、绘制可靠性框图、选择可靠性分配方法、计算分配可靠性指标、验证可靠性分配的符合性、编写可靠性分配报告。可靠性分配的程序如图 4-1 所示。

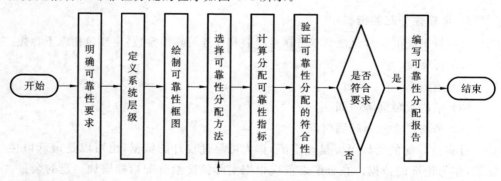

图 4-1 可靠性分配的程序

4.2.1 明确可靠性指标要求

可靠性分配时,首先明确装备的总体可靠性指标要求(如系统可靠度)及各阶段的可靠性约束(如费用、重量)。可靠性指标要求是使用方提出的、合同规定的可靠性指标要求。

4.2.2 定义系统层级

确定系统组成,分析系统各个组成的特点,定义系统层级。根据系统组成结构以及系统中哪些是新研的、改进的单元,哪些是货架产品,哪些是外协配套产品来确定可靠性分配的层级,建立可靠性分配层级的树形结构。

4.2.3 绘制可靠性框图

根据定义的系统层级和装备特点,绘制系统可靠性框图,建立各阶段的可靠性模型。

4.2.4 选择可靠性分配方法

根据收集到的现有信息、待分配的指标、不同分配层级的特点、研制阶段等,选择合适的分配方法。

4.2.5 计算分配可靠性指标

根据确定的分配层级以及每个层级应用的分配方法,按系统级、分系统级和单元级逐级地进行可靠性指标分配计算。将分配结果转换成 MTBF,并进行圆整化处理,通过四舍五入的方式保留结果的整数部分。

4.2.6 验证可靠性分配的符合性

对分配的结果进行验算,确定系统是否符合分配指标要求。如果验算证明符合可靠性分配要求,则进行下一步,否则重新选择方法,计算分配可靠性指标。

可靠性分配还应结合可靠性预计逐步细化、反复迭代地进行。随着设计工作的不断深入,可靠性模型逐步细化,可靠性分配也随之反复进行。应将分配结果与经验数据及可靠性预计结果比较,以确定分配的合理性。如果分配给某一层次产品的可靠性指标在现有技术水平下无法达到或代价太高,则应重新进行分配。

4.2.7　编写可靠性分配报告

根据 GJB/Z 23—1991《可靠性和维修性工程报告编写一般要求》编写型号雷达装备可靠性分配报告。其内容一般包括：概述（对外协配套产品提出定量依据，确定各级设计人员对可靠性设计要求）、产品概述、规定的系统可靠性分配指标、分配的层级、采用的分配原则、选择的分配方法以及分配到各层级的结果等。

4.3　可靠性分配的方法

可靠性分配的方法很多，但无论采用哪一种分配方法，都是从故障率、重要程度和复杂程度等方面考虑。具体选用哪一种分配方法，应根据设计者所掌握的数据、资料和信息等情况，从实用、简便、经济等方面全盘考虑，选择最佳的可靠性分配方法。

目前有多种可靠性分配方法，无约束分配方法有等分配法、加权分配法、评分分配法、比例分配法、考虑重要因子和复杂因子的分配方法、余度系统的比例分配法等，这些方法都适用于基本可靠性和任务可靠性分配。有约束条件的任务可靠性分配方法有直接寻查法、花费最小分配法、动态规划法、拉格朗日乘数法、贮备度分配法等。

合理地分配系统可靠性，首先必须明确设计目标、限制条件、系统各级定义的清晰程度及有关类似产品可靠性数据等信息。随着研制阶段的进展，产品定义越来越清晰，可靠性分配方法也有所不同。在方案论证阶段，由于信息不全，通常采用等分配法等；在初步设计阶段，已经有部分信息，可以采用评分分配法、比例分配法等；在详细设计阶段，设计者基本掌握相关信息，可以采用评分分配法、可靠度再分配法等。

4.3.1　等分配法

等分配法就是把系统总的可靠性指标平均分给各组成单元的一种分配方法，又称平均分配法。这种方法在各组成单元复杂程度、可靠度大致相同的情况下使用。

1. 串联系统可靠度分配

对于由 n 个单元串联组成的系统，$R_1(t) = R_2(t) = \cdots = R_n(t)$，则装备的可靠度 $R_s(t)$ 为

$$R_s(t) = \prod_{i=1}^{n} R_i(t) \tag{4.4}$$

若给定装备可靠度指标 $R_s^*(t)$，则由式（4.1）可得分配给各单元的可靠度为

$$R_i^*(t) = \sqrt[n]{R_s^*(t)} \tag{4.5}$$

式中：$R_s^*(t)$ 为对装备要求的可靠度指标；$R_i^*(t)$ 为分配给第 i 个单元的可靠度指标，$i = 1, 2, \cdots, n$。

2. 并联系统可靠度分配

当系统的可靠度指标要求很高，如 $R_s(t) > 0.99$，而选用已有的单元不能满足要求时，则可选用 n 个相同单元的并联系统。这时单元的可靠度可以低于系统的可靠度 $R_s^*(t)$，单元的可靠度分配为

$$R_i^*(t) = 1 - \sqrt[n]{[1 - R_s^*(t)]} \tag{4.6}$$

等分配法没有考虑各组成单元的复杂程度、重要程度、工作时间等因素，它要求普遍地提高系统的可靠性。这种方法对一般系统来说是不合理的，而且在技术上、时间上和费用上不大容易实现。但对系统简单、应用条件要求不高、完全得不到可靠度预计数据、在方案论证的最初阶段，可作为粗略分配采用。

4.3.2　加权分配法

加权分配法按故障率大小的比例进行分配，适合于故障率恒定的串联系统，且各组成单元的任务时间和系统任务时间相等。这种分配方法要求用故障率表示可靠性指标，分配步骤如下。

（1）计算各单元的故障率为

$$\sum_{i=1}^{n} \lambda_i^* \leqslant \lambda_s^* \tag{4.7}$$

式中：λ_s^* 为对装备要求的故障率；λ_i^* 为分配给第 i 个单元的故障率，$i = 1, 2, \cdots, n$。

（2）根据以往积累的数据，求出各单元预计的故障率 λ_i。

（3）确定各单元的加权因子为

$$w_i = \frac{\lambda_i}{\sum\limits_{i=1}^{n} \lambda_i} \tag{4.8}$$

设 n 个分系统组成的串联系统，有 m 种加权因子，则第 i 个分系统的加权因子为

$$w_i = \frac{\prod\limits_{j=1}^{m} w_{ij}}{\sum\limits_{i=1}^{n} \prod\limits_{j=1}^{m} w_{ij}} \tag{4.9}$$

式中：w_{ij} 为考虑第 j 种因素对第 i 个分系统的加权因子。

（4）分配给各单元的故障率为

$$\lambda_i^* = w_i \lambda_s^* \tag{4.10}$$

对于服从指数分布的串联系统的可靠性分配指标,平均故障间隔时间分配公式为

$$T_{BF_i}^* = \frac{1}{\lambda_i^*} = \frac{1}{w_i \lambda_s^*} = \frac{\sum_{i=1}^{n} \prod_{j=1}^{m} w_{ij}}{\prod_{j=1}^{m} w_{ij}} \cdot T_{BF_s}^* \tag{4.11}$$

式中:$T_{BF_i}^*$ 为第 i 个分系统的平均故障时间间隔;$T_{BF_s}^*$ 为系统的平均故障时间间隔。

加权分配法能否合理地分配,关键在于加权因子的选取。加权因子选取过程中,通常需要考虑三个因子:环境因子、复杂程度因子和标准化因子。关键因子的选取原则如表 4-1 所示。

表 4-1　关键因子的选取原则

关键因子	选 取 原 则
环境因子	设备主要有源器件的故障率因不同环境响而不同。以地面固定设备作为参考标准,环境因子的选择可参考 GJB/Z 299C—2006《电子设备可靠性预计手册》中的数据
复杂程度因子	按分系统方框图中的每个方框估计,过去每个方块(如中放、混频等)大体需要多少个有源单元,现在是否大体相同,增减数量有多少,有源单元的统计可按有源器件数统计,有源单元最少的分系统为1,其他分系统按比例增加
标准化因子	按分系统中部件总数与标准化部件的比值确定。标准化程度高的可取为1,最差的可选 4~5

加权分配法可用于方案论证阶段和初步设计阶段。

4.3.3　专家评分分配法

专家评分分配法是可靠性数据缺乏的情况下,通过有经验的设计人员或专家对影响可靠性的多种因素进行评分,按评分等级进行量化,按综合计算进行分配。一般来讲,考虑的因素越多,越能反映真实情况,但在工程应用中由于条件限制,不可能考虑太多因素。下面给出几种常用的应考虑的因素,使用时要根据实际情况进行选取。

1. 评分因素

评分分配法的评分因素主要包括复杂程度、重要程度、技术水平、工作时间和环境条件等。评分越高,说明对装备的可靠性产生恶劣的影响越大。

2. 评分原则

评分原则以装备故障率为分配参数,各种因素评分范围为 1~10 分,评分原则如下。

1）复杂程度

复杂程度是根据装备组成的单元数量、加工工艺、组装的难易程度、模块化程度、维修是否方便等进行评分的。最复杂评 10 分，最简单评 1 分。

2）重要程度

重要程度是根据各单元发生故障时对装备可靠性影响程度、发生故障的概率、安全性和任务影响等来确定。最高的评 10 分，最低的评 1 分。

3）技术水平

技术水平评定内容：所采用的技术、元器件、材料等是否采用过，是否经过实际使用考验过，是否经过充分试验验证过，是否有预研成果作基础，并经过哪一级别鉴定；是大量采用成熟标准件，还是采用非标准件或新研制的不成熟的零部件；采用的元器件、零部件的质量水平等。水平最低的评 10 分，水平最高的评 1 分。

4）工作时间

工作时间根据产品单元的工作时间确定。单元工作时间最长的评 10 分，最短的评 1 分。

5）环境条件

环境条件根据安装位置和承受的环境应力（热载荷、辐射）确定，环境条件最差的评 10 分，条件最好的评 l 分。

3. 可靠性分配

（1）第 i 个单元的评分数为

$$K_i = \prod_{j=1}^{5} d_{ij} \tag{4.12}$$

式中：d_{ij} 为第 i 个单元、第 j 个因素的评分数；$i=1,2,\cdots,n$ 为单元数，$j=1,2,\cdots,5$ 分别为复杂程度、重要程度、技术水平、工作时间和环境条件。

（2）装备总的评价分数为

$$K = \sum_{i=1}^{n} K_i \tag{4.13}$$

（3）第 i 个单元的评分系数为

$$C_i = \frac{K_i}{K} \tag{4.14}$$

（4）分配给第 i 个单元的故障率为

$$\lambda_i^* = C_i \lambda_s^* \tag{4.15}$$

式中：λ_s^* 为对装备要求的故障率；λ_i^* 为分配给第 i 个单元的故障率，$i=1,2,\cdots,n$。

评分比较是根据装备组成单元之间的相互比较确定的，对每一个评分因素，首先选择一个评分最高或最低的单元，然后其他单元以选定最高或最低的评分单元为基准进行比较,这样便能得到合理的评分值,然后按表 4-2 的形式给出分配结果。

表 4-2 可靠性分配的结果

序号	单元名称	复杂程度 d_{i1}	重要程度 d_{i2}	技术水平 d_{i3}	工作时间 d_{i4}	环境条件 d_{i5}	各单元评分数 K_i	各单元评分系数 C_i	分配给各单元的故障率 λ_i^*

4.3.4 比例分配法

比例分配法是相对故障率法和相对故障概率法的统称。它是根据相似老装备中各单元的故障率或单元产品预计数据进行分配的一种方法。比例分配法可以对装备的故障率、MTBF 等基本可靠性指标进行分配。

如果一个新设计的装备与一个老装备非常相似,也就是组成装备的各单元类型相同,对新装备只是提出新的可靠性要求,那么就可以采用比例分配法,根据老装备中各单元的故障率,按新装备可靠性的要求,给新装备的各单元分配故障率。

1. 串联系统

由于串联系统的故障率等于各单元的故障率之和,因此一般采用相对故障率法进行比例分配,即根据老系统中各单元的故障率,按新系统的可靠性要求,给新系统的各分系统分配故障率,其数学表达式为

$$\lambda_{i新}^* = \lambda_{s新}^* \frac{\lambda_{i老}}{\lambda_{s老}} \tag{4.16}$$

式中:$\lambda_{i新}^*$ 为分配给新装备的第 i 个单元的故障率;$\lambda_{s新}^*$ 为新装备的故障率;$\lambda_{i老}$ 为分配给老装备的第 i 个单元的故障率;$\lambda_{s老}$ 为老装备的故障率。

如果老装备中各单元故障数占装备故障数的百分比 K_i 已知,则可以按式(4.11)进行分配。

$$\lambda_{i新}^* = \lambda_{s新}^* K_i \tag{4.17}$$

式中:K_i 为第 i 个单元故障数占系统故障数的百分比。

2. 并联系统

并联系统的故障率一般不等于各单元的故障率之和,但其不可靠度(即故障概率)等于各单元不可靠度之积,所以可采用相对故障概率法进行比例分配,即

$$F_{i新}^* = F_{s新}^* \frac{F_{i老}}{F_{s老}} \tag{4.18}$$

式中：$F_{i新}^*$ 为分配给新装备的第 i 个单元的不可靠度；$F_{s新}^*$ 为新装备的不可靠度指标；$F_{i老}$ 为分配给老装备的第 i 个单元的不可靠度；$F_{s老}$ 为老装备的不可靠度。

比例分配法认为原有装备基本上反映了一定时期内产品能实现的可靠性，新装备如果有个别单元在技术上有什么重大的突破，那么按照现实水平，可把新的可靠性指标按其原有能力成比例地进行调整。这种方法只适用于新老装备功能、结构、环境条件相似，而且老装备各组成单元故障率可以获取或是在已有各组成单元预计数据的基础上进行分配的情况。

4.3.5　AGREE 分配法

该方法是由美国电子设备可靠性咨询组（advisory group on reliability of electronic equipment）提出来的。它是以分系统、单元对系统的重要性和分系统、单元的相对复杂性为基础进行可靠性指标分配的，故又称为考虑重要度和复杂度的分配法，是一种比较完善的分配方法，适用于各单元工作期间故障率为常数的系统。

1. 重要度

重要度是指某个单元发生故障对装备可靠性的影响程度，用 W_i 表示为

$$W_i = \frac{N_s}{r_i} \tag{4.19}$$

式中：N_s 为第 i 个单元故障引起的装备故障次数；r_i 为第 i 个单元的故障次数。

对于串联系统来说，每个单元的每次故障都会引起系统发生故障，所以每个单元对系统的重要度都是相同的，$W_i=1$。对于有冗余单元的系统，$0<W_i<1$。系统中有的部件、单元故障时，不会引起系统发生故障，如电控装置中的信号指示部件，$W_i=0$，显然，W_i 大的单元分配到的可靠性指标应该高一些。反之，可低一些。

2. 复杂度

复杂度是指某个单元的元器件数与装备总元器件数之比，用 K_i 表示为

$$K_i = \frac{n_i}{N} = \frac{n_i}{\sum_{i=1}^{n} n_i} \tag{4.20}$$

式中：n_i 为第 i 个单元的元器件数；N 为装备元器件总数；n 为单元数。

可见 K_i 大的单元，由于包括的元器件数量多，较复杂，实现较高的可靠性指标困难，故分配到的可靠性指标值应低一些。

3. 同时考虑重要度和复杂度

由以上分析，同时考虑单元的重要度和复杂度时，单元的故障率与其重要度成

反比、与其复杂度成正比,则可靠性分配表达式为

$$\lambda_i^* = \frac{1}{W_i} \cdot \frac{n_i}{N} \cdot \lambda_s^*$$ (4.21)

式中:λ_i^* 为分配给第 i 个单元的故障率;λ_s^* 为对装备要求的故障率。

4.3.6 可靠度再分配法

对串联系统,当通过可靠性预计得到各分系统的可靠度为 $R_1,R_2,\cdots,R_n$ 时,系统的可靠度为

$$R_s = \prod_{i=1}^{n} R_i$$ (4.22)

式中:$i=1,2,\cdots,n$ 为分系统数。

如果 $R_s < R_s^*$(规定的可靠性指标),即所设计的系统不能满足规定的可靠度指标要求,那么就需要进一步改进原设计以提高其可靠度,也就是要对各分系统的可靠性指标进行再分配。可靠度的再分配就是用来解决这个问题的。

根据以往的经验,可靠性越低的分系统(或元部件)改进起来越容易,反之,则越困难。因此,可靠度再分配法的基本思想是把原来可靠性较低的分系统的可靠度全部提高到某个值,而原来可靠度较高的分系统的可靠度仍保持不变。其具体步骤如下。

(1) 根据各分系统可靠度的大小,由低到高依次排列为

$$R_1 < R_2 < \cdots < R_k < R_{k+1} < \cdots < R_n$$

(2) 按可靠度再分配法的基本思想,把较低的可靠度 $R_1,R_2,\cdots,R_k$ 都提高到某个值 R_0,而原来较高的可靠度 $R_{k+1},R_{k+2},\cdots,R_n$ 保持不变,则系统可靠度 R_s 为

$$R_s = R_0^k \cdot \prod_{i=k+1}^{n} R_i$$ (4.23)

使 R_s 满足规定的系统可靠度指标要求,也就是

$$R_s = R_s^* = R_0^k \cdot \prod_{i=k+1}^{n} R_i$$ (4.24)

(3) 确定 k 及 R_0,也就是要确定哪些分系统的可靠度需要提高,以及提高到什么程度。

$$r_j = \left[R_s^* \Big/ \prod_{i=j+1}^{n+1} R_i \right]^{1/j} > R_j$$ (4.25)

令 $R_{n+1}=1$,k 就是满足不等式(4.25)中的 j 的最大值,那么

$$R_0 = \left[R_s^* \Big/ \prod_{i=k+1}^{n+1} R_i \right]^{1/k}$$ (4.26)

（4）得到 $R_1 = R_2 = \cdots = R_k = R_0$，即第 k 个分系统的可靠度都提高到 R_0。

（5）按照式（4.23）验算系统的可靠度是否满足规定的可靠度指标。

4.3.7　余度系统的比例分配法

常规的比例分配法只适用于基本可靠性指标的分配，即只适用于串联模型，而对于任务可靠性指标分配来说，其对应的可靠性模型多是一个串联、并联、旁联等混合的模型。对于简单的冗余系统来说，可采用的分配方法有：考虑重要度和复杂度的分配法、拉格朗日乘数法、动态规划法；直接寻查法等。这些方法多是从数学优化的角度并考虑某些约束条件来研究产品的冗余问题的，在工程上往往不是简单可行的，而且不能应用于含有冷贮备等多种模型的情况。下面介绍如何把比例分配法应用于含有串联、并联、旁联等混合模型装备的可靠性分配。

1. 任务可靠度模型

假定装备各组成单元的寿命服从指数分布。一般地，设混合模型中各组成单元的可靠度为 $R_i(t), i = 1, 2, \cdots, n$，该模型装备的可靠度 $R_s(t)$ 可以表示为

$$R_s(t) = f[R_1(t), R_2(t), \cdots, R_n(t)] \tag{4.27}$$

现要求装备的任务可靠度为 $R_s^*(t)|_{t=t_0}$，其中 t_0 代表要求的任务时间，一般 $R_s^*(t)|_{t=t_0} \leqslant R_s(t)|_{t=t_0}$。

2. 任务可靠性分配

根据比例分配法的基本原则，新装备各组成单元故障率的分配值 $\lambda_{i新}^*$ 与老装备相似单元的故障率 $\lambda_{i老}$ 的比值为

$$\frac{\lambda_{i新}^*}{\lambda_{i老}} = k, \quad i = 1, 2, \cdots, n \tag{4.28}$$

由于装备各组成单元的寿命服从指数分布，所以

$$R_i(t) = e^{-k\lambda_i t}, \quad i = 1, 2, \cdots, n \tag{4.29}$$

因此，求解满足下式的 k 值：

$$f[e^{-k\lambda_1 t}, e^{-k\lambda_2 t}, \cdots, e^{-k\lambda_n t}] = R_s^*(t)|_{t=t_0} \tag{4.30}$$

一般可以采用逐步逼近的数值解法求解 k 值，故各单元故障率的分配值 $\lambda_{i新}^*$ 为

$$\lambda_{i新}^* = k \cdot \lambda_{i老}, \quad i = 1, 2, \cdots, n \tag{4.31}$$

4.3.8　费用最小分配法

实际工程中，装备研制受到许多因素制约，除可靠性指标外，还存在许多约束条件。例如，在"费用"约束条件下，使装备可靠度最大；在满足装备可靠性的最低限度要求下，使"费用"最少。如何既能保证装备可靠性总指标的分配，又能实现总

的研制费用最少,这是可靠性设计中要解决的最实际的问题。

这里的"费用"是广义的,包括价格、价值等直接费用,也包括重量、体积及各种资源等间接"费用"。价格、重量、体积或者这些项目的组合即"费用"约束,它对装备是非常重要的。在约束条件下分配可靠性指标的必要条件是,可以用一些公式或数据将约束变量与可靠性指标联系起来,对于具有不同可靠性要求或者设计方案不同的装备,其费用都必须是可以计算的。

使用这种方法时,首先要从统计资料的分析着手,建立分系统(或单元)可靠度与研制费用的关系。设 x 为研制费用,建立装备的可靠度 $R_s(t)$ 为

$$R_s(t) = \prod_{i=1}^{n} R_i(t) \tag{4.32}$$

$$\min C(x) \tag{4.33}$$

式中:$R_i(t)$ 为各分系统的可靠度;$i=1,2,\cdots,n$,表示分系统的个数。

上述问题转化为:在 $R_s(t)$ 的约束条件下,求 x 最小时各分系统的可靠度 $R_i(t)$。

为此,引入拉格朗日乘子,记为

$$H = \sum_{i=1}^{n} x_i + \lambda \left(R_s - \prod_{i=1}^{n} R_i \right) \tag{4.34}$$

对式(4.34)中的 H 求偏导数并令其为 0,则有

$$\frac{\partial H}{\partial x_i} = 0, \quad i=1,2,\cdots,n \tag{4.35}$$

从 n 个式(4.35)和 1 个约束条件式(4.32)中,解出拉格朗日乘数 λ 和 n 个参数 x_i,即可求得在 $R_s(t)$ 的约束条件下,使 x 最小时各分系统的可靠度 $R_i(t)$。

4.3.9 拉格朗日乘数法

拉格朗日乘数法是求多元函数条件极值的一种数学方法,用它求解多元函数自变量有附加条件的极值问题。

把装备的可靠度指标按费用最少分配给各单元的问题,也可根据多元函数条件极值的拉格朗日乘子分配法来计算。拉格朗日乘数法的步骤如下。

(1) 建立各单元的可靠度与其费用之间的关系函数 $C(R_i^*)$,求优化问题为

$$\min C(R_i^*) \tag{4.36}$$

满足约束条件

$$R_s(R_1^*, R_2^*, \cdots, R_n^*) \geqslant R_s^* \tag{4.37}$$

(2) 建立优化模型。引入一个待定常数 λ 和松弛变量 z,构成一个新函数为

$$H(R_i^*, \lambda, z) = C(R_i^*) + \lambda [R_s(R_i^*) - R_s^* - z^2] \tag{4.38}$$

(3) 求解优化模型。求式(4.38)的无约束问题的极值问题与原约束优化问题

等价为

$$\frac{\partial H}{\partial R_i^*}=0, \quad i=1,2,\cdots,n \tag{4.39}$$

$$\frac{\partial H}{\partial \lambda}=0 \tag{4.40}$$

$$\frac{\partial H}{\partial z}=0 \tag{4.41}$$

当拉格朗日函数为高于两次的函数时,用这个方法难于直接求解,这是拉格朗日乘数法的局限性。

4.4　可靠性分配的应用

4.4.1　基于加权分配法的雷达装备基本可靠性分配

1. 系统基本可靠性建模

某雷达装备由天馈、收发、信号处理、终端、伺服、监控、冷却和供配电共计 8 个分系统组成,装备基本可靠性平均故障间隔时间 MTBF 为 500 h。

根据雷达装备分系统组成和相互关系,建立系统的基本可靠性框图,如图 4-2 所示。

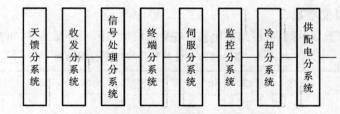

图 4-2　雷达装备的基本可靠性框图

由图 4-2 可知,雷达装备 8 个分系统相互独立,其基本可靠性模型为串联模型。如果从雷达的环境条件、复杂程度、标准化程度、维修难易程度 4 个因素考虑影响系统的可靠性因子,则雷达各分系统 MTBF 分配的数学模型为

$$T_{\mathrm{BF}_i}^*=\frac{\displaystyle\sum_{i=1}^{8}\prod_{j=1}^{4}w_{ij}}{\displaystyle\prod_{j=1}^{4}w_{ij}}\cdot T_{\mathrm{BF}_s}^* \tag{4.42}$$

2. 加权因子的取值

根据加权分配法加权因子及加权因子值选取原则,结合雷达各分系统的不同用途和构成特点,分别从复杂程度、技术水平、环境条件、标准化程度以及维修难易程度 5 个维度,考虑影响装备基本可靠性的加权因子。

1）复杂程度

根据雷达各分系统的有源单元数分析,其中天馈、伺服和监控分系统的有源单元数最少,可取为 1,其他分系统或设备按比例增加。

2）技术水平

根据雷达各分系统的有源单元数分析,其中供配电、冷却分系统技术水平最高,可取为 1,其他分系统或设备按比例增加。

3）环境条件

根据雷达各分系统所处的环境及工作过程,终端和冷却分系统环境条件最好,可取为 1 分,其他分系统以此为基准,视其经受恶劣或严酷环境条件的程度增加。

4）标准化程度

根据雷达各分系统的部件总数与标准化部件的比值,天馈、终端分系统的标准化程度较高,可取此 2 个分系统的标准化因子为 1,其余系统的标准化因子根据部件总数与标准化部件的比值进行相应的调整。

5）维修难易程度

对雷达各分系统或设备维修所需时间进行分析,其中收发、信号处理分系统在雷达站换件维修,维修所需时间最短,其维修难易程度因子可取为 1,其余分系统视维修难易程度增加。

根据上述选取原则,可得到雷达装备各分系统加权因子分配结果,如表 4-3 所示。

表 4-3　雷达装备各分系统加权因子分配结果

加权因子	天馈	收发	信号处理	终端	伺服	监控	冷却	供配电
复杂程度	1	5	5	2	1	1	2	2
技术水平	2	3	4	2	2	2	1	1
环境条件	5	5	2	1	3	2	1	2
标准化程度	1	2	3	1	4	1	3	3
维修难易度	3	1	1	5	3	5	6	5
$\prod_{j=1}^{4} w_{ij}$	30	150	100	20	72	20	36	60
$\sum_{i=1}^{n} \prod_{j=1}^{m} w_{ij}$	488							

3. 可靠性分配

依据加权分配法基本可靠性数学模型及表 4-3,可得到各分系统 MTBF 分配结果如下。

(1) 天馈分系统:$T_{BF}^* = 488 \div 30 \times 500 = 3253$ h。

(2) 收发分系统:$T_{BF}^* = 488 \div 150 \times 500 = 1627$ h。

(3) 信号处理分系统:$T_{BF}^* = 488 \div 100 \times 500 = 2440$ h。

(4) 终端分系统:$T_{BF}^* = 488 \div 20 \times 500 = 12200$ h。

(5) 伺服分系统:$T_{BF}^* = 488 \div 72 \times 500 = 3889$ h。

(6) 冷却分系统:$T_{BF}^* = 488 \div 20 \times 500 = 12200$ h。

(7) 监控分系统:$T_{BF}^* = 488 \div 36 \times 500 = 6778$ h。

(8) 供配电分系统:$T_{BF}^* = 488 \div 60 \times 500 = 4067$ h。

4.4.2　基于可靠度再分配的雷达装备任务可靠性分配

1. 雷达可靠性模型

某型雷达装备主要由天馈、发射、接收、信号处理、终端、同步、伺服、收发转换开关组成,主要任务是实现对目标的搜索、截获、跟踪。其功能组成框图如图 4-3 所示。

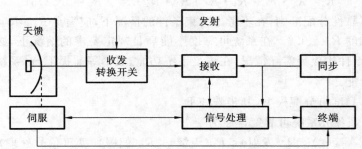

图 4-3　某型雷达装备功能组成框图

从系统可靠性设计的角度来看,可以把雷达装备的任务功能简化描述为发射任务功能和接收任务功能,每个任务功能的可靠性框图都为一个串联系统,如图 4-4、图 4-5 所示。从整体来讲,雷达实现对目标的搜索、截获和跟踪,整个系统的各分系统又属于大的串联系统,但是天馈、伺服、收发转换开关、同步分系统在两个子串联系统中同时出现,并且其构成的零部件数量少。因此,其可靠度再分配时应尽量取高值,并且从经济等多方面考虑,容易获得较高的可靠度。

图 4-4 雷达发射任务功能可靠性框图

图 4-5 雷达接收任务功能可靠性框图

2. 可靠性分配

雷达装备各分系统的可靠度如表 4-4 所示。

表 4-4 雷达装备各分系统的可靠度

分系统	可靠度	分系统	可靠度
天馈	0.90	终端	0.96
发射	0.88	伺服	0.92
接收	0.86	同步	0.97
信号处理	0.94	收发转换开关	0.98

对于串联系统而言,雷达当前的可靠度为

$$R_s = R_1 \cdot R_2 \cdot R_3 \cdot R_4 \cdot R_5 \cdot R_6 \cdot R_7 \cdot R_8 = 0.5375$$

根据可靠性分配准则,在不考虑约束条件的情况下,应满足 $R_s \geqslant R_s^*$,但是规定的系统可靠度 $R_s^* = 0.6$。在系统可靠度不能满足规定要求的情况下,必须根据分系统功能、组件构成等实际情况,在满足系统功能、成本等前提下,对系统可靠性指标进行再分配。

根据可靠度再分配模型,其步骤如下。

(1) 原来各分系统可靠度排序为

$$R_1(接收) < R_2(发射) < R_3(天馈) < R_4(伺服) < R_5(信号处理)$$
$$< R_6(终端) < R_7(同步) < R_8(收发转换开关)$$

(2) 根据模型确定 k 及 R_0。

模型中,$n = 8$,令 $R_9 = 1$。

$$j = 1, \quad r_1 = \left[\frac{R_s^*}{\prod\limits_{i=1+1}^{8+1} R_i} \right]^{1/1} = \left[\frac{R_s^*}{R_2 R_3 R_4 R_5 R_6 R_7 R_8 R_9} \right]^{1/1} = \frac{0.6}{0.625} = 0.960 > R_1$$

$$j = 2, \quad r_2 = \left[\frac{R_s^*}{\prod\limits_{i=2+1}^{8+1} R_i} \right]^{1/2} = \left[\frac{R_s^*}{R_3 R_4 R_5 R_6 R_7 R_8 R_9} \right]^{1/2} = \left[\frac{0.6}{0.710} \right]^{1/2} = 0.92 > R_2$$

$$j = 3, \quad r_3 = \left[\frac{R_s^*}{\prod\limits_{i=3+1}^{8+1} R_i}\right]^{1/3} = \left[\frac{R_s^*}{R_4 R_5 R_6 R_7 R_8 R_9}\right]^{1/3} = \left[\frac{0.6}{0.79}\right]^{1/3} = 0.91 > R_3$$

$$j = 4, \quad r_4 = \left[\frac{R_s^*}{\prod\limits_{i=4+1}^{8+1} R_i}\right]^{1/4} = \left[\frac{R_s^*}{R_5 R_6 R_7 R_8 R_9}\right]^{1/4} = \left[\frac{0.6}{0.86}\right]^{1/4} = 0.914 < R_4$$

$$j = 5, \quad r_5 = \left[\frac{R_s^*}{\prod\limits_{i=5+1}^{8+1} R_i}\right]^{1/5} = \left[\frac{R_s^*}{R_6 R_7 R_8 R_9}\right]^{1/5} = \left[\frac{0.6}{0.91}\right]^{1/5} = 0.92 < R_5$$

根据模型规定,k 为满足模型不等式的 j 的最大值,因此 $k=3$,则

$$R_0 = \left[\frac{R_s^*}{\prod\limits_{i=k+1}^{n+1} R_i}\right]^{1/k} = \left[\frac{R_s^*}{R_4 R_5 R_6 R_7 R_8 R_9}\right]^{1/3} = \left[\frac{0.6}{0.79}\right]^{1/3} = 0.91$$

即接收、发射和天馈分系统的可靠度应提高到 0.91,而其他分系统可靠度保持不变。

(3) 验算系统可靠度:

$$R_s = R_0^k \prod_{i=k+1}^{n+1} R_i = R_0^3 R_4 R_5 R_6 R_7 R_8 = 0.6 = R_s^*$$

思　考　题

1. 简述可靠性分配的目的与作用。

2. 可靠性分配的一般程序是什么?

3. 常用的可靠性分配方法有哪些?

4. 假设某雷达装备系统由天馈、收发、信号处理、终端、伺服、监控、电源等 7 个分系统组成,可靠性指标 MTBF 为 1000 h。按总的指标要求,采用评分分配法对各分系统进行可靠性分配。

参 考 文 献

[1] 宋保维. 系统可靠性设计与分析[M]. 西安:西北工业大学出版社,2008.

[2] 高社生,张玲霞.可靠性理论与工程应用[M].北京:国防工业出版社,2002.

[3] 曾声奎.可靠性设计与分析[M].北京:国防工业出版社,2011.

[4] 程五一,李季.系统可靠性理论及其应用[M].北京:北京航空航天大学出版社,2012.

[5] 康建设,宋文渊,白永生,等.装备可靠性工程[M].北京:国防工业出版社,2019.

[6] 张相炎.兵器系统可靠性与维修性[M].北京:国防工业出版社,2016

[7] 杨秉喜.雷达综合技术保障工程[M].北京:中国标准出版社,2002.

[8] 甘茂治,康建设,高崎.军用装备维修工程学[M].2版.北京:国防工业出版社,2005.

[9] 谢少锋,张增照,聂国健.可靠性设计[M].北京:电子工业出版社,2015.

[10] 吕明华.可靠性工程标准化[M].北京:中国标准出版社,国防工业出版社,2016.

[11] 宋太亮,俞沼统,冯渊,等.GJB 450A《装备可靠性工作通用要求》实施指南[M].北京:总装备部电子信息基础部技术基础局,总装备部技术基础管理中心,2008.

[12] 彭兆春,李小萍.可靠性分配在机载相控阵雷达研制中的应用[J].电子产品可靠性与环境试验,2021,39(03):58-63.

[13] 刘晨.基于加权分配法的某新型雷达基本可靠性分配[J].电子世界,2019(11):56-57.

[14] 张树杰,徐静良,殷瑞杰,等.某型雷达火控系统可靠度再分配研究[C].第十二届人-机-环境系统工程大会论文集.中国系统工程学会人-机-环境系统工程专业委员会,2012:295-297.

[15] 陈锋.某雷达系统可靠性设计方案[D].南京:南京理工大学,2013.

[16] 徐海群,尹帮梅.可靠性工程分配法在雷达设计中的应用[J].电子产品可靠性与环境试验,2003(06):30-33.

[17] 张学渊.某新型雷达可靠性指标的论证[J].环境技术,2001(02):31-35.

[18] 刘毅静,刘铭.复杂系统可靠性分配研究[J].弹箭与制导学报,2004(03):77-79.

[19] 张洪洛,张振友,田凤明.装备系统可靠性分配冗余最优化方法[J].四川兵工学报,2010,31(11):48-49,87.

第5章

雷达装备可靠性预计

5.1 概　　述

可靠性预计是一种预测方法,是在装备可靠性模型和使用环境的基础上,根据以往试验或现场使用所得到的被装备所选用的元器件的可靠性数据,或同类装备在研制过程及使用中所得到的故障数据和有关资料,来预测装备在规定的使用环境条件下达到的可靠性水平。这是一个由局部到整体、由小到大、由下到上、反复迭代的过程。

5.1.1 可靠性预计的目的与作用

可靠性预计是雷达装备可靠性设计从定性考虑转入定量分析的重要环节,可以为产品设计、试验、保障资源配置等提供支撑。在方案论证和工程研制阶段,及时地预计系统、分系统的基本可靠性和任务可靠性,并实施"预计—改进设计"的循环,以使产品达到规定的可靠性要求。

可靠性预计是在产品已经完成制造过程且实现其功能设计之时,基于其电路实现和工艺具体实现方式定量地从理论上估计设备可靠性的方法。在此阶段已经具有详尽的元器件清单及印制电路板(圆圈)设计及制造的工艺状况。因此可以以所用元器件的故障率为基础,按照单元的可靠性模型计算(预计)出整机的可靠性数据。

可靠性预计工作是一个细致而复杂的过程。由于目前许多元器件厂家未向用户提供其产品的失效率数据,因此在进行可靠性预计时只好以各种可靠性数据标准中提供的不同类型器件失效率公式为基础,选择各种认为适合的参数进行计算。

1. 可靠性预计的目的

从根本上讲,装备的可靠性是由设计决定的,设计确定了装备固有可靠性的极限水平,制造只能保证这一水平,使用只能维持这一水平。因此,提高装备可靠性的关键在于搞好产品的可靠性设计。可靠性设计又包括总体可靠性设计和可靠性保障设计,前者是指在总体方案设计中如何提出可靠性指标要求,后者是指在实施方案的设计过程中,如何实现总体设计所提出的可靠性指标要求。在评定和改进设计方案及可靠性指标时,需对所设计的方案进行可靠性预计。可靠性预计是为了获得装备在给定的工作与非工作条件下的可靠性而进行的测算工作。

从可靠性工程角度看,预计的主要目的是检查装备研制方案和设计方案的合理性,比较不同设计方案的可靠性水平,发现薄弱环节,对高故障率和承受过高应力部分引起注意。同时与可靠性分配技术相结合,把规定的可靠性指标合理地分配给各个组成部分,并为制定研制计划、验证试验方案,以及维修、后勤保障方案提供依据。

2. 可靠性预计的作用

除了预测产品能否达到合同规定的可靠性指标值以外,可靠性预计还能起到以下作用。

(1) 在系统设计阶段,预测其可靠性水平,评价系统能否达到要求的可靠性指标。

(2) 在方案论证阶段,通过可靠性预计,对不同设计方案的产品可靠性水平进行比较,为最优方案的选择及方案优化提供依据。

(3) 在设计中,通过可靠性预计,发现影响产品可靠性的主要因素和薄弱环节,为及时改进设计、加强可靠性管理和生产质量控制提供依据。

(4) 可靠性预计手册中给出了各类元器件的质量等级、质量系数,执行不同生产标准的元器件之间的失效率差别等,为元器件和零部件的选择、控制提供依据。

(5) 为开展可靠性增长、试验、验证等工作提供信息。

(6) 为综合权衡可靠性、重量、成本、尺寸、维修性等参数提供依据。

5.1.2 可靠性预计的分类与内容

可靠性预计按不同的目的和要求,有不同的分类和内容。

1. 基本可靠性预计和任务可靠性预计

按预计指标的不同,可靠性预计可分为基本可靠性预计和任务可靠性预计。基本可靠性预计用于估算由于系统不可靠导致的对维修与后勤保障的要求;任务可靠性预计用于估计装备在执行任务过程中完成其规定功能的概率,以便为装备的作战效能分析提供依据。两者应结合进行,一般在装备设计的早期阶段,任务可靠性预计往往难以进行,此时一般做基本可靠性预计。随着设计工作的深入开展,两种预计可逐步同时进行,其预计结果可以为设计人员提供权衡设计的依据。

2. 方案论证阶段预计和设计阶段预计

按预计时间的不同,可靠性预计可分为方案论证阶段预计和设计阶段预计。方案论证阶段预计是估计设计方案满足可靠性指标的可能性,主要估计 MTBF 和 MTTR,这对从几种备选方案中选择最优方案、节省研究时间和经费有重要作用。设计阶段预计是估计具体设计的可靠性,在设计的初期根据设计草图进行,边预计边修改。在设计的中期能验证初期预计的程度,并预示最后能达到的可靠性水平。在设计的后期根据全部设计过程的资料预计,因此它能较好地预计装备可能达到的可靠性。

3. 偶然故障预计、耗损故障预计、维修性预计和故障效应预计

按故障时期不同,可靠性预计可分为偶然故障预计、耗损故障预计、维修性预计和故障效应预计等。偶然故障预计主要预测偶然故障的故障率。耗损故障预计主要通过统计元器件的常态变化对装备的影响,检测其变化界限,预测耗损故障。维修性预计主要是了解维修系统的维修设计效果、维修方式对非工作时间的影响,探讨故障诊断与抽验方法等。故障效应预计主要是通过定性分析找出装备可能产生的故障机理及故障造成的不可靠、不安全因素,并根据故障发生的频数和重要性寻找设计、制造、检查、管理等方面的解决办法。

5.1.3 可靠性预计的原则和选择

1. 可靠性预计的原则

可靠性预计是根据已知的数据、过去的经验和知识对新装备的设计进行分析,因此,数据和信息来源的科学性、准确性和适用性以及分析方法的可行性就成为可靠性预计的关键。进行可靠性预计,必须保证可靠性预计的相对正确性,保证一定的预计精度。

1)建立正确的可靠性模型

可靠性模型是进行可靠性预计的基础之一。如果可靠性模型不正确,预计工作就会失去应有的价值。因此,必须清楚地了解所研制装备的工作原理,明确装备任务剖面,依据具体设计方案做出合理的简化,建立正确的可靠性模型。

2)选取正确的失效数据

元器件、零部件的失效数据是系统可靠性预计的基础。雷达装备往往由成千上万个元器件、零部件组成,如果元器件、零部件本身的失效数据不准,可靠性预计则会"差之毫厘,谬以千里"。

3)区分正确的工作状态

要保证装备可靠性预计的正确性,必须同时考虑装备的工作与非工作两种状态。非工作状态含不工作状态与贮存状态两种。要正确地预计装备的可靠性,首先应确定系统的工作与非工作时间,要详细了解系统的工作模式,精确计算各分系统、部件的实际工作时间,这对提高系统可靠性预计的准确性有着十分重要的意义。在所有影响可靠性的因素中,最主要的是实际工作时间要算得很准。

2. 可靠性预计的选择

可靠性预计主要用于选择最佳方案,在选择方案时,通过可靠性预计发现设计中的薄弱环节,以便采取改进措施。可靠性预计值可以作为预测产品能否到达可靠性要求的依据,但不能把预计值作为满足可靠性要求的依据。

不同研制阶段,可靠性预计方法的选取不同,如表 5-1 所示。

表 5-1　不同研制阶段可靠性预计方法的选取

研制阶段	可靠性预计方法
方案论证	相似产品类比法、元器件计数法、专家评分法、可靠性框图法
初步设计	相似产品类比法、专家评分法、元器件计数法、修正系数法、性能参数法、可靠性框图法
详细设计	元器件应力分析法、故障率预计法、上下限法、可靠性框图法

在方案论证阶段,信息的详细程度只限于系统的总体情况、功能要求和结构设想,一般采用相似产品类比法。以工程经验来预计系统的可靠性,为方案决策提供依据,此阶段也称为可行性预计阶段。

在初步设计阶段,系统的组成已确定,可采用专家评分法、元器件计数法、相似产品类比法预计系统的可靠性,发现设计中的薄弱环节并加以改进,此阶段也称初步预计阶段。

在详细设计阶段,系统各组成单元都有了具体的工作环节和使用应力信息,可采用元器件应力分析法、故障率预计法来较准确地预计系统的可靠性,为进一步改进设计提供依据,此阶段也称为详细预计阶段。

在装备研制的各个阶段,可靠性预计应反复迭代进行。在方案论证和初步设计阶段,由于缺乏较准确的信息,可靠性预计只能提供大致的估计值,尽管如此,仍能为设计者和管理人员提供关于达到可靠性要求的有效反馈信息,而这些估计值仍适用于比较最初的分配和确定分配的合理性。随着设计工作的进展,装备及其组成单元进一步确定,可靠性模型的细化和可靠性预计工作也应反复进行。

进行可靠性预计时还应注意以下几点。

(1) 应尽早地进行可靠性预计,以便任何层级上的可靠性预计值未达到可靠性分配值时,能尽早地在技术和管理上予以注意,并采取必要的措施。

(2) 可靠性预计结果的相对意义比绝对值更为重要。一般地,可认为预计值与实际值的误差在 1~2 倍之内是正常的。通过可靠性预计可以找出系统易出故障的薄弱环节,加以改进;在对不同的设计方案进行优选时,可靠性预计结果是方案优选、调整的重要依据。

(3) 可靠性预计值应大于成熟期的规定值。预计结果不仅用于指导设计,还可为可靠性试验、制定维修计划、保障性分析、安全性分析等提供信息。

(4) 可靠性预计中,特别注意对单元及装备故障明确定义,明确任务定义、可靠性模型的正确性、各分系统的实际工作时间的精确性、系统所用元器件和零部件的基本失效率数据正确性、不同研制阶段可靠性预计方法的选取。

5.1.4　可靠性预计与可靠性分配的关系

可靠性预计与可靠性分配都是可靠性设计分析的重要工作之一,两者相互支持,相辅相成。可靠性预计根据组成装备的元器件、组件、设备、分系统、系统的可靠性预计值推测装备的可靠性。这是一个从局部到整体、由下到上的综合过程。可靠性分配是将装备的可靠性规定值和最低可接受值分配给系统,系统再分配给分系统,分系统再进一步分配到更低的产品层次。这是一个从整体到局部、自上而下的分配过程。可靠性建模是这两项工作的基础,可靠性分配结果是可靠性预计的目标,可靠性预计的相对结果是可靠性分配与指标调整的基础。在产品设计的各个阶段均要相互交替、反复进行多次。可靠性预计与分配之间的关系如图 5-1 所示。

5.1.5　可靠性预计的一般程序

可靠性预计的程序是首先确定元器件的可靠性,进而预计部件的可靠性,按功能级自下而上逐级进行预计,最后综合得出装备的可靠性。

系统基本可靠性预计的程序一般可表述为以下步骤。

(1) 明确系统的功能、组成、工作原理和各个接口间的关系。

(2) 明确系统的故障判据及工作条件。

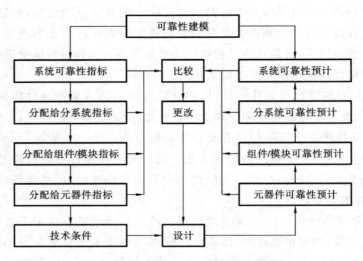

图 5-1　可靠性预计与分配之间的关系

（3）划分可靠性预计单元,按系统的功能建立其可靠性模型,确定各组成单元之间的串联、并联关系。

（4）根据设计工作的不同阶段选用不同的可靠性预计方法,建立系统的可靠性数学模型。

（5）收集各组件的元器件清单,计算出元器件的工作失效率。

（6）按系统的可靠性模型,逐级计算出元器件、组件、分系统、系统的失效率。

（7）根据组件的预计结果,按分系统、系统的可靠性模型逐级预计分系统和系统的可靠性指标。根据平均无故障工作时间与失效率的关系:$MTBF = 1/$失效率,算出分系统、系统平均无故障工作时间。

系统任务可靠性预计流程是以基本可靠性预计中模块级的数据为基础,按系统任务可靠性模型及任务执行时间开展预计。

5.2　可靠性预计的方法

5.2.1　相似产品法

相似产品法是将正在研制的产品与现有的相似产品进行比较,找出差别后加以修正的方法。它利用成熟的相似产品所得到的经验数据估计新产品的可靠性。成熟产品的可靠性数据来自现场使用评价和实验室的试验结果。这种方法在研制初期广泛应用,在研制的任何阶段都适用。成熟产品的详细故障记录越全,比较的基础越好,预计的准确度就越高,当然准确度也取决于产品的相似程度。

相似产品比较的主要内容如下。

(1) 产品的功能、性能、结构特点的差异,用加权因子 W_1 表示。

(2) 产品使用环境的差异,用加权因子 W_2 表示。

(3) 功能组件数量多少的差异,用加权因子 W_3 表示。

(4) 元器件质量等级差异,用加权因子 W_4 表示。

(5) 冗余设计的差别,用加权因子 W_5 表示。

(6) 设计年代的差别,用加权因子 W_6 表示。

总的加权修正因子为

$$W = \sum_{i=1}^{6} W_i \qquad (5.1)$$

对于上述各种加权因子的选取和取值,可按如下方法考虑。

(1) 对于 W_1,最好选择功能、性能基本相同的已定型的或在役的产品作为对比基础,根据其差别来选择值。以已服役的或定型的产品为基准($W_1=1$),新研产品要求的功能多、性能高,则系统性故障率必然大,结构复杂必然导致产品(尤其在使用初期阶段)存在更多隐患或薄弱环节,这样 $W_1 > 1$,反之亦然。例如选择雷达机制相同,发射机、接收机、信号处理和数据处理的形式相同的定型产品,再详细地比较它们的差别,可确定一个 $W_1 > 1$ 值。如果没有现成的整机用作比较,则可以以分系统为基础进行比较,相似的已知可靠性指标的分系统还是较为好找的。

(2) W_2 应根据装机元器件的大概失效率(η),对 GJB/Z 299C—2006《电子设备可靠性预计手册》中给出的 π_E(环境系数)进行综合平均求得。例如,根据某定型雷达各类元器件的失效率及新研雷达的元器件失效率(见表 5-2),求得 $W_2 = 4.348/1.941 = 2.24$。

表 5-2　产品使用条件差异 W_2 计算举例

元器件名称	定型产品（GF₁）			新研制产品（GF₂）		
	失效率/(%)	π_E	备注	失效率/(%)	π_E	备注
集成电路	10	2.5		12	6.5	
二极管	10	1.7		10	5.0	
三极管	24	2.0		20	5.5	

元器件名称	定型产品（GF₁）			新研制产品（GF₂）		
	失效率/（%）	π_E	备注	失效率/（%）	π_E	备注
电阻	5	2.0		6	3.0	
电容	17	2.3	平均值	18	3.6	平均值
接插件	10	1.5		10	3.0	
印制板	5	2.0		6	4.0	
感性元件	8	1.0		6	3.0	
其他	10	2.0		12	3.5	
综合平均值		1.941			4.348	

（3）W_3 为新研制产品的组件数除以定型产品的组件数。

（4）W_4 为新研制产品的元器件 π_Q（质量系数综合平均值）除以定型产品的 π_Q（综合平均值），其综合方法类似于 W_2。

（5）W_5 为新研制产品的故障软化因子（$0 \leqslant r \leqslant 1$）除以定型产品的故障软化因子。

（6）我国元器件可靠性水平总体呈上升趋势，据有关资料报道，失效率每年下降 $4\% \sim 12\%$，因此，$W_6 = (0.88 \sim 0.96)^n$，这里 n 为设计年份差值。

所以，采用相似产品法预计的结果为

$$\lambda_s = W \times \sum_{i=1}^{n} \lambda_i \quad \text{或} \quad T_{BF_s} = \frac{\sum_{i=1}^{n} T_{BF_i}}{W} \quad (5.2)$$

式中：λ_s 为新研产品的故障率预计值；λ_i 为相似产品中第 i 个分系统故障率的预计值；T_{BF_s} 为新研产品的 MTBF 预计值；T_{BF_i} 为相似系统中第 i 个分系统 MTBF 的预计值。

假设某雷达任务时间为 8 h 时的 MTBF 是 400 h，新研雷达的各项加权因子为 $W_1 = 1.3$，$W_2 = 1.4$，$W_3 = 1.2$，$W_4 = 0.5$，$W_5 = 0.8$，$W_6 = 0.61$，则 $W = 0.533$。

新研雷达系统 MTBF 预计值为 $T_{BF_s} = 400/0.533 = 751$ h。

5.2.2 元器件计数法

元器件计数法是基于元器件的数量种类用串联模型求失效率之和的可靠性预计方法。

电子、电气设备最大的特点是寿命服从指数分布，即故障率是常数。所以，对串联系统(基本可靠性)通常可采用公式 $\lambda_s = \sum\limits_{i=1}^{n} \lambda_i$ 预计其可靠性指标。

电子、电气设备均由电阻、电容、二极管、三极管、集成电路等标准化程度很高的电子元器件组成,而对于标准元器件,现已积累了大量的试验、统计故障率数据,建立了有效的数据库,且有成熟的预计标准和手册。对于国产电子元器件、设备,可按我国国家军用标准 GJB/Z 299C—2006《电子设备可靠性预计手册》进行预计;而对于进口电子元器件及设备,则可采用相应国家或我国国家标准进行预计。

元器件计数法适用于电子类产品的基本可靠性预计,主要用于电子设备方案论证与初步设计阶段。在这个阶段中,每种通用元器件(如电阻、电容)的数量已经基本确定,在以后的研制和生产阶段,整个设计的复杂度预期不会有明显的变化。元器件计数法假设元器件的故障率是常数。

如果产品可靠性模型是串联的,或者为取得近似值可以假设它们是串联的,则可以把元器件故障率相加直接求得产品故障率。如果产品可靠性模型中有非串联成分(如冗余、代替的工作模式),则先计算模型的非串联成分的等效串联故障率,再与其他成分的元器件故障相加。这种方法的优点是,只使用现有的工程信息,不需要详尽地了解每个元器件的应力及它们之间的逻辑关系就可以估算出该系统的故障率。其计算公式为

$$\lambda_s = \sum_{i=1}^{n} N_i (\lambda_{G_i} \times \pi_{Q_i}) \tag{5.3}$$

式中:λ_s 为系统总的故障率;N_i 为第 i 种元器件的数量;λ_{G_i} 为第 i 种元器件的通用故障率;π_{Q_i} 为第 i 种元器件的通用质量系数;n 为系统所用元器件的种类数目。

式(5.3)适用于在同一环境类别使用的设备。如果设备所包含的 n 个单元是在不同环境中工作(如雷达工作方舱设备在室内,天线车单元在室外),则应该按不同环境分别考虑,然后将这些"环境—单元"故障率相加即为设备的总故障率。

元器件通用故障率 λ_G(电子元器件在通用工作环境和常用工作应力条件下的故障率)和质量系数 π_Q,可以查阅 GJB/Z 299C—2006《电子设备可靠性预计手册》。

5.2.3　元器件应力分析法

元器件应力分析法是把产品的失效率作为所有单个元器件失效率的可加函数进行预计的方法。该方法要考虑每个元器件的种类、工作应力等级、元器件的降额特性、温度特性等因素。

元器件应力分析法适用于电子设备详细设计阶段。在这个阶段,所使用的元器件规格、数量、工作应力和环境、质量系数等应该是已知的,或者根据硬件定义可以确定的,当使用相同元器件时,对它们的失效率因子所做的假设应该是相同的和

正确的。在实际或模拟使用条件下进行可靠性测量之前,元器件应力分析法是最精确的可靠性预计方法。元器件应力分析法假设元器件寿命服从指数分布(即具有恒定故障率)。

元器件应力分析法预计的可靠性比元器件计数法的结果要准确些。因为元器件的故障率与其承受的应力水平及工作环境有极大的关系,考虑上述应力的预计方法也已规范化,但具体计算也较烦琐,不同的元器件有不同的计算故障率模型。晶体管和二极管的失效率计算模型为

$$\lambda_P = \lambda_b (\pi_E \times \pi_Q \times \pi_A \times \pi_R \times \pi_{S_2} \times \pi_e) \tag{5.4}$$

式中:λ_P 为元器件工作故障率;λ_b 为元器件基本故障率;π_E 为环境系数;π_Q 为质量系数;π_A 为应用系数;π_R 为电流额定值系数;π_{S_2} 为电压应力系数;π_e 为结构配置系数。

π 系数按照影响元器件可靠性的应用环境类别及其参数对基本故障率进行修正,这些系数均可查阅 GJB/Z 299C—2006《电子设备可靠性预计手册》。把各种元器件的工作故障率计算出来后,就可求得系统的故障率 λ_s,即

$$\lambda_s = \sum_{i=1}^{N} N_i \times \lambda_{P_i} \tag{5.5}$$

式中:N_i 为第 i 种元器件的数量;λ_{P_i} 为第 i 种元器件的故障率;N 为系统中元器件种类数。

系统的 MTBF 为 $T_{BF} = 1/\lambda_s$。

5.2.4　专家评分法

专家评分法是依靠有经验的工程技术专家的工程经验,按照几种因素进行评分。按评分结果,由已知的某单元故障率,根据评分系数,计算出其余单元的故障率。该方法适用于机械、机电类产品,用于产品的方案论证与初步设计阶段。

1. 评分考虑的因素

评分考虑的因素按产品特点而定。这里介绍常用的 4 种评分因素,每种因素的分数为 1～10 分。评分越高,说明对装备的可靠性产生恶劣的影响越大。

(1) 复杂程度。它根据组成分系统的元部件数量以及它们组装的难易程度评定,最简单的评 1 分,最复杂的评 10 分。

(2) 技术水平。根据分系统目前的技术水平和成熟程度评定,水平最低的评 10 分,水平最高的评 1 分。

(3) 工作时间。根据分系统工作时间确定,系统工作时,分系统一直工作的评 10 分,工作时间最短的评 1 分。

(4) 环境条件。根据分系统所处的环境评定,分系统工作过程会经受极其恶

劣和严酷环境条件的评 10 分,环境条件最好的评 1 分。

2. 专家评分的实施

已知某一单元的故障率为 λ^*,算出的其他单元故障率 λ_i 为

$$\lambda_i = C_i \lambda^* \tag{5.6}$$

式中:$i = 1, 2, \cdots, n$(n 为单元数);C_i 为第 i 个单元的评分系数。

$$C_i = \omega_i / \omega^* \tag{5.7}$$

式中:ω_i 为第 i 个单元评分数;ω^* 为故障率为 λ^* 的单元的评分数。

$$\omega_i = \prod_{j=1}^{4} r_{ij} \tag{5.8}$$

式中:r_{ij} 为第 i 个单元、第 j 个因素的评分数;$j = 1, 2, \cdots, 4$ 分别代表复杂程度、技术水平、工作时间和环境条件。

5.2.5　故障率预计法

故障率预计法是将元器件的故障率代入所需预测系统可靠性数学模型进行计算,得到可靠性预测值的方法。它用于机械、电子、机电类产品的可靠性预计,其原理与电子产品元器件应力分析法基本相同,但要求组成产品的所有单元、元器件均有故障率数据。

在大多数情况下,获得元器件的故障率是常数,是在实验室条件下测得的数据,称为基本故障率,记为 λ_b。在实际应用中,必须考虑环境条件和应力状况,将基本故障率转化为应用条件下的故障率,记为 λ。当系统进入详细设计阶段,既有预测系统的原理图、详细设计图、结构图,也确定了系统所用的各种元器件的类型、数量、环境和使用应力,以及在实验室常温条件下测得的基本故障率等数据,能够建立其可靠性数学模型,这时可以用故障率预计法进行系统可靠性预计。其预计步骤如下。

(1) 明确预计的内容、范围和指标。

(2) 建立系统的可靠性数学模型。

(3) 列出全部元器件清单,注明规格、数量、工作条件、使用环境和故障率等。

(4) 分析机械零件的应力和强度,确定其安全系数。

(5) 计算系统的故障率

$$\lambda_s = \lambda_b \times \pi_E \times D \tag{5.9}$$

式中:λ_b 为元器件基本故障率;π_E 为环境系数;D 为工程经验取值的降额因子,取值为 0~1。π_E 的取值可查阅 GJB/Z 299C—2006《电子设备可靠性预计手册》。

(6) 根据计算系统的可靠度、平均寿命,判断可靠性指标是否达到要求。

若能达到要求,则不必采用其他措施。若不能达到要求,则需改进元器件,采用其他方法提高系统的可靠性,如降额设计、冗余设计等。

5.2.6　性能参数法

性能参数法的特点是统计大量相似系统的性能与可靠性参数,在此基础上进行回归分析,得出一些经验公式及系数,以便在方案论证及初步设计阶段,能根据初步确定的系统性能及结构参数预计系统可靠性。

通过统计分析发现,雷达可靠性与研制年代、战术技术指标有关,可建立以下回归方程:

$$T_{BF} = \ln(\alpha_1 + \alpha_2 D_Y + \alpha_3 M + \alpha_4 D_R + \alpha_5 P + \alpha_6 H + \alpha_7 M D_R + \alpha_8 D_R R) \quad (5.10)$$

式中:T_{BF} 为平均故障间隔时间;D_Y 为设计年代,如 2023 年;M 为多目标分辨率(单位为 m);D_R 为探测距离(单位为 km);P 为脉冲宽度(单位为 μs);H 为半功率波速宽度(单位为°);R 为接收机动态范围(单位为 dB)。

如果得到了 α_1、α_2、α_3、α_4、α_5、α_6、α_7 和 α_8 的值,则可预计给定指标雷达的可靠性。

5.2.7　上下限法

对于一些很复杂的系统,采用数学模型很难得到可靠性的函数表达式。此时,不采用直接推导的办法,而是忽略一些次要因素,用近似的数值逼近系统可靠度真值,从而使烦琐的过程变得简单;将复杂的系统先简单地看成某些单元的串联系统,求出系统可靠度的上限值和下限值;然后逐步考虑系统的复杂情况,逐次求系统可靠度越来越精确的上、下限值,达到一定要求后,再将上、下限值进行简单的数学处理,得到满足实际精度要求的可靠度预计值。这就是上下限法的基本思想。

上下限法近似求出系统的可靠度上、下限值。首先,它假定系统中并联部分的可靠度为 1,从而忽略了它的影响,这样算出的系统可靠度显然是最高的,这就是上限值。然后假设并联单元不起冗余作用,全部作为串联单元处理,这样处理系统的方法最为简单,但所计算的可靠度肯定是最低的,即下限值。如果考虑一些并联单元同时失效对可靠度上限的影响,并以此来修正上述的上限值,则上限值会更逼近真值。同理,若考虑某个并联单元失效不引起系统失效的情况,则又会使系统的可靠度下限值提高而接近真值。考虑的因素越多,上、下限值越接近真值。最后通过综合公式得到近似的系统可靠度。

综上所述,运用这种方法要分三个步骤进行,即计算上限值、下限值和上下限值的综合。上下限法的优点是对复杂系统特别适用,它不要求单元之间是相互独立的,适用于热贮备和冷贮备系统,也适用于多种目的和阶段工作的系统。

1. 上限值的计算

如果认为并联单元的可靠度为 1,则系统可靠度仅由串联单元组成,系统可靠度的上限值为

$$R_{U_0} = \prod_{i=1}^{n_c} R_{c_i} \tag{5.11}$$

式中:n_c 为系统中串联单元的个数;R_{c_i} 为系统中第 i 个串联单元的可靠度。

为了更精确地预计系统可靠度上限,若考虑并联部分中有两个单元(设为 j、k 单元)同时失效而引起系统失效的情况,则系统可靠度上限值为

$$R_{U_1} = \prod_{i=1}^{n_c} R_{c_i} \left(1 - \sum_{j,k=1}^{L_2} F_{b_j} F_{b_k}\right) \tag{5.12}$$

式中:$F_{b_j} = 1 - R_{b_j}$、$F_{b_k} = 1 - R_{b_k}$ 分别为并联部分中 j 及 k 单元的不可靠度;L_2 为两个单元同时失效引起系统失效的对数。

同理,还可以逐步考虑并联部分中有三个单元及多个单元同时失效而引起系统失效的情况,预计系统可靠度上限值。

2. 下限值的计算

下限值的计算首先认为所有单元都是串联的,其可靠度下限值为

$$R_{L_0} = \prod_{i=1}^{n} R_i \tag{5.13}$$

式中:n 为系统中串联单元的个数;R_i 为系统中第 i 个串联单元的可靠度。

实际上,只有一个并联单元失效,而其他并联单元仍正常,系统仍不正常。为了更精确预计系统可靠度下限,如果还考虑并联部分中任一单元(设为 j 单元)失效而不影响系统工作的情况,则系统可靠度下限值为

$$R_{L_1} = \prod_{i=1}^{n} R_i \left(1 + \sum_{j=1}^{m_1} \frac{F_{b_j}}{R_{b_j}}\right) \tag{5.14}$$

式中:R_{b_j} 为并联部分第 j 个单元的可靠度;$F_{b_j} = 1 - R_{b_j}$ 为并联部分第 j 个单元的不可靠度;m_1 为一个并联单元失效而不使系统失效的并联单元数。

若考虑并联部分中有两个单元(设为 j、k 单元)同时失效而不影响系统工作的情况,系统可靠度下限值为

$$R_{L_2} = \prod_{i=1}^{n} R_i \left(1 + \sum_{j=1}^{m_1} \frac{F_{b_j}}{R_{b_j}} + \sum_{j,k=1}^{m_2} \frac{F_{b_j} F_{b_k}}{R_{b_j} R_{b_k}}\right) \tag{5.15}$$

式中:R_{b_k} 为并联部分第 k 个单元的可靠度;$F_{b_k} = 1 - R_{b_k}$ 为并联部分第 k 个单元的不可靠度;m_2 为两个单元同时失效不影响系统工作的对数。

同理,还可以逐步考虑并联部分中有三个单元及多个单元同时失效而不影响

系统工作的情况,预计系统可靠度下限值。

3. 上、下限值的综合计算

在获得第 m 步上、下限值 R_{U_m} 和 R_{L_m} 后,可以计算系统可靠度预测值为

$$R_S = 1 - \sqrt{(1 - R_{U_m})(1 - R_{L_m})} \tag{5.16}$$

经验表明,当 $\dfrac{|R_{U_m} - R_{L_m}|}{R_{U_m}} \leqslant 5\%$ 时,即可以用 R_{U_m} 和 R_{L_m} 通过式(5.16)综合计算系统可靠度预测值。

在使用此公式时,应注意上、下限值必须求到同一步,即两者都是第 m 步的上限值和下限值。要使两个极限值越接近,需要考虑的情况就越多,从而使问题复杂化,失去了这个方法的优点。其实,两个比较粗略的极限值综合起来所得的系统可靠度预计值,与两个精确极限值综合所得的系统可靠度预计值一般相差不会太大,这就是上下限法的优点之一。

5.2.8 修正系数法

对机械类产品而言,它具有一些不同于电子类产品的特点,如许多机械零部件是为特定用途单独设计的,通用性不强,标准化程度不高。机械部件的故障率通常不是常值,其设备的故障往往是由于耗损、疲劳和其他与应力有关的故障机理造成的。机械产品的可靠性与电子产品的可靠性相比,对载荷、使用方式和利用率更加敏感。基于这些特点,对看起来很相似的机械部件,其故障率往往是非常分散的。这样,用数据库中已有的统计数据预计可靠性,其精度是无法保证的。因此,目前预计机械产品可靠性还没有像电子产品那样通用、可接受的方法。

修正系数法的基本思路:机械产品的"个性"较强,难以建立产品级的可靠性预计模型,但若将它们分解到零件级,则有许多基础零件是通用的,如密封件既可用于阀门,也可用于作动器或汽缸等。通常将机械产品分成密封、弹簧、电磁铁、阀门、轴承、齿轮和花键、作动器、泵、过滤器、制动器和离合器 10 类。这样,可以对诸多零件进行故障模式和影响分析,找出其主要故障模式及影响这些模式的主要设计、使用参数,通过数据收集、处理及回归分析,可以建立各零部件故障率与上述参数的数学函数关系(即故障率模型或可靠性预计模型)。实践结果表明,具有耗损特征的机械产品,在其耗损期到来之前,在一定的使用期限内,某些机械产品寿命近似按指数分布处理仍不失其工程特色。例如,美国海军编写的 NSWC-09《机械设备可靠性预计程序手册》中介绍的齿轮故障率模型表达式为

$$\lambda_{GE} = C_{GS} \times C_{GP} \times C_{GA} \times C_{GL} \times C_{GN} \times C_{GT} \times C_{GV} \times \lambda_{GE \cdot B} \tag{5.17}$$

式中:λ_{GE} 为在特定使用情况下的齿轮故障率(单位为次/10^6 r);C_{GS} 为速度偏差(相

对于设计)的修正系数;C_{GP} 为扭矩偏差(相对于设计)的修正系数;C_{GA} 为不同轴性的修正系数;C_{GL} 为润滑偏差(相对于设计)的修正系数;C_{GN} 为污染环境的修正系数;C_{GT} 为温度的修正系数;λ_{GV} 为振动和冲动的修正系数;$\lambda_{GE \cdot B}$ 为制造商规定的基本故障率(单位为次/10^6 r)。

计算齿轮系统故障率的最好途径是利用各齿轮制造商的技术规范规定的基本故障率,并根据实际使用情况及设计的差异来修正故障率。

5.2.9　相似产品类比法

相似产品类比法是机械产品可靠性的预计方法。其基本思想是根据仿制或改型的国内外类似产品已知的故障率,分析两者在原材料、元器件水平、制造工艺、组成结构等方面的差异,通过专家评分给出各修正系数,综合权衡后得出故障率综合修正因子 D 为

$$D = K_1 \times K_2 \times K_3 \times K_4 \times K_5 \tag{5.18}$$

式中:K_1 为与类似产品在原材料方面差距的修正系数;K_2 为基础工业(包括热处理、表面处理、铸造质量控制等方面)与类似产品差距的修正系数;K_3 为生产单位现有工艺水平与类似产品差距的修正系数;K_4 为生产单位在设计、生产等方面的经验与类似产品差距的修正系数;K_5 为与类似产品结构方面差异的修正系数。

新研产品的故障率为

$$\lambda_{新} = D \times \lambda_{类比产品} \tag{5.19}$$

式中:$\lambda_{新}$ 为新研产品的故障率;$\lambda_{类比产品}$ 为类比产品的故障率。

5.2.10　可靠性框图法

可靠性框图法是以装备组成单元的可靠性预计值为基础,依据建立的可靠性框图及数学模型计算系统任务可靠度。其预计步骤如下。

(1)根据任务剖面建立系统任务可靠性框图。

(2)根据相似产品法、专家评分法、元器件应力分析法等预计单元的故障率或平均严重故障间隔时间。

(3)确定单元的工作时间。

(4)根据可靠性框图计算系统的任务可靠度。

5.2.11　功能预计法

功能预计法是一种把装备预期的可靠性与其功能特性联系起来的预计方法,用于方案论证和初步设计阶段的可靠性预计。这种方法根据装备的功能,统计大

量的相似装备的功能参数与相关可靠性数据,运用回归分析的方法,得出装备功能与可靠性的经验数据;再用回归分析的方法,得出一些经验公式及系数,以便能根据初步确定的装备功能及结构参数预计装备的可靠性。MIL-HDBK-338《可靠性设计手册》中有关于雷达系统的例子。

5.2.12　可靠性预计方法的比较

可靠性预计的各种方法有其特点和优缺点,常见可靠性预计方法的比较如表 5-3 所示。

表 5-3　常见可靠性预计方法的比较

预计方法	适 用 范 围	使用阶段	特　点	优　缺　点
相似产品法	机械、电子、机电类产品的基本或任务可靠性预计	方案论证及初步设计	具有相似产品的可靠性数据,将研制的新产品与可靠性已知的相似产品进行比较	优点:快速、简便。缺点:不精确,需具有相似的产品并知道其可靠性数据
元器件计数法	电子类产品基本可靠性预计	方案论证及初步设计	根据元器件的品种及粗略的质量要求,查相关标准,得到各元器件故障率数据,按产品中元器件数量将故障率相加	优点:数据易于获取,比相似产品法精确。缺点:不适用机械、机电系统可靠性预计
元器件应力分析法	电子类产品基本可靠性预计	详细设计	根据元器件的品种、质量水平、工作应力及环境应力等因素,查相关标准,得到各元器件故障率数据,按产品中元器件数量将故障率相加	优点:最精确,适用于多种环境。缺点:不适用机械、机电系统可靠性预计
专家评分法	机械、机电类产品的基本或任务可靠性预计	方案论证及初步设计	专家根据其经验,按复杂程度、环境条件、技术水平等因素对产品的各单元进行评分。通过已知故障率单元的数据,推算出其他单元的故障率	优点:即使缺乏可靠性数据也可预计。缺点:不够精确,主观性强

续表

预计方法	适用范围	使用阶段	特　点	优　缺　点
故障率预计法	机械、电子、机电类产品的基本或任务可靠性预计	详细设计	根据产品原理图，建立其可靠性模型，输入各单元的故障率数据进行计算	优点：比较精确。缺点：需要各单元故障数据，对于新研制的产品很难收集
性能参数法	比较复杂的机械、电子、机电产品的基本或任务可靠性预计	初步设计	根据同类产品的大量统计数据，建立产品可靠性与其性能参数的数学关系	优点：确定了数学模型。缺点：数学模型复杂且需掌握产品可靠性与性能参数
上下限法	复杂的机械、电子、机电产品的任务可靠性预计	详细设计	利用简化方法算出复杂系统可靠性的上、下限值，再用上、下限值综合预计系统可靠性	优点：不要求单元之间相互独立，适用多种系统。缺点：得到的可靠性是一个值域，对更高要求的可靠性还需分析

5.3　可靠性预计的应用

5.3.1　相控阵雷达系统的可靠性预计

下面根据相控阵雷达的基本功能组成，结合可靠性建模，说明可靠性预计方法的应用。

相控阵雷达属于典型的任务电子系统，可将整个系统划分为元器件级可靠性预计、模块级可靠性预计、分系统级可靠性预计、系统级可靠性预计 4 个层次，逐级开展可靠性预计。

1. 可靠性指标要求

（1）基本可靠性指标：平均故障间隔时间（MTBF）规定值 $T_{BF} \geqslant 500$ h。

（2）任务可靠性指标：雷达一次任务时间 $t = 6$ h，任务可靠度 $R(t) \geqslant 0.995$。

2. 雷达系统基本可靠性预计

某相控阵雷达系统由天馈、收发、信号处理、伺服和供配电等分系统组成，各分系统功能上相互独立。雷达系统基本可靠性框图如图 5-2 所示。

图 5-2　雷达系统基本可靠性框图

雷达系统设备组成如表 5-4 所示。

表 5-4　雷达系统设备组成

分系统名称	内部组成	数量	组件编号	安装位置
天馈	天线模块	16	1～16	方舱外
	馈线模块	16	1～16	方舱外
收发	T/R 收发模块	16	1～16	方舱外
	多路功分模块	1	—	方舱外
	多路监测模块	1	—	方舱外
	频率综合模块	1	—	方舱外
信号处理	DBF 处理模块	3	1～3	方舱外
	信号处理模块	8	1～8	方舱外
	定时控制模块	1		方舱外
	波分复用模块	2	1～2	方舱外
终端	数据录取模块	4	1～4	方舱内
	显控模块	2	1～2	方舱内
伺服	伺服控制模块	1	—	方舱内
	变频驱动器	1	—	方舱内
	驱动电机	1		方舱外
供配电	阵面电源模块	2	1～2	方舱外
	专用电源模块	4	1～4	方舱内

雷达系统基本可靠性反映的是所有组成单元引起的维修和对后勤保障资源的要求。根据雷达各分系统的内部组成,将系统基本可靠性框图进一步地细化至模块级(外场可更换模块),如图 5-3 所示。

在进行基本可靠性预计时,进行以下假设:所有组成模块的寿命均服从指数分布;系统、分系统和模块及元器件只有故障和正常两种状态,不存在第三种状态;各分系统、模块和元器件之间都是相互独立的,它们的故障相互间不发生影响,且不

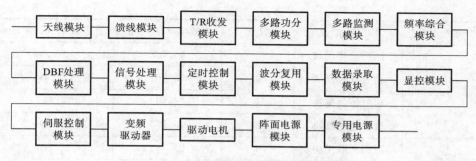

图 5-3　雷达系统模块级基本可靠性框图

考虑各个模块结构件及软件的失效率。

相控阵雷达寿命服从指数分布。根据图 5-3,雷达系统的基本可靠性模型是所有组成模块的全串联模型,其可靠性数学模型为

$$T_{BF_s} = \frac{1}{\lambda_s} = \frac{1}{\sum_{i=1}^{n} \lambda_i} \tag{5.20}$$

式中:T_{BF_s} 为雷达系统平均故障间隔时间,单位为 h;λ_s 为雷达系统的失效率,单位为 $10^{-6}/h$;λ_i 为雷达系统第 i 个模块的失效率,单位为 $10^{-6}/h$。

按照系统可靠性预计流程,首先,预计各个模块内部元器件的失效率。基于应力分析法,根据元器件的类别、质量等级、应力水平和环境条件等因素,国产元器件以 GJB/Z 299C 为依据选择相应元器件的基本失效率、质量系数和环境系数等各个 π 系数来计算该器件的工作失效率;进口元器件的工作失效率依据 MIL-HD-BK-217F 进行预计。其次,将各个元器件的失效率累加得到相应模块的失效率,预计结果如表 5-5 所示。

表 5-5　各个模块失效率预计结果

分系统名称	内 部 组 成	数量	失效率/(10^{-6}/h)	总失效率/(10^{-6}/h)
天馈	天线模块	16	4.322	69.152
	馈线模块	16	3.451	55.216
收发	T/R 收发模块	16	45.745	731.92
	多路功分模块	1	34.891	34.891
	多路监测模块	1	20.523	20.523
	频率综合模块	1	36.342	36.342

续表

分系统名称	内部组成	数量	失效率/$(10^{-6}/\text{h})$	总失效率/$(10^{-6}/\text{h})$
信号处理	DBF 处理模块	3	45.782	137.346
	信号处理模块	8	35.361	282.888
	定时控制模块	1	36.892	36.892
	波分复用模块	2	18.753	37.506
终端	数据录取模块	4	23.781	95.124
	显控模块	2	32.682	65.364
伺服	伺服控制模块	1	36.974	36.974
	变频驱动器	1	16.562	16.562
	驱动电机	1	18.752	18.752
供配电	阵面电源模块	2	15.563	31.126
	专用电源模块	4	16.451	65.804

逐级进行各个分系统及系统的失效率预计,按式(5.20)计算 MTBF,计算结果如表 5-6 所示。

表 5-6　雷达系统基本可靠性预计结果

分系统名称	失效率/$(10^{-6}/\text{h})$	平均故障间隔时间 MTBF/h
天馈	124.368	8040.654
收发	494.632	2021.705
信号处理	823.676	1214.070
终端	160.488	6230.995
伺服	72.288	13833.555
供配电	96.93	10316.723
雷达系统	1772.382	564.212

由表 5-6 可知,雷达系统 MTBF 预计值为 564.212 h,合同规定的基本可靠性指标为 500 h,满足设计要求。

3. 雷达系统任务可靠性预计

雷达系统任务可靠性与系统的任务要求和执行功能密切相关,雷达系统任务可靠性预计是针对某一任务剖面进行的。根据雷达的工作原理和典型任务剖面,建立雷达系统任务可靠性框图,如图 5-4 所示。

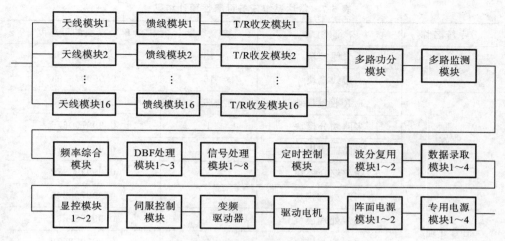

图 5-4   雷达系统任务可靠性框图

由图 5-4 可知,在执行某典型任务剖面时,雷达系统任务可靠性模型是一个由串-并联、串联的混联结构,16 组天线模块、馈线模块与 T/R 收发模块串联后并联,再与其他各模块串联。DBF 处理模块 1~3 代表 3 个 DBF 处理模块串联,信号处理模块 1~8 代表 8 个信号处理模块串联,其他类似。因此,雷达系统任务可靠性数学模型可表示为

$$R_s(t) = \left\{1 - \prod_{i=1}^{m}\left[1 - \prod_{j=1}^{n_m} R_{ij}(t)\right]\right\} \times \prod_{k=1}^{P} R_k(t) \tag{5.21}$$

式中:$R_s(t)$ 为雷达系统任务可靠度;$R_{ij}(t)$ 为天线模块、馈线模块与 T/R 收发模块串联的可靠度;i 表示行,$i=1,2,\cdots,16$;j 表示列,$j=1,2,3$ 分别表示天线模块、馈线模块与 T/R 收发模块。第 i 行串联的可靠度为

$$R_{is}(t) = \prod_{j=1}^{3} R_{ij}(t) \tag{5.22}$$

16 行并联后的可靠度又可由并联系统计算公式得

$$R_{\text{并}s}(t) = 1 - \prod_{i=1}^{16}\left[1 - \prod_{j=1}^{3} R_{ij}(t)\right] \tag{5.23}$$

16 行并联后与多路功分模块之后的模块串联,k 表示后续串联模块的总数,共有 32 个模块,$k=1,2,\cdots,32$,因此,雷达系统任务可靠性数学模型可表示为

$$R_s(t) = \left\{1 - \prod_{i=1}^{16}\left[1 - \prod_{j=1}^{3} R_{ij}(t)\right]\right\} \times \prod_{k=1}^{32} R_k(t) \tag{5.24}$$

雷达系统在任务剖面内的工作时间为 6 h,根据表 5-5 中各个模块的失效率数据计算各个模块的可靠度,计算结果如表 5-7 所示。

表 5-7　雷达系统任务可靠性预计结果

分系统名称	内 部 组 成	数 量	单个模块的可靠度
天馈	天线模块	16	0.999974068
	馈线模块	16	0.999979294
收发	T/R 收发模块	16	0.999725568
	多路功分模块	1	0.999790676
	多路监测模块	1	0.999876870
	频率综合模块	1	0.999781972
信号处理	DBF 处理模块	3	0.999725346
	信号处理模块	8	0.999787857
	定时控制模块		0.999778672
	波分复用模块	2	0.999887488
终端	数据录取模块	4	0.999857324
	显控模块	2	0.999803927
伺服	伺服控制模块	1	0.999778181
	变频驱动器	1	0.999900633
	驱动电机	1	0.999887494
供配电	阵面电源模块	2	0.999906626
	专用电源模块	4	0.999901299

根据表 5-7 的数据及式(5.24)计算雷达系统的任务可靠度为 $R_s(t) = 0.997666872$,合同规定的任务可靠性指标 $R(t) \geqslant 0.995$,预计结果满足设计要求。

5.3.2　雷达信号源的可靠性预计

某型雷达设计时,对可靠性指标提出的要求:在规定的条件下,完成任务的概率不小于 0.95 时,整机的 MTBF 不小于 100 h。综合考虑各种因素,分配给雷达信号源的可靠性指标:在同样条件下,MTBF 为 300 h。

1. 雷达信号源可靠性模型

受体积、总质量和功耗等限制,雷达不允许采取冗余措施,雷达信号源可靠性结构模型都是串联模型,如图 5-5 所示。

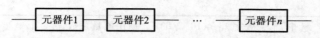

图 5-5　雷达信号源可靠性结构模型

2. 可靠性预计方法

因为雷达各单元电路的结构模型均为串联模型,故预计时可以直接采用元器件计数法。雷达信号源故障率、平均故障间隔时间的计算公式为

$$\lambda_{\text{LRU}} = \sum_{i=1}^{n} N_i (\lambda_{G_i} \times \pi_{Q_i}) \tag{5.25}$$

$$T_{BF_s} = \frac{1}{\lambda_{\text{LRU}}} \tag{5.26}$$

式中:λ_{LRU} 为雷达信号源总故障率;N_i 为第 i 种元器件的数量;λ_{G_i} 第 i 种元器件的通用故障率;π_{Q_i} 为第 i 种元器件的通用质量系数;n 为产品所用元器件的种类数目。

该雷达信号源中所含全部元器件及其相应的的值如表 5-8 所示。

表 5-8　雷达信号源元器件可靠性参数

元器件名称	数量	失效率 λ_{G_i} /(10^{-6}/h)	通用质量系数 π_{Q_i}	总失效率/(10^{-6}/h)
三极管	34	1.2	1	40.80
二极管	26	0.48	1	12.48
变容二极管	2	17	1	34.00
混频二极管	4	34	1	136.00
阶跃管	3	17	1	51.00
TTL(JK)	14	0.33	80	369.60
TTL(G)	20	0.33	80	528.00
ECL(门)	40	0.3	80	960.00
线性集成块	5	0.73	80	292.00
钽电容	45	0.83	1.5	56.03
晶体	3	0.2	1.5	0.90
功率型电阻	2	0.29	1.5	0.87
电容	160	0.016	1.5	3.84
电感	105	0.41	1.5	64.58
连接器	40	0.14	1	5.60

元器件名称	数量	失效率 $\lambda_{G_i}/(10^{-6}/h)$	通用质量系数 π_{Q_i}	总失效率/$(10^{-6}/h)$
开关	12	0.36	1	4.32
功分器	2	0.1	1	0.20
隔离器	3	20	1	60.00

根据表 5-8 中列出的数据,得到雷达信号源的故障率、平均故障间隔时间为

$$\lambda_{LRU} = \sum_{i=1}^{19} N_i(\lambda_{G_i} \times \pi_{Q_i}) = 2620.21 \times 10^{-6} \ h$$

$$T_{BF_s} = \frac{1}{\lambda_{LRU}} = \frac{1}{2620.21 \times 10^{-6}} = 381.65 \ h$$

平均故障间隔时间大于提出的 300 h 的指标,因此满足整机分配的指标要求,方案的可靠性满足整机设计要求。

若预计出来的值达不到原定的指标要求,则需采取提高可靠性的措施,或参考原方案进行适当的补充或修改,然后重新进行预计。如此反复多次,直至达到要求为止。

思 考 题

1. 简述可靠性预计的目的与作用。
2. 简述可靠性预计的一般程序。
3. 在方案论证阶段,常用的可靠性预计方法有哪些?
4. 分析典型相控阵雷达 T/R 组件的可靠性预计。
5. 分析数字阵列雷达天线阵面的可靠性预计。

参 考 文 献

[1] 宋保维. 系统可靠性设计与分析[M]. 西安:西北工业大学出版社,2008.

[2] 高社生,张玲霞. 可靠性理论与工程应用[M]. 北京:国防工业出版社,2002.

[3] 曾声奎. 可靠性设计与分析[M]. 北京:国防工业出版社,2011.

[4] 程五一,李季.系统可靠性理论及其应用[M].北京:北京航空航天大学出版社,2012.

[5] 康建设,宋文渊,白永生,等.装备可靠性工程[M].北京:国防工业出版社,2019.

[6] 张相炎.兵器系统可靠性与维修性[M].北京:国防工业出版社,2016

[7] 杨秉喜.雷达综合技术保障工程[M].北京:中国标准出版社,2002.

[8] 甘茂治,康建设,高崎.军用装备维修工程学[M].2 版.北京:国防工业出版社,2005.

[9] 谢少锋,张增照,聂国健.可靠性设计[M].北京:电子工业出版社,2015.

[10] 吕明华.可靠性工程标准化[M].北京:中国标准出版社,国防工业出版社,2016.

[11] 彭兆春.某型机载相控阵雷达系统可靠性预计研究[J].电子产品可靠性与环境试验,2021,39(02):72-78.

[12] 常硕,王德功,刘广东.某机载雷达信号源的可靠性预计[J].装备制造技术,2011(04):60-62.

[13] 乐战英.雷达的可靠性指标研究[J].雷达与对抗,2006(04):65-68.

[14] 蒋秦芹,文亮波.电子产品的可靠性预计分析[J].成都信息工程大学学报,2018,33(03):258-260.

[15] 骆明珠,康锐,刘法旺.电子产品可靠性预计方法综述[J].电子科学技术,2014,01(02):246-256.

[16] 徐静,侯传涛,李志强,等.电子产品可靠性预计方法及标准研究[J].强度与环境,2020,47(05):48-54.

第6章

雷达装备可靠性分析

6.1 概　　述

6.1.1 可靠性分析的目的与作用

可靠性分析是可靠性工程的重点和核心任务之一。一般情况下,根据产品需求,对产品各项功能、结构组成和工作环境进行认真研究,在了解产品的各项任务剖面后,开展一系列的可靠性设计工作。可靠性分析作为可靠性工程的重要组成部分,占有重要的地位。

(1) 可靠性分析的目的是研究和确定产品潜在隐患和薄弱环节的内因和外因,通过设计、预防与改进,提前消除隐患和薄弱环节,提高产品的可靠性水平,以较少的时间和费用满足产品可靠性要求。

(2) 雷达装备结构复杂,导致其故障形式多样。为了提高装备可靠性,在可靠性设计阶段,必须对系统及其组成单元可能的故障进行详细分析,正确、有效地识别故障,以找出系统薄弱环节并进行针对性的改进。

(3) 可靠性分析为雷达系统、部件/设备进入试验确认/验证提供依据,为雷达装备性能试验、试验鉴定和在役考核时最低可接受值考核及可靠性目标值验证奠定基础。

（4）可靠性分析还可作为权衡设计方案以及表征设计决策的一种有效手段，故可靠性分析工作应尽早开展，并根据需要反复进行，以有效地影响产品设计。

可靠性分析是以可靠性预计值与可靠性目标值的差距作为输入，通过设计阶段可靠性设计分析的多次迭代，不断发现薄弱环节，提出设计改进措施以影响工程设计，从而随着工程设计的发展逐步地降低可靠性预计值与可靠性目标值（分配值）的差距，在详细设计阶段结束时，使可靠性预计值接近研制任务所规定的目标值（或系统、部件/设备的分配值），从而使可靠性要求设计到雷达装备中。

6.1.2　可靠性分析的主要内容

GJB 450B—2021《装备可靠性工作通用要求》中可靠性设计与分析（300 系列）包含 17 个工作项目，分为可靠性设计计算类、分析类和准则类。

1. 可靠性设计计算类

建立可靠性模型（工作项目 301）、可靠性分配（工作项目 302）和可靠性预计（工作项目 303）3 个工作项目主要针对可靠性定量分析和设计，同时也是在设计阶段评价装备可靠性预期量值的重要手段，属于可靠性设计计算类。

2. 可靠性设计分析类

故障模式、影响及危害性分析（工作项目 304），故障树分析（工作项目 305），潜在分析（工作项目 306），电路容差分析（工作项目 307），振动仿真分析（工作项目 312），温度仿真分析（工作项目 313），电应力仿真分析（工作项目 314），耐久性分析（工作项目 315），软件可靠性需求分析与设计（工作项目 316）9 个工作项目是进行可靠性分析的主要方法，属于可靠性设计分析类。本章主要介绍故障模式、影响及危害性分析（FMECA）和故障树分析（FTA）。

FMECA 和 FTA 主要从产品故障的角度出发进行可靠性分析，找出设计中潜在的薄弱环节，以便采取有效措施，提高产品可靠性。FMECA 分析的产品层次主要从下向上进行，而 FTA 分析从上向下进行。FMECA 不仅适用于电子产品，也适用于非电子产品；不仅适用于硬件产品，也适用于软件产品和制造过程，所以 FMECA 是可靠性分析的主要工作内容。对于影响任务和影响安全的关键产品，把 FMECA 和 FTA 结合起来应用效果更佳。

潜在分析用来识别引起非期望的功能或抑制所期望功能的潜在状态，对可靠性要求非常高的产品（如航天系统及其他非常复杂的系统）提供这类设计保证。潜在分析主要用于电子线路分析。电路容差分析研究产品性能中电路或元器件的变异性，用于电子线路和电子产品分析。

振动仿真分析、温度仿真分析、电应力仿真分析和耐久性分析是机械结构类产品可靠性分析的重要内容。振动仿真分析、温度仿真分析、电应力仿真分析能及早暴露有限寿命的材料缺陷和揭露超载条件,发现承载结构和材料的薄弱环节及产品的过热部分,以便及时改进设计。耐久性分析能识别产品耗损现象,帮助选择足够坚固的材料、零件和部件。耐久性分析传统上适用于机械产品,也可用于机电和电子产品。

3. 可靠性设计准则类

可靠性设计准则的制定和符合性检查(工作项目 308),元器件、标准件和原材料选择与控制(工作项目 309),确定可靠性关键产品(工作项目 310),确定功能测试、包装、贮存、装卸、运输和维修对产品可靠性的影响(工作项目 311),可靠性关键产品工艺分析与控制(工作项目 317)5 个工作项目是对可靠性工作的指导、控制和保证,属于可靠性设计准则类。

6.2 故障模式、影响及危害性分析

故障分析是可靠性分析的一项重要内容。它是对发生或可能发生故障的系统及其组成单元进行分析,鉴别其故障模式、故障原因和故障机理,估计该故障模式对系统可能产生的影响,以便采取措施,提高系统的可靠性。最常见的故障分析方法是故障模式、影响及危害性分析和故障树分析。

GJB 451B—2021《装备通用质量特性术语》中对故障模式、影响及危害性分析的定义为:同时考虑故障发生概率与故障危害程度的故障模式和影响分析。FMECA 技术按其应用场合的不同可划分为设计 FMECA 和过程 FMECA。设计 FMECA 包括功能 FMECA、硬件 FMECA 和软件 FMECA。

GJB 451B—2021《装备通用质量特性术语》中对故障模式和影响分析的定义为:分析产品中每一个可能的故障模式并确定其对该产品及上层产品所产生的影响,以及把每一个故障模式按其影响的严重程度予以分类的一种分析技术。由此可见,FMECA 是在 FMEA 的基础上再增加一层任务,可把 FMECA 看作 FMEA 的一种扩展与深化,其本质是一种定性的逻辑推理方法。

FMECA 是从工程实践中总结出来的一种可靠性分析方法,将其应用于雷达装备的可靠性分析,有助于提高雷达产品的可靠性、安全性、维修性和保障性水平。

6.2.1　FMECA 的作用与原则

1. FMECA 的作用

从雷达装备可靠性分析的角度来看,FMECA 的主要作用有以下几点。

(1) 通过系统地分析,确定元器件、零部件、设备、软件在设计和制造过程中所有可能的故障模式,以及每一故障模式的原因及影响,以便于找出潜在的薄弱环节,及早采取适当的措施,控制风险,并确认最终产品的质量风险低于军方可以接受的水平。

(2) 为确定产品关键件、重要件和关键工序提供依据。关键件、重要件和关键工序是进行设计、工艺改进,进而提高其可靠性的重要目标,也是可靠性增长试验、鉴定试验、应力分析和保证安全性的主要对象。

(3) 帮助设计人员决定在薄弱环节上是否采用冗余设计、元器件筛选、降额设计、热设计等可靠性设计技术。

(4) 为确定《产品可靠性试验大纲》和《产品制造与验收技术条件》,以及检验的程序、方法提供重要信息。

(5) 为确定雷达装备随机备件清单、编写《武器装备维修器材目录》及《使用维修指南》提供依据。

此外,FMECA 还为安全性分析与设计、维修性分析与设计、测试性分析与设计、保障性分析、以可靠性为中心的维修分析(RCMA)、试验计划的制定、质量检验点的设置、可靠性设计和评审等提供信息和技术决策依据;为制定关键项目清单或关键项目可靠性控制计划提供依据。

2. FMECA 的原则

为使 FMECA 工作卓有成效,在具体实施时应遵循以下原则。

1) 及时性原则

FMECA 应与产品设计工作同步并尽早开展,当设计、生产制造、工艺规程等进行更改时,应对更改部分重新进行 FMECA。也就是说,FMECA 应及时地反映设计、工艺上的变化,并随着研制阶段的展开而不断完善和反复迭代。

2) 有效性原则

FMECA 的有效性取决于可利用的信息、分析者的技术水平和能力及分析结论,因此,为了提高 FMECA 的有效程度,FMECA 工作应贯彻“谁设计、谁分析”的原则,并充分吸收生产、管理和使用等部门有经验的工程技术人员,特别是可靠性工程技术人员参与。

3) 一致性原则

FMECA 应加强规范化工作,以保证产品的分析结果具有可比性。分析前,担任产品总设计师的单位应遵循 GJB/Z 1391—2006 的要求,结合产品特点,对 FMECA 的制定层次、故障判据、严酷度与危害度定义、分析表格、故障率数据源、分析报告要求等均应作统一的规定及必要的说明。

若承制单位或分承制单位为寻找所负责产品(系统或设备)的薄弱环节、关键部件而需进行 FMECA,也应作好统一要求,尤其对故障影响层次、严酷度定义更应作出明确的规定。

4)可追溯性原则

依据 FMECA 结果,针对所制定出的相应改进措施是否会引发系统新的故障、其效果如何以及所找出的产品故障是否全面等问题,均应从管理角度对 FMECA 的分析结果进行跟踪与分析,以验证其正确性和改进措施的有效性。这种跟踪分析的过程是 FMECA 反复迭代、逐步积累工程经验的过程,也是对系统再认识、再理解的过程,这种认识和理解最终体现在 FMECA 技术报告中。

5)系统性原则

为了有效地进行故障分析,可以视工程研制中的需要与可能采用 FMECA 和其他技术的综合分析方法,取长补短,更全面地找出系统的薄弱环节,并针对每个薄弱环节制定相应的设计、工艺和使用补救措施,这对减少产品设计工艺缺陷、保证研制进度、降低设计费用具有重要的作用。

此外,值得强调的是,FMECA 虽然是有效的可靠性、安全性和维修性分析方法,但并非万能,它们不能代替其他可靠性分析工作。特别应注意,FMECA 是静态分析方法,在动态分析方面还不完善,若对系统实施全面的分析,还应与有关时间序列的方法(如故障树分析)相结合。

3. FMECA 的要求

在实施 FMECA 的过程中,应遵循以下要求。

(1)FMECA 应在规定的产品层次上进行。通过分析发现潜在的薄弱环节,即可能出现的故障模式,每种故障模式可能产生的影响(对寿命剖面和任务剖面的各个阶段可能是不同的),以及每一种影响对可靠性、维修性、测试性、安全性、环境适应性、保障系统的要求。对每种故障模式,通常用故障影响的严重程度以及发生的概率估计其危害程度,并根据危害程度确定采取纠正措施的优先顺序。

(2)FMECA 应与产品设计工作同步并尽早开展,当设计、生产制造、工艺规程等进行更改时,应对更改部分重新进行 FMECA。

(3)FMECA 的对象包括电子、电气、机电、机械、液压、气动、光学、结构等硬件和软件,并应深入到任务关键产品的元器件或零件级。应重视各种接口(硬件之间、软件之间及硬软件之间)的 FMECA,进行硬件与软件相互作用分析,以识别软件对硬件故障的响应。

（4）应对工艺文件、图样（诸如电路板布局、线缆布线、连接器锁定）、硬件制造工艺等进行分析，以确定产品从设计到制造过程中是否引入了新的故障模式；应以设计图样的 FMECA 为基础，结合现有工艺图样和规程进行分析。

（5）除另有规定外，承制方应按下列任一原则，确定进行 FMECA 的最低产品层次。

① 与实施保障性分析的产品层次一致，以保证为保障性分析提供完整输入。

② 可能引起灾难和致命性故障的产品。

③ 便于落实设计改进措施的产品。

④ 可能发生一般性故障但需要立即维修的产品。

（6）对功能结构复杂的产品，人工判断故障影响较为困难，可采用基于功能模型的故障仿真注入的方式进行影响分析。

（7）FMECA 的结果可用于以下方面。

① 设计人员可以采用冗余技术提高任务可靠性，并确保对基本可靠性不产生难以接受的影响。

② 提出是否进行一些其他分析（如电路容差分析等）。

③ 考虑采取其他的防护措施（如环境防护等）。

④ 为评价机内测试的有效性提供信息。

⑤ 确定产品可靠性模型的正确性。

⑥ 确定可靠性关键产品。

⑦ 维修工作分析。

（8）FMECA 应为转阶段（转阶段指论证、研制、生产等阶段）决策提供信息，在有关文件（如合同、可靠性工作计划等）中规定进行 FMECA 的时机和数据要求。

6.2.2　FMECA 的分类与选取

1. FMECA 的分类

GJB/Z 1391—2006《故障模式、影响及危害性分析指南》中将 FMECA 分为设计 FMECA 和过程 FMECA 两类。其中，设计 FMECA 包含功能 FMECA、硬件 FMECA、嵌入式软件 FMECA 和损坏模式及影响分析（DMEA）。损坏模式及影响分析是确定战斗损伤所造成的损坏程度，提供损坏模式对装备执行任务功能的影响，也作为 FMECA 的一种分析方法。其为装备的生存力和易损性的评估提供依据，以便有针对性地提出设计、维修和操作等改进措施。

2. FMECA 的选取

根据不同阶段的需求，以及分析对象的技术状态、信息量等，选用不同的方法，

表 6-1 列出了产品寿命周期各阶段采用的 FMECA 方法。虽然各个阶段 FMECA 的形式不同,但它们的根本目的均是从不同角度发现装备的各种缺陷与薄弱环节,并采取有效的改进和补偿措施以提高可靠性水平。

表 6-1 产品寿命周期各阶段采用的 FMECA 方法

阶段	方法	目的
论证与方案阶段	功能 FMECA	分析研究产品功能设计的缺陷与薄弱环节,为产品功能设计的改进和方案的权衡提供依据
工程研制与鉴定定型阶段	功能 FMECA、硬件 FMECA、软件 FMECA、损坏模式及影响分析(DMEA)、过程 FMECA	分析研究产品硬件、软件、生产工艺、生存性与易损性设计的缺陷与薄弱环节,为产品的硬件、软件、生产工艺、生存性与易损性设计的改进提供依据
生产阶段	过程 FMECA	分析研究产品生产工艺的缺陷和薄弱环节,为产品生产工艺的改进提供依据
使用阶段	硬件 FMECA、软件 FMECA、损坏模式及影响分析(DMEA)、过程 FMECA	分析研究产品使用过程中可能或实际发生的故障、原因及其影响,为提高产品使用可靠性,进行产品的改进、改型或新产品的研制以及使用维修决策等提供依据

产品的设计 FMECA 工作应与产品的设计同步进行。产品在论证与方案阶段、早期工程研制阶段主要考虑产品的功能组成,对其进行功能 FMECA;在工程研制阶段、鉴定定型阶段,主要采用硬件(含 DMEA)、软件的 FMECA。随着产品设计状态的变化,应不断更新 FMECA,以及时发现设计中的薄弱环节并加以改进。

功能 FMECA 与硬件 FMECA 方法的比较如表 6-2 所示,具体选用何种分析方法视情况而定。

表 6-2 功能 FMECA 与硬件 FMECA 方法的比较

比较项目	功能 FMECA	硬件 FMECA
内涵	根据产品的每个功能故障模式,对各种可能导致该功能故障模式的原因及其影响进行分析。使用该方法时,应将输出功能一一列出	根据产品的每个硬件故障模式,对各种可能导致该硬件故障模式的原因及其影响进行分析
使用条件及时机	产品的构成尚不确定或不完全确定时,采用功能 FMECA。一般用于产品的论证、方案阶段或早期工程研制阶段	产品设计图纸及其他工程设计资料已确定。一般用于产品的工程研制阶段

比较项目	功能 FMECA	硬件 FMECA
适用范围	一般从"初始约定层次"产品向下分析,即自上而下分析,也可从产品任一功能级开始向任一方向进行分析	一般从元器件级向装备级分析,即自下而上分析,也可从任一层次产品向任一方向分析
分析人员需掌握的资料	产品及功能故障的定义、产品功能框图、产品工作原理、产品边界条件及假设等	产品的全部原理及其相关资料(如原理图、装配图等)、产品的层次定义、产品的构成清单,以及元器件、零部件、材料明细表等
相似点	其结果可获得产品"严酷度Ⅰ、Ⅱ类功能故障模式清单""关键功能项目清单"等	其结果可获得产品"严酷度Ⅰ、Ⅱ类单点故障模式清单""可靠性关键重要产品清单"等
优点	分析比较简单	分析比较严格,应用比较广泛
缺点	可能忽略某些功能故障模式	需要产品设计图及其他设计资料

　　过程 FMECA 是产品生产工艺中运用 FMECA 方法的分析工作,它应与工艺设计同步进行,以及时发现工艺实施过程中可能存在的薄弱环节并加以改进。

　　在产品使用阶段,利用使用中的故障信息进行 FMECA,以及时发现使用中的薄弱环节并加以纠正。

　　本节主要以功能及硬件 FMECA 为主介绍 FMECA 的内容。

6.2.3　FMECA 的一般步骤

　　FMECA 是一个反复迭代、逐渐完善的过程,在装备研制过程中需要进行多轮,直到所有关键故障模式都已被消除或采取了相应的控制措施。其一般步骤如图 6-1 所示。

　　FMECA 准备工作的主要内容是收集装备组成、功能、任务的基本信息,制定 FMECA 工作计划,选择 FMECA 方法和表格,制定功能或故障模式编码规则等,为后续的 FMECA 提供全面的支撑。

6.2.4　故障模式和影响分析

1. 系统定义

　　系统定义是故障模式和影响分析(FMEA)的第一项工作,主要包括被分析产品的系统划分、任务与功能分析、功能框图及任务可靠性框图确定等内容。通过系

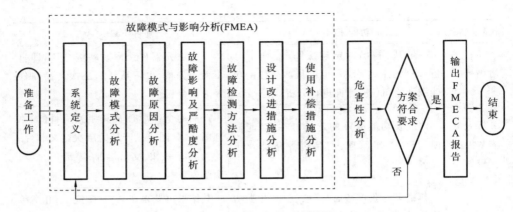

图 6-1　FMECA 的一般步骤

统定义,有针对性地对被分析产品在给定任务功能下进行所有可能的故障模式、原因和影响分析。

1) 系统划分

一般按照产品结构层次对产品进行功能或硬件分解,同时按事先定义的编码规则对功能或硬件进行编码,且保持编码的唯一性。在此基础上,进行功能与硬件的映射关系,明确 FMEA 范围,规定 FMEA 约定层次。

FMECA 中常用约定层次的定义如下。

(1) 约定层次(indenture levels):根据 FMECA 的需要,按产品的功能关系或组成特点划分 FMECA 产品所在的功能层次或结构层次。一般是从复杂到简单依次进行划分。

(2) 初始约定层次(initial indenture level):FMECA 总的、完整的产品约定层次中的最高层次。它是 FMECA 最终影响的对象。

(3) 最低约定层次(lowest indenture level):约定层次中最底层的产品所在的层次。它决定 FMECA 工作深入、细致的程度。

一般来说,产品的初始约定层次为产品本身,而最低约定层次可划分到元器件或零部件。在使用 FMEA 表记录分析结果时,除最低约定层次外,所有约定层次应单独列表。

2) 产品任务与功能分析

产品往往具有多种任务,在不同的任务中,需要执行产品的部分功能和全部功能。因此,应在描述产品任务、确定产品任务剖面后,对产品在不同任务剖面下的主要功能、工作方式(如连续工作、间歇工作或不工作等)和工作时间等进行分析,并应充分考虑产品接口部分的分析。这里功能是指产品的主要功能。完整的系统定义包括产品的每项任务、每一任务阶段以及各种工作方式的功能描述,对产品的任务时间要求应进行定量说明。

3)功能框图及任务可靠性框图确定

(1)功能框图。描述产品的功能可以采用功能框图方法。它不同于产品的原理图、结构图、信号流图,它是表示产品各组成部分所承担的任务或功能间的相互关系,以及产品每个约定层次间的功能逻辑顺序、数据(信息)流、接口的一种功能模型。

(2)任务可靠性框图。任务可靠性框图描述产品整体可靠性与其组成部分可靠性之间的关系。它不是反映产品间的功能关系,而是表示故障影响的逻辑关系。如果产品具有多项任务或多个工作模式,则应分别建立相应的任务可靠性框图。

2. 故障模式分析

故障是产品或产品的一部分不能或将不能完成预定功能的事件或状态(对某些产品,如电子元器件、弹药等称为失效)。

故障模式(failure mode)是故障的表现形式,如短路、开路、断裂、过度耗损等。一般研究产品的故障时从其故障现象入手,通过故障现象(即故障模式)找出故障原因。

判定产品是否故障的依据是事先定义的故障判据,一般根据产品规定的性能指标及其允许基线定义,如组件无输出,或输出的功率小于额定功率的 5% 等。

故障模式分析应区分功能故障和潜在故障。功能故障是指产品或产品的一部分不能完成预定功能的事件或状态;潜在故障是指产品或产品的一部分将不能完成预定功能的事件或状态,它是指示功能故障将要发生的一种可鉴别(人工观察或仪器检测)状态。例如,轮胎磨损到一定程度(可鉴别的状态,属潜在故障)将发生爆胎故障(属功能故障)。

产品具有多种功能时,应找出该产品每个功能全部可能的故障模式。复杂产品一般具有多种任务功能,应找出该产品在每一个任务剖面下每一个任务阶段可能的故障模式。

故障模式的获取方法:在进行 FMEA 时,一般可以通过统计、试验、分析、预测等方法获取产品的故障模式。对于采用现有的产品,可以以该产品在过去的使用中所发生的故障模式为基础,根据该产品使用环境条件的异同进行分析、修正,进而得到该产品的故障模式;对于采用新的产品,可根据该产品的功能原理和结构特点进行分析、预测,进而得到该产品的故障模式,或以与该产品具有相似功能和相似结构的产品所发生的故障模式作为基础,分析、判断该产品的故障模式;对国外引进的产品,应向外商索取其故障模式,或以相似功能和相似结构产品中发生的故障模式为基础,分析、判断其故障模式。

典型故障模式分类与示例如表 6-3 所示。

表 6-3　典型故障模式分类与示例

序号	故障模式分类	说　　明	故障模式示例
1	功能结构损坏	可直接观察或检测到功能结构损坏现象,包括变形、局部破坏或完全破坏等	短路、开路、结构故障(破损)、卡死、泄漏、裂纹、折断、变形
2	规定功能丧失	完全无法执行规定功能	无输出、打不开、关不上、无法开机、无法关机、不能切换
3	功能不连续	能执行部分功能,但时序上有缺陷	间歇性工作
4	功能不完整	能执行部分功能,但完整性上有缺陷	输出数据有缺项,功能执行一部分后停滞
5	性能偏差	功能可执行,但距离预期性能有偏差,包括超出性能基线和完全错误两大类	输出值增大或下降,输出值错误、超出允差、参数漂移、动作不到位、不匹配
6	功能时刻偏差	提前或滞后启动功能	提前运行、滞后运行、信号延迟
7	不期望功能	执行预定功能时,出现了其他不期望的功能行为	共振、大噪声、错误动作

3. 故障原因分析

故障模式分析只说明了产品将以什么模式发生故障,并没说明产品为何发生故障,因此,还必须进行故障原因分析,找出每个故障模式产生的原因,进而采取有针对性的有效改进措施,防止或减少故障模式的发生。

故障原因分析方法:一是从导致产品发生功能故障模式或潜在故障模式的物理、化学或生物变化过程找故障模式发生的直接原因;二是从外部因素(如其他产品的故障、使用、环境和人为因素等)找产品发生故障模式的间接原因。

故障模式一般是可观察到的故障表现形式,而故障模式直接原因或间接原因是设计缺陷、制造缺陷或外部因素。如果发现故障原因来源于制作阶段,则应制定相应的工艺改进措施。

4. 故障影响及严酷度分析

故障影响是指产品的每一个故障模式对产品自身或其他产品的使用、功能和状态的影响。当分析某产品的故障模式对其他产品的影响时,不仅要分析该故障模式对该产品所在相同层次的其他产品造成的影响,还要分析该故障模式对该产品所在层次的更高层次产品的影响。每个故障模式的影响一般分为三级:局部影响、高一层次影响和最终影响,其定义如表 6-4 所示。

表 6-4　按约定层次划分故障影响的分级表

名称	定　义
局部影响	某产品的故障模式对该产品自身及所在约定层次产品的使用、功能或状态的影响
高一层次影响	某产品的故障模式对该产品所在约定层次的紧邻上一层次产品的使用、功能或状态的影响
最终影响	某产品的故障模式对初始约定层次产品的使用、功能或状态的影响

故障影响分析的目的是找出产品的每个可能的故障模式所产生的影响,并对其严重程度进行分析。

在进行故障影响分析之前,应对故障模式的严酷度类别(或等级)进行定义。它是根据故障模式最终可能出现的人员伤亡、任务失败、产品损坏(或经济损失)和环境损害等方面的影响程度进行确定的。武器装备常用的严酷度类别及定义如表 6-5 所示。

表 6-5　武器装备常用的严酷度类别及定义

严酷度类别	严酷度定义
Ⅰ 类(灾难)	导致人员死亡、产品(如飞机、坦克、雷达、导弹及船舶等)毁坏、重大经济损失、重大环境损害
Ⅱ 类(致命)	导致人员严重伤害、严重经济损失、任务失败、严重产品损坏及严重环境损害
Ⅲ 类(中等)	导致中等程度人员伤害、中等程度经济损失、任务延误(或降级)、中等程度产品损坏及中等程度环境损害
Ⅳ 类(轻度)	不足以导致人员伤害、轻度经济损失、轻度产品损坏及轻度环境损害,但它会导致非计划性维护或修理

分析每一故障模式产生的局部影响、高一层次影响及最终影响,同时按最终影响的严重程度,对照严酷度定义,分析每一故障模式的严酷度类别。应注意,在进行最终影响分析时,当所分析的产品在系统设计中已采用了余度设计、备用工作方式设计或故障检测与保护设计时,应暂不考虑这些设计措施,即分析该产品的某一故障模式可能造成的最坏的故障影响。在根据这种最终影响确定该故障模式的严酷度类别时,应当在备注中指明系统中已采取的针对这种故障影响的设计措施,对

153

这种情况更详细的分析要借助故障模式的危害性分析。

5．故障检测方法分析

针对经分析找出的每一个故障模式，确定其故障检测方法，为产品的维修性与测试性设计以及维修工作分析等提供依据。

故障检测方法一般包括目视检查、离机检测、原位测试等，采用的手段包括BIT（机内测试）、自动传感装置、传感仪器、音响报警装置、显示报警装置等。

故障检测一般分为事前检测与事后检测两类，对于潜在故障模式，应尽可能设计事前检测方法。

6．设计改进与使用补偿措施分析

在分析每个故障模式的原因、影响后，根据故障的影响及后果，确定消减的故障模式，提出可能的补偿措施，这是提高产品可靠性的重要环节。按补偿措施实施的阶段，补偿措施分为设计改进措施与使用补偿措施。

1）设计改进措施

设计改进措施在产品研制过程中进行，相当于对产品再设计，这时需开展新一轮的 FMEA。常见的设计改进措施如下。

（1）产品发生故障时，应考虑是否具备能够继续工作的冗余设备。

（2）提供安全或保险装置（如监控及报警装置）。

（3）可替换的工作方式（如备用或辅助设备）。

（4）可以消除或减轻故障影响的设计改进（如优选元器件、热设计、降额设计等）。

2）使用补偿措施

使用补偿措施是在产品使用过程中通过开展预防性的维护工作以避免故障发生，主要应用于非元器件、零部件层次，与故障检测能力、维修能力和修理级别等因素均有较大关系。常见的使用补偿措施思路如下。

（1）为了尽量避免或预防故障的发生，在使用和维护规程中规定使用维护措施。

（2）一旦出现某故障后，操作人员应采取最恰当的补救措施。

7．故障模式和影响分析的实施

FMEA 的实施一般通过填写 FMEA 表格进行，一种典型的 FMEA 表格形式如表 6-6 所示。根据各种不同的分析要求，可设计不同风格的 FMEA 表格形式。

表 6-6 中代码（1）：为了使每一个故障模式及其对应的方框内标志的系统功能关系一目了然，这栏填写被分析产品的标识代码。

表 6-6 中产品或功能标志（2）：这栏填写被分析产品或功能的名称，原理图中的符号或设计图中的编号可作为产品或功能的标志。

表 6-6　典型的 FMEA 表格形式

初始约定层次　　　　　　任务　　　　审核　　　第　页　共　页
约定层次　　　　　　　　分析人员　　　批准　　　填表日期

代码	产品或功能标志	功能	故障模式	故障原因	任务阶段与工作方式	故障影响			严酷度类别	故障检测方法	设计改进措施	使用补偿措施	备注
						局部影响	高一层次影响	最终影响					
(1)	(2)	(3)	(4)	(5)	(6)	(7)	(8)	(9)	(10)	(11)	(12)	(13)	(14)

表 6-6 中功能(3)：简要描述产品所具有的主要功能。

表 6-6 中故障模式(4)：根据故障模式分析的结果,依次填写每个产品的所有故障模式。

表 6-6 中故障原因(5)：根据故障原因分析结果,依次填写每个故障模式的所有故障原因。

表 6-6 中任务阶段与工作方式(6)：根据任务剖面依次填写发生故障时的任务阶段与该阶段内产品的工作方式。

表 6-6 中故障影响(7)、(8)、(9)：根据故障影响分析的结果,依次填写每一个故障模式的局部影响、高一层次影响和最终影响,并分别填入对应栏。

表 6-6 中严酷度类别(10)：根据最终影响分析的结果,按每个故障模式确定其严酷度类别。

表 6-6 中故障检测方法(11)：根据产品故障模式原因、影响等分析结果,依次填写故障检测方法。

表 6-6 中设计改进措施(12)与使用补偿措施(13)：根据故障影响、故障检测等分析结果依次填写设计改进与使用补偿措施。

表 6-6 中备注(14)：简要记录对其他栏的注释和补充说明。

6.2.5　危害性分析

危害性分析(CA)的目的是对产品每一个故障模式的严重程度及其发生的概率所产生的综合影响进行分类,以全面评价产品中所有可能出现的故障模式的影响。危害性分析是 FMEA 的补充和扩展,只有在进行 FMEA 的基础上才能进行危害性分析。

危害性分析有危害性矩阵分析方法和风险优先数(risk priority number, RPN)方法两种。危害性矩阵分析方法常用于航空、航天等军工领域,风险优先数方法常用于汽车等民用工业领域。

1. 危害性矩阵分析方法

危害性矩阵分析方法分为定性分析方法和定量分析方法。一般而言，在不能获得准确的产品故障定量数据（如故障率）时，选择定性分析方法；在可以获得产品较为准确的故障数据时，选择定量分析方法。

1）定性危害性矩阵分析方法

定性危害性矩阵分析方法是将每个故障模式发生的可能性分成离散的级别，按所定义的等级对每个故障模式进行评定。根据每个故障模式出现概率的大小分为 A、B、C、D、E 五个不同的等级，其定义如表 6-7 所示，可根据某个故障模式发生概率与产品总故障概率的比值不同进行分类；在产品总故障概率未知的情况下，也可用数量级进行分类。结合工程实际，其等级及概率可以进行修正。在故障模式概率等级评定之后，应用危害性矩阵图对每个故障模式进行危害性分析。

表 6-7　故障模式发生概率的等级划分

等级	定义	故障模式发生概率的特征	故障模式发生概率（在产品使用时间内）	
A	经常发生	高概率	$P_m>20\%$	$P_m>1\times10^{-3}$
B	有时发生	中等概率	$10\%<P_m\leqslant20\%$	$1\times10^{-4}<P_m\leqslant1\times10^{-3}$
C	偶然发生	不常发生	$1\%<P_m\leqslant10\%$	$1\times10^{-5}<P_m\leqslant1\times10^{-4}$
D	很少发生	不大可能发生	$0.1\%<P_m\leqslant1\%$	$1\times10^{-6}<P_m\leqslant1\times10^{-5}$
E	极少发生	近乎为零	$P_m\leqslant0.1\%$	$P_m\leqslant1\times10^{-6}$

2）定量危害性矩阵分析方法

定量危害性矩阵分析方法主要是计算每个故障模式危害度 C_{mj} 和产品危害度 C_r，或应用危害性矩阵图对每个故障模式的 C_{mj}、产品的 C_r 进行危害性分析。

在计算前，先介绍以下几个基本概念。

（1）故障模式频数比。

故障模式频数比 α 是产品的某个故障模式发生次数与产品所有可能的故障模式数的比。如果考虑所有可能的故障模式，则其故障模式频数比之和为 1。故障模式频数比一般可通过统计、试验、预测等方法获得。

（2）故障模式影响概率。

故障模式影响概率 β 是指产品在某种故障模式发生的条件下，其最终导致"初始约定层次"出现某严酷度类别的条件概率。β 值的确定代表分析人员对产品故障模式、原因和影响等掌握的程度。β 值的确定通常是按经验进行定量估计。表 6-8 所列的 β 值可供选择。

表 6-8　故障模式影响概率的等级划分

序号	1		2		3	
方法来源	GJB/Z 1391—2006《故障模式、影响及危害性分析指南》		国内某歼击飞机设计采用		GB/T 7826—2012《系统可靠性分析技术失效模式和影响分析（FMEA）程序》	
β规定值	实际丧失	1	一定丧失	1	肯定损伤	1
	很可能丧失	0.1～1	很可能丧失	0.5～0.99	可能损伤	0.5
	有可能丧失	0～0.1	可能丧失	0.1～0.49	很少可能	0.1
	无影响	0	可忽略	0.01～0.09	无影响	0
			无影响	0		

（3）故障模式的危害度。

故障模式危害度是产品危害度的一部分。产品在工作时间 t 内,第 j 个故障模式发生某严酷度类别下的危害度 C_{mj} 为

$$C_{mj} = \alpha_j \times \beta_j \times \lambda_P \times t \qquad (6.1)$$

式中: $j = 1, 2, \cdots, n, n$ 为产品的故障模式总数; α_j 为产品第 j 种故障模式频数比; β_j 为产品在第 j 种故障模式的影响概率; λ_P 为被分析产品在其任务阶段内的故障率,单位为 1/h; t 为产品任务阶段的工作时间,单位为 h。

（4）产品危害度。

产品危害度是产品在给定的严酷度类别和任务阶段下的各种故障模式危害度之和,其计算公式为

$$C_r = \sum_{j=1}^{n} C_{mj} = \sum_{j=1}^{n} \alpha_j \times \beta_j \times \lambda_P \times t \qquad (6.2)$$

式中: $j = 1, 2, \cdots, n, n$ 为产品的故障模式总数。

（5）危害性矩阵图。

危害性矩阵图用来比较每个故障模式影响的危害程度,为确定改进措施的先后顺序提供依据。危害性矩阵是在某个特定严酷度类别下,对每个故障模式危害程度或产品危害度的结果进行比较。危害性矩阵与风险优先数 RPN 一样具有风险优先顺序的作用。

危害性矩阵图的横坐标一般按等距离表示严酷度类别,纵坐标为产品危害度 C_r,或故障模式危害度 C_{mj},或故障模式发生概率等级,如图 6-2 所示。

其做法是:首先按产品危害度,或故障模式危害度,或故障模式发生概率等级在纵坐标上查到对应的点,再在横坐标上选取代表其严酷度类别的直线,并在直线上标

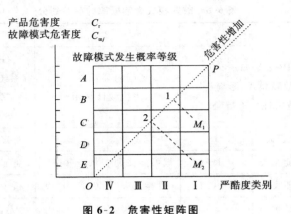

图 6-2 危害性矩阵图

注产品或故障模式的位置(利用产品或故障模式代码标注),从而构成产品或故障模式的危害性矩阵图,即在图 6-2 上得到各产品或故障模式危害性的分布情况。

从图 6-2 中所标记的故障模式分布点向对角线(图中虚线 OP)作垂线,以该垂线与对角线的交点到原点的距离作为度量故障模式(或产品)危害性的依据,距离越长,其危害性越大,越应尽快采取改进措施。例如,图 6-2 中故障模式 M_1 的投影距离 $O1$ 比故障模式 M_2 的投影距离 $O2$ 长,则故障模式 M_1 比故障模式 M_2 的危害性大。

2. 风险优先数方法

某一个故障模式的风险优先数 RPN 值等于该故障模式的影响严酷度类别(effect severity ranking,ESR)和故障模式发生概率等级(occurrence probability ranking,OPR)的乘积,即

$$RPN = ESR \times OPR \tag{6.3}$$

式中:RPN 数越高,则其危害性越大。

在对影响 RPN 的两项因素进行评分之前,对 ESR 和 OPR 制定评分准则。

1)故障模式影响严酷度类别 ESR 评分准则

ESR 评定某个故障模式最终影响的程度。表 6-9 给出了影响严酷度类别 ESR 的评分准则。在分析中,该评分准则应综合所分析产品的实际情况的详细规定。

2)故障模式发生概率等级(OPR)评分准则

OPR 是评定某个故障模式实际发生的可能性。表 6-10 给出了故障模式发生概率等级(OPR)的评分准则,表中故障模式发生概率 P_m 参考范围对应各评分等级给出的预计该故障模式在产品的寿命周期内发生的概率,该值在具体应用中可以视情况定义。

表 6-9　影响严酷度类别 ESR 的评分准则

ESR 评分等级	严酷度类别	故障影响的严重程度
1,2,3	轻度	不足以导致人员伤害、轻度产品损坏、轻度经济损失及轻度环境损坏,但它会导致非计划性维护或修理
4,5,6	中等	导致中等程度人员伤害、中等程度产品损坏、任务延误(或降级)、中等程度经济损失及中等程度环境损害
7,8	致命	导致严重人员伤害、严重产品损坏、任务失败、严重经济损失及严重环境损害
9,10	灾难	导致人员死亡、产品(如飞机、坦克、雷达、导弹及船舶等)毁坏、重大经济损失和重大环境损害

表 6-10　故障模式发生概率等级(OPR)的评分准则

OPR 评分等级	故障模式发生的可能性	故障模式发生概率 P_m 参考范围
1	极低	$P_m \leqslant 1 \times 10^{-6}$
2,3	较低	$1 \times 10^{-6} < P_m \leqslant 1 \times 10^{-4}$
4,5,6	中等	$1 \times 10^{-4} < P_m \leqslant 1 \times 10^{-2}$
7,8	高	$1 \times 10^{-2} < P_m \leqslant 1 \times 10^{-1}$
9,10	非常高	$P_m > 1 \times 10^{-1}$

3. 危害性分析的实施

危害性分析(CA)的实施与故障模式和影响分析(FMEA)的实施一样,均采用填写表格的方式进行。常用的危害性分析表如表 6-11 所示。

表 6-11　常用的危害性分析表

初始约定层次　　　　　　　　任务　　　　　　审核　　　　第　页　共　页

约定层次　　　　　　　　　分析人员　　　　批准　　　　填表日期

代码	产品或功能标志	功能	故障模式	故障原因	任务阶段与工作方式	严酷度类别	故障模式概率等级或故障数据源	故障率 λ_P /(1/h)	故障模式频数比 α_j	故障影响概率 β_j	工作时间 t/h	故障模式危害度 C_{mj}	产品危害度 C_r	备注
(1)	(2)	(3)	(4)	(5)	(6)	(7)	(8)	(9)	(10)	(11)	(12)	(13)	(14)	(15)

在表 6-11 中,第(1)～(6)栏的内容与 FMEA 分析表(表 6-6)中的内容相同,第(8)栏记录被分析产品的故障模式概率等级或故障数据源,当采用定性分析方法时此栏只记录故障模式概率等级。第(9)～(14)栏分别记录危害度计算的相关数据及计算结果。第(15)栏记录对其他栏的注释和补充。

6.2.6 FMECA 结果

FMECA 结果以 FMECA 报告的形式提供。在完成 FMECA 后应将分析结果归纳整理成技术报告。下面以硬件 FMECA 为例说明报告的主要内容,不同 FMECA 方法的报告内容可以进行相应调整。

硬件 FMECA 报告的主要内容如下。

(1) 概述,说明实施 FMECA 的目的、产品所处的寿命周期阶段、分析任务的来源等。

(2) 系统功能原理,概要介绍被分析产品的功能原理和工作说明,分析所涉及的系统、分系统及其功能,划分出 FMECA 的约定层次。

(3) 系统定义,说明被分析产品的功能、功能框图和任务可靠性框图及其解释和说明。

(4) FMECA 说明,包括实施 FMECA 的前提条件、基本假设、故障判据、故障后果的定义,以及对应的严酷度类别、FMECA 方法的选用、FMEA 和 CA 表格的选用或裁减说明、分析中所用数据的来源和依据及其他有关解释和说明。

(5) 结论及建议,包括分析结论、排除或降低故障影响已经采取的措施,对无法消除的单点故障和Ⅰ、Ⅱ类故障的说明,建议其他可能的补偿措施(如设计、工艺、检验、操作、维修等),以及预计采取所有措施后能取得效果的说明。

(6) FMECA 清单。为了更清楚地表述 FMECA 的结果,一般将 FMECA 结果汇总成各类故障清单。

① 可靠性关键产品清单是指其 RPN 值大于某一规定值或危害性矩阵图中落在某一规定区域之内的产品。根据 RPN 值或危害性矩阵图提供一份可靠性关键产品清单,以便在设计、生产、使用中进行控制。

② 严重故障模式清单。故障影响严重的故障模式是指严酷度为Ⅰ、Ⅱ类,或故障影响严重程度被评为 9 分或 10 分的故障模式。这些故障模式有些可能已在可靠性关键产品清单中体现,但由于其故障后果的严重性,需要再单独列出并加以控制。

③ 单点故障模式清单。单点故障是指某一故障模式发生后会引起产品的故障且没有冗余或替代工作程序作为补救的故障。如果系统已进行了定量的危害性

分析,则那些故障模式影响概率为 1 的故障模式即为单点故障模式。单点故障模式清单需要同时注明故障影响的严重程度,尤其应对既属于严重故障模式清单又属于单点故障模式清单中的故障模式加以控制。

(7) 附件,包括 FMEA、CA 表格、危害性矩阵图等。

6.3　故障树分析

故障树(fault tree,FT)是指用以表明产品组成部分的故障或外界事件或它们的组合会导致产品发生故障的逻辑图。

故障树分析(fault tree analysis,FTA)是通过对可能造成产品故障的硬件、软件、环境和人为因素等进行分析,画出故障树,从而确定产品故障原因的各种可能组合方式和(或)其发生概率的一种分析技术。它是一种从上向下逐级分解的分析过程。首先选出最终产品最不希望发生的故障事件作为分析的对象(称为顶事件),分析造成顶事件的各种可能因素,然后严格按层次自上向下进行故障因果树状逻辑分析,用逻辑门连接所有事件,构成故障树。通过简化故障树、建立故障树数学模型和求最小割集的方法进行故障树的定性分析,通过顶事件的概率计算、重要度分析和灵敏度分析进行故障树定量分析,在分析的基础上识别设计的薄弱环节,采取相应措施,提高产品的可靠性。

FMECA 是一种单因素分析法,只能分析单个故障模式对系统的影响。故障树分析方法是一种可分析多种故障因素的组合对系统影响的方法。FTA 作为 FMFCA 的补充,主要针对影响安全和任务的灾难性和致命性故障模式。

6.3.1　故障树分析的目的与作用

1. 目的

故障树分析的目的是运用演绎法逐级分析,寻找导致某种故障事件(顶事件)的各种可能原因,直到最基本的原因,并通过逻辑关系的分析确定潜在的硬件、软件设计缺陷,以便改进系统设计、运行和维修,从而提高系统的可靠性、维修性和安全性。

2. 作用

(1) FTA 能全面分析系统的故障原因。FTA 不仅可以分析某些元器件、零部件故障对系统的影响,还可以对导致这些部件故障的特殊原因(如环境的,甚至人为的原因)进行分析,并指出元器件、零部件故障与系统故障之间的逻辑关系。

（2）FTA 能定量地计算复杂系统的故障概率及其他可靠性参数,为改善和评估系统可靠性提供定量数据。

（3）故障树可以清晰地反映系统故障与单元故障的关系,为检测、隔离及排除故障提供指导,指导故障诊断、改进使用和维修方案等。

（4）FTA 能弄清各种潜在因素对故障发生的影响途径和程度,因而许多问题在分析的过程中就能被发现和解决,从而提高系统的可靠性。

6.3.2 故障树分析的程序

故障树分析的程序如图 6-3 所示。

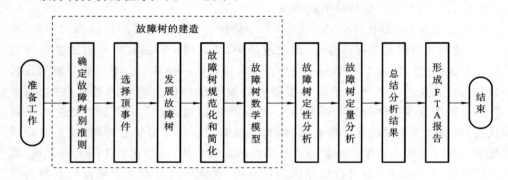

图 6-3 故障树分析的程序

故障树分析的准备工作包括熟悉产品的用途、功能、性能、工况(包括人员环境)、系统组成、结构形式、接口关系、边界条件、技术条件、原理图、结构图、信号流程图、软件程序、各个产品级别的技术使用说明书等。

下面主要介绍故障树的建造及其定性分析和定量分析。

6.3.3 故障树的建造

建造故障树是 FTA 的关键,故障树的完善程度直接影响定性分析和定量分析结果的准确性,建树的一般步骤如下。

1. 确定故障判据准则

根据系统成功判据确定系统故障判据,只有故障判据确切,才能辨明什么是故障,从而才能正确确定导致故障的全部、直接、必要而又充分的原因。故障判别准则按照研制合同和有关标准(包括军用标准、国家标准、企业标准)确定。

故障判别准则是定义顶事件、中间事件以及部分底事件的依据。

2. 确定顶事件

故障树的顶事件是指系统不希望发生的故障事件。任何要分析的故障事件都可以作为顶事件。顶事件可以是全系统的故障事件，也可以是局部子系统的故障事件。在初步故障分析的基础上，找出系统可能发生的所有故障状态，按类型、严重程度分类排队并画出一个较大范围的功能关系图及一定格式的明细表，注明其因果关系、逻辑关系、事故链序列等。从这些故障状态中筛选出系统最不希望发生的故障状态，就把它作为故障树的顶事件。

一般将系统灾难性故障和致命故障定为顶事件。

3. 发展故障树(建树)

由顶事件出发，通过对系统的分析，逐级分解中间事件的直接起因，一直分解到基本部件为止。顶事件可以由或门连接多种独立原因，形成或门型的顶结构，这时每个直接造成顶事件的原因事件可以扩展成一棵树。

故障树中使用的符号有事件符号、逻辑门符号和转移符号。事件符号以几何形状标志其事件性质，并在符号内用简明文字注明故障部件及故障模式。逻辑门符号表示上级事件与下级事件之间的因果逻辑关系。逻辑与门(AND 门)是指只有当门的全部输入事件同时存在时，门的输出事件才发生。逻辑或门(OR 门)是指当门输入事件中的任何一个存在时，门的输出事件就会发生。转移符号(也称连接符号)的作用：当故障树较大时需绘成多页，用此符号表示各页之间的连接；有时为了图的布局严整，也在同一页上将树拆开转移；当故障树有相同的子树时，可用转移符号避免重复作图。具体的符号形状与解释可见 GJB/Z 768A—1998《故障树分析指南》。

4. 故障树的规范化

在对故障树进行分析之前应首先对故障树进行规范化处理，使之成为规范化故障树，以便进行定性和定量分析。规范化故障树是指仅含有"顶事件、中间事件、基本事件"三类事件，以及"与""或""非"三种逻辑门的故障树。为此要对故障树中的特殊事件和特殊逻辑门进行处理和变换。对未探明事件，根据其重要性(如发生概率的大小，后果严重程度等)和数据的完备性处理：重要且数据完备的未探明事件当作基本事件对待；不重要且数据不完备的未探明事件则删去；其他情况由分析者酌情决定。对开关事件，当作基本事件对待。对条件事件，总是将其与特殊门联系在一起，它的处理规则按特殊门的等效变换规则处理。

5. 故障树的简化

简化故障树可有效减少故障树的规模，从而减少分析工作量。故障树的简化是用相同转移符号表示相同子树，并用布尔代数法简化，去掉明显的逻辑多余事件和明显的逻辑多余门。

6. 故障树的数学模型

故障树的数学模型是描述故障状态的一种结构函数，它是定量分析的必备工具。为了便于分析，一般假设各元器件故障相互独立。故障树分析中经常用布尔变量表示底事件的状态，系统和元器件只有正常或故障两种状态，取 0 或 1 两种状态，则顶事件的状态变量 ϕ 表示为

$$\phi = \begin{cases} 1, & \text{顶事件发生（系统故障）} \\ 0, & \text{顶事件未发生（系统正常）} \end{cases} \tag{6.4}$$

现在研究一个由 n 个相互独立的底事件构成的故障树。设 x_i 表示底事件 i 的状态变量，x_i 仅取 0 或 1 两种状态，则有

$$x_i(t) = \begin{cases} 1, & \text{在 } t \text{ 时刻底事件 } i \text{ 发生（第 } i \text{ 个元器件故障）} \\ 0, & \text{在 } t \text{ 时刻底事件 } i \text{ 未发生（第 } i \text{ 个元器件正常）} \end{cases} \tag{6.5}$$

如果 i 事件发生，表示第 i 个元器件故障，那么 $x_i(t) = 1$，表示第 i 个元器件在 t 时刻故障。计算事件 i 发生的概率，也就是计算随机变量 $x_i(t)$ 的期望值，即

$$E[x_i(t)] = \sum x_i(t) P_i[x_i(t)] = 0 \times P[x_i(t) = 0] + 1 \times P[x_i(t) = 1]$$

$$E[x_i(t)] = P[x_i(t) = 1] = F_i(t) \tag{6.6}$$

$F_i(t)$ 的物理意义：在 $[0, t]$ 时间内事件 i 发生的概率（即第 i 个元器件的不可靠度）。

如果由 n 个底事件组成的故障树的结构函数为

$$\varphi(X) = \varphi(x_1, x_2, \cdots, x_n) \tag{6.7}$$

故障树顶事件是系统所不希望发生的故障状态，相当于 $\phi = 1$。与此状态相应的底事件状态为元器件、零部件故障状态，相当于 $x_i = 1$。这就是说，顶事件状态 ϕ 完全由 FT 中底事件状态向量 $\boldsymbol{X}$ 所决定，即

$$\phi = \varphi(\boldsymbol{X}) \tag{6.8}$$

式中：$\boldsymbol{X} = (x_1, x_2, \cdots, x_n)$ 为底事件状态向量；$\varphi(\boldsymbol{X})$ 称为故障树的结构函数。结构函数是表示系统状态的布尔函数，其自变量为该系统组成单元的状态。

FT 数学模型用各种门将树根、树杈、树叶连接起来，这些门的结构函数如下。

（1）与门的结构函数为

$$\varphi(X) = \prod_{i=1}^{n} x_i \tag{6.9}$$

（2）或门的结构函数为

$$\varphi(X) = 1 - \prod_{i=1}^{n} (1 - x_i) \tag{6.10}$$

（3）非门的结构函数为

$$\varphi(x_i)=1-x_i \tag{6.11}$$

6.3.4　故障树定性分析

故障树定性分析通过求最小底事件割集获得顶事件发生最严重的底事件的组合。

1. 求最小割集

割集就是故障树中导致顶事件发生底事件的组合，当这些底事件同时发生时，顶事件必然发生。最小割集就是底事件不能再减少的割集，否则顶事件将不会发生，求解最小割集的方法有下行法和上行法。

1）下行法

从顶事件开始，逐级向下寻查，消除多余的逻辑门，顺次将逻辑门的输出事件置换为输入事件，用集合运算规则进行简化和吸收，最后得到全部最小割集，即

$$\{x_i\},\{x_j\},\{x_k\},\{x_e,x_m\},\{x_m,x_o,x_p\} \tag{6.12}$$

2）上行法

此法是从底事件开始，逐级向上进行集合运算，并用布尔代数吸收律和等幂律简化，最后得到顶事件表达成底事件积的和的最简式，形式为

$$T=x_i\bigcup x_j\bigcup x_k\bigcup(x_e\bigcap x_m)\bigcup(x_m\bigcap x_o\bigcap x_p) \tag{6.13}$$

2. 定性比较

将全部最小割集按底事件数目的多少排序，在各个底事件发生概率较小且相互差别不大的情况下，阶数越小的最小割集越重要；在同阶最小割集中重复出现次数越多的底事件越重要；出现在低阶最小割集中的底事件比出现在高阶最小割集中的底事件重要。

6.3.5　故障树定量分析

故障树定量分析就是计算或估计顶事件发生的概率等。在故障树定量计算时，可以通过底事件发生的概率直接求顶事件发生的概率；也可通过最小割集求顶事件发生的概率。

1. 根据底事件发生的概率求顶事件发生的概率

顶事件发生的概率也就是系统的不可靠度 $F_s(t)$，其数学表达式为

$$P(顶事件)=F_s(t)=E[\varphi(X)]=\varphi[F(t)] \tag{6.14}$$

式中：$F(t)=[F_1(t),F_2(t),\cdots,F_n(t)]$。

下面介绍几种结构的寿命分布函数。

(1) 与门结构：

$$F_s(t) = E[\varphi(X)] = E\Big[\prod_{i=1}^{n} x_i(t)\Big] = \prod_{i=1}^{n} E[x_i(t)] = \prod_{i=1}^{n} F_i(t) \quad (6.15)$$

(2) 或门结构：

$$F_s(t) = E[\varphi(X)] = E\Big[1 - \prod_{i=1}^{n}(1 - x_i)\Big] = 1 - \prod_{i=1}^{n}[1 - F_i(t)] \quad (6.16)$$

(3) 与门结构：

$$F_s(t) = E[\varphi(X)] = E[1 - x_i] \quad (6.17)$$

2. 用最小割集求顶事件发生的概率

按最小割集之间不相交与相交两种情况处理。

1）最小割集之间不相交的情况

假定已求出了故障树的全部最小割集 $K_1, K_2, \cdots, K_{N_k}$，并且假定在一个很短的时间间隔内不考虑同时发生两个或两个以上最小割集的概率，且各最小割集中没有重复出现的底事件，也就是假定最小割集之间是不相交的，所以有

$$T = \varphi(X) = \bigcup_{j=1}^{N_k} K_j(t) \quad (6.18)$$

$$P[K_j(t)] = \prod_{i \in K_j} F_i(t) \quad (6.19)$$

式中：N_k 为最小割集数；$P[K_j(t)]$ 为第 j 个最小割集在时刻 i 存在的概率；$F_i(t)$ 为第 j 个最小割集在时刻 t 中第 i 个元器件故障的概率。有

$$P(T) = F_s(t) = P[\varphi(X)] = \sum_{j=1}^{N_k}\Big[\prod_{i \in K_j} F_i(t)\Big] \quad (6.20)$$

2）最小割集之间相交的情况

精确计算任意一棵故障树顶事件发生的概率时，要求假设在各最小割集中没有重复出现的底事件，也就是最小割集之间是完全不相交的，但在大多数情况下，底事件可以在几个最小割集中重复出现，也就是说最小割集之间是相交的。这样精确计算顶事件发生的概率就必须用相容事件的概率公式：

$$P(T) = P(K_1 \bigcup K_2 \bigcup \cdots \bigcup K_{N_k})$$
$$= \sum_{i=1}^{N_k} P(K_i) - \sum_{i<j=2}^{N_k} P(K_i K_j) + \sum_{i<j<k=3}^{N_k} P(K_i K_j K_k)$$
$$+ \cdots + (-1)^{N_k-1} P(K_1 K_2 \cdots K_{N_k}) \quad (6.21)$$

式中：K_i, K_j, K_k 分别为第 i, j, k 个最小割集；N_k 为最小割集数。

式(6.21)共有(2^{N_k-1})项，当最小割集数 N_k 足够大时，就会发生项数巨大而计

算困难的问题。解决的办法就是化相交和为不交和,再求顶事件发生概率的精确解。在许多实际工程问题应用中,往往取其首项或前两项来近似计算。

3. 单元重要度计算

故障树分析应在构成故障树的各种故障原因中,找出对系统具有致命影响的故障原因,以确定薄弱环节和改进设计方案。衡量故障影响大小的尺度用重要度表示,重要度是指底事件或最小割集对顶事件发生的贡献程度。在故障树中,最小割集的单元就是最致命的单元,若将最小割集中的单元全部切断(避免底事件发生),系统就不会发生故障。重要度计算以最小割集为基础。重要度可以分为结构重要度、概率重要度和关键重要度。

1) 结构重要度

单元的结构重要度是反映基本事件在故障树结构中重要程度的量值。结构重要度与该基本事件本身的发生概率无关。结构重要度表示对应基本事件的单元由正常状态变为故障状态时,系统故障状态增加的比例。结构重要度等于 0 的基本事件与顶事件无关,应予以删除。结构重要度越接近于 1 的基本事件在结构上越重要,因此,在设计时应特别注意,尽可能避免它的发生。

设系统全部底事件总数为 n,第 i 个底事件的结构重要度为

$$I_{st}(i) = \frac{1}{2^{n-1}} n_i \tag{6.22}$$

式中:n_i 为第 i 个底事件发生而使系统由正常变为故障的次数。计算时,还可以将第 i 个底事件分别加入系统其余 $n-1$ 个底事件的 2^{n-1} 个组合中,计算这些组合中由非割集变成割集的组合数就是 n_i。

2) 概率重要度

反映底事件发生概率的变化对顶事件发生概率(系统故障概率)的变化的影响程度的量值称为底事件的概率重要度。概率重要度表明避免底事件发生(从 1 状态变为 0 状态)时,系统可靠性改善的程度。

故障树定量分析的基础是求解顶事件发生的概率。在得到故障树的结构函数,求出最小割集之后,顶事件概率计算公式为

$$Q = P\left(\sum_{i=1}^{r} \mathrm{MCS}_i\right) = S_1 - S_2 + S_3 + \cdots + (-1)^{n-1} S_n \approx S_1 \tag{6.23}$$

式中:S_i 表示 i 个 MCS_i(最小割集)同时发生的概率和。当割集的数量很多时,通常会按照一些近似公式求解。一般来说,当底事件的发生概率很小时,高阶项对结果的影响会非常小,但是精确求解却需要大量的计算,通过省掉高阶项可以简化成一阶近似。

第 i 个底事件概率重要度计算公式为

$$I_{pr}(i) = \frac{\partial Q}{\partial q_i} \qquad (6.24)$$

3）关键重要度

顶事件发生概率（系统故障概率）的相对变化率与底事件发生概率相对变化率的比值称为底事件的关键重要度。关键重要度不仅反映底事件概率重要度影响，还可以反映顶事件发生概率改进的难易程度。关键重要度计算公式为

$$I_{cr}(i) = \frac{q_i}{Q}\frac{\partial Q}{\partial q_i} = \frac{q_i}{Q}I_{pr}(i) \qquad (6.25)$$

6.3.6 故障树分析结果

完成 FTA 后，应形成 FTA 报告，报告的主要内容如下。

（1）前言，说明本次分析的目的、范围、所处的寿命周期。

（2）系统定义，说明系统的功能、原理、技术状态、任务阶段、工作模式、环境剖面等。

（3）系统原理图、功能框图、可靠性框图。

（4）基本准则与假设，包括采用的分析方法，选择顶事件的原则，系统和元器件、部件的故障判据，分析的层次，以及需明确的边界条件等。

（5）故障树分析程序，包括系统故障的定义和判据，系统顶事件的定义和描述，故障树建造，故障树的定性分析和定量分析。

（6）故障树分析的结论和相应建议。

（7）附件，包括可靠性数据表及数据来源说明、完整的故障树图、最小割集清单、底事件重要度排序表等。

6.4 可靠性分析的应用

6.4.1 FMECA 在机动式雷达结构设计中的应用

在雷达结构设计过程中开展 FMECA，确定雷达结构功能、硬件（包括设备、整件及零部件）在雷达全寿命周期的环境剖面下所有可能出现的故障模式，以及每一故障模式的原因和影响，以便找出潜在的薄弱环节，提出改进措施。

1. 准备工作

1）描述产品寿命剖面和任务剖面

某机动式三坐标雷达是新一代地面对空情报雷达，工作寿命为 20 年，满 10 年

需大修。在规定环境条件下完成运输、快速架设/撤收，每天工作不少于 10 h，按年维护周期完成预防性维修，非任务阶段需完成装卸、贮存、检测与维修工作。搜集相关雷达的故障信息可为该雷达 FMECA 提供技术支撑。

2）制定编码体系

制定该雷达 FMECA 规范，确定编码体系，包括按产品层次进行分级分解的工作单元编码、故障模式编码、故障原因编码及故障影响编码。

工作单元编码采用电子行业标准规定的 10 级分类图号缩写与分系统编码相结合的方式，GJB/Z 1391—2006《故障模式、影响及危害性分析指南》给出了典型故障模式和故障原因的编码示例，如分系统代码为 1620082096。

3）规范 FMECA 报告

FMECA 报告是 FMECA 工作的主要成果，为雷达"六性"设计提供重要依据，并在产品研制进程中得到补充和完善。

2. 雷达结构功能 FMECA

1）系统定义

（1）功能分析。

雷达结构功能 FMECA 主要用于方案论证阶段，此时雷达硬件组成尚不明确，需对功能故障模式进行分析，以便在工程实施方案阶段针对功能的缺陷和薄弱项进行改进。

根据该雷达研制要求，雷达实现的主要结构功能包括承载、防护、热控、方位转动、架设/撤收，以及公路、铁路和航空运输。某机动式雷达的结构功能框图如图 6-4 所示。

将雷达整机分为三个公路运输单元，分别为天线车、电子设备车和电站车，各运输单元的上装可与载车分离，分离后的各部分满足铁路运输和航空运输的要求。实现天线车承载和防护功能的重要结构件包括天线骨架、天线座、承载平台、运输载车、蛙腿与调平腿、方舱舱体。热控功能包括天线阵面高频箱内及转台内电子设备冷却、环控，电子设备舱内电子设备冷却、环控以及电站舱内发电机组散热。伺服系统控制天线座带动天线方位转动。架设/撤收包括天线阵面展开/折叠和锁紧/解锁、天线阵面倒竖、蛙腿展开/收拢、调平腿伸缩。

（2）建立功能约定层次。

初始约定层次为雷达结构系统，雷达结构系统的基本功能为约定层次，将基本功能进一步分解形成的各分系统功能为最低约定层次。分系统设计师根据不同研发阶段的需要将分系统功能继续分解为子功能，子功能还可再分为更小的功能单元。各层次功能的实现由相关设备或整件完成，最终形成分层级的功能体系。雷

169

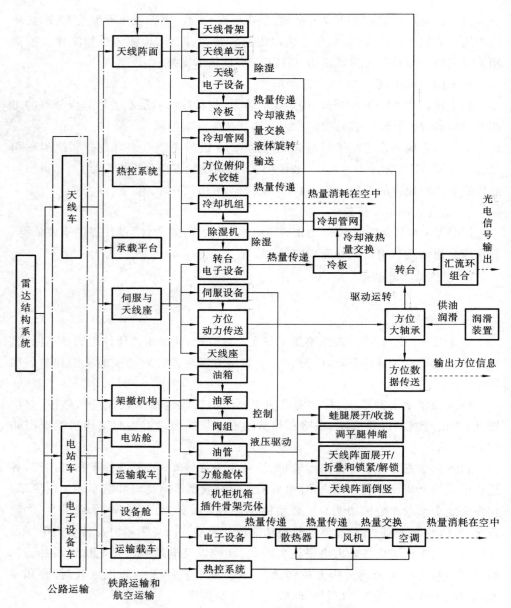

图 6-4 某机动式雷达的结构功能框图

达结构系统功能约定层次如图 6-5 所示。

因为功能与实现功能的硬件不是唯一对应的,相互之间可存在重叠,即一种硬件可承担多种功能,一种功能也可由多种硬件组合实现。热控分系统分解后形成的功能层次与结构层次的对应关系如图 6-6 所示。

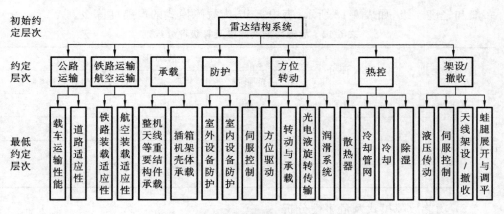

图 6-5　雷达结构系统功能约定层次

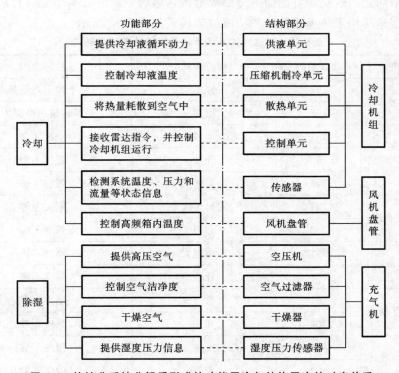

图 6-6　热控分系统分解后形成的功能层次与结构层次的对应关系

（3）定义故障判据和严酷度类别。

功能故障的判据是雷达结构系统在规定的条件下，无法实现规定的功能；或性能指标无法满足研制或任务书要求；或虽完成功能性能，但需要的成本、保障、人员等要求超过了产品允许的范围，雷达结构系统故障模式的严酷度分为致命、严重、一般和轻度 4 级,如表 6-12 所示,表中 ESR 为故障模式的严酷度等级。

表 6-12　故障影响严酷度及等级评分规则

严酷度类别	ESR 评分	故障影响		
		局部影响	高一层影响	最终影响
Ⅰ类	9~10	致命	致命	致命
Ⅱ类	7~8	严重	严重	严重
Ⅲ类	4~6	一般	一般	一般
Ⅳ类	1~3	轻度	轻度	轻度

2）功能故障模式及危害性分析

根据功能约定层次自上而下分层级对雷达结构系统的基本功能进行故障模式分析。雷达结构系统承载及防护功能故障模式如表 6-13 所示。

表 6-13　雷达结构系统承载及防护功能故障模式

功能	故障编码	故障模式	故障原因
天线车承载	101	倾覆	抗倾覆半径不足或风载过大
	102	滑移	风载超过摩擦力
天线阵面承载	201	变形过大	刚度不够
	202	开裂	强度不够
	203	折断	强度不够
单元罩承载	301	变形过大	刚度不够
	302	开裂	强度不够
天线座承载	401	变形过大	刚度不够
	402	开裂	强度不够
承载平台承载	501	变形过大	刚度不够
	502	开裂	强度不够
机柜结构承载	601	变形过大	刚度不够
	602	开裂	强度不够
单元罩防护	701	密封圈压不紧	压缩量不够
	702	密封胶开裂	胶或涂胶不合格
高频箱防护	801	密封圈破损或压不紧	损坏或压缩量不够
	802	孔口未密封	未明确密封要求

续表

功能	故障编码	故障模式	故障原因
转台防护	901	密封圈破损	损坏
	902	孔口未密封	未明确密封要求
伺服柜防护	1001	密封圈破损或压不紧	损坏或压缩量不够
	1002	安装面未密封	未明确密封要求
	1003	伺服柜变形	刚度不足
设备舱防护	1101	舱顶脱胶	胶或涂胶不合格
	1102	零部件锈蚀	材料镀涂不合格
	1103	油漆粉化或脱落	油漆或涂漆不合格

功能故障模式的危害性分析采用定性危害性矩阵分析方法,即根据每个功能故障模式出现的概率并结合其严酷度等级绘制危害性矩阵来比较各故障模式的危害程度。故障模式概率等级及评分等级如表 6-14 所示,表中 OPR 为故障模式概率等级。雷达结构系统承载及防护功能的危害性矩阵如图 6-7 所示。

表 6-14　故障模式概率等级及评分等级

OPR 评分等级	故障模式概率等级	故障模式发生可能性
1	E	近乎为零
2,3	D	不大可能发生
4,5,6	C	不常发生
7,8	B	中等概率
9,10	A	高概率

3) 功能 FMECA 结论与建议

该机动式雷达的结构系统承载及防护功能共 25 个故障模式,其中严酷度为 I 的有 3 个;严酷度为 II 的有 4 个,主要为整机及天线的承载能力;故障模式发生概率高的有 2 个,表现为雷达防腐蚀功能;危害性较大的故障模式为密封圈损坏或压不紧,其被识别为关键故障模式。

针对故障编码为 101、102 的故障模式,增加风速仪实时监测风载荷,提前预警操作人员倒天线;增加抗倾覆和抗滑移安全系数,并进行抗倾覆模拟试验验证;加强对操作人员的培训,明确抗风要求。

针对 203 故障模式,采用仿真计算、提高安全裕度和加载试验验证作为设计改

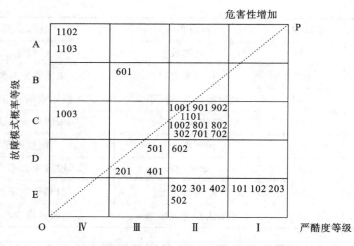

图 6-7　雷达结构系统承载及防护功能的危害性矩阵

进补偿措施,通过合理选材及表面镀涂提高雷达设备的防腐能力,降低雷达腐蚀发生概率。合理选择密封圈、提高门板刚度,使锁紧力与之匹配,结合淋雨试验验证,降低密封结构漏雨的危害性。

3. 雷达结构硬件 FMECA

1) 建立硬件约定层次

根据某机动式雷达结构方案,结合工程实际,确定产品的分解结构,将雷达结构分为八级,设置层级代码,分别为雷达结构系统(a)、工作单元(b)、大装配(c)、机柜或下一级装配(d)、插箱或子装配(e)、插件(f)、模块(g)、零部件(h),最低约定层次可根据分系统实际分解层次确定。某机动式雷达结构分解约定层次如图 6-8 所示。

2) 硬件故障模式及危害性分析

硬件故障判据为结构件在规定条件下无法实现预定功能或性能指标,或虽然满足功能、性能要求,但对其他结构件产生的不利影响超过规定要求。雷达结构系统硬件危害性分析采用风险优先数(RPN)方法或定量危害性矩阵分析方法。对于易于获取部件故障率数据的系统(如伺服控制和冷却分系统)采用定量危害性矩阵分析,其他采用风险优先数评估危害性分析。风险优先数方法是对每个故障模式的 RPN 值进行优先排序,并采取相应的措施,使 RPN 值达到可接受的最低水平。RPN 计算式为

$$RPN = ESR \times OPR \tag{6.26}$$

ESR 评分规则参考表 6-12,OPR 评分规则参考表 6-14。RPN 越高,优先级越

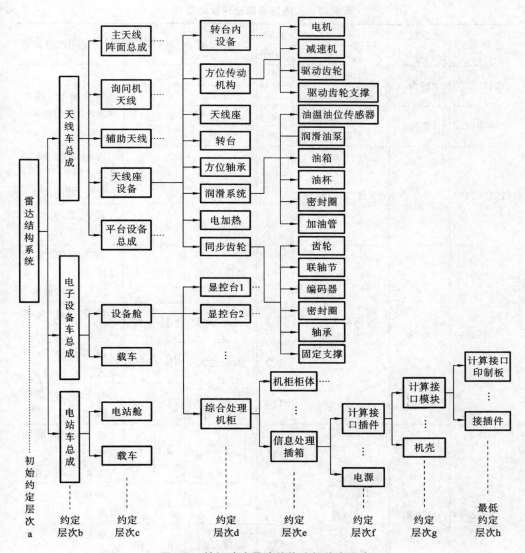

图 6-8　某机动式雷达结构分解约定层次

高;RPN 相同,严酷度高者优先。以天线座结构为例描述硬件 FMECA 故障模式识别及风险发生优先级,如表 6-15 所示。其他各组成部件按照自底向上逐级分析,最终形成整机硬件 FMECA 表格。

3) 硬件 FMECA 结论与建议

对关注的故障模式 RPN 采用统计法计算其均值和标准差,确定产品风险控制的优先次序,给出产品关键件、重要件及保障资源清单。计算实例如下。

表 6-15　天线座结构硬件故障模式

工作编码	产品或功能标识	功　能	故障编码	故障模式	ESR	RPN	设计/使用改进措施
154133203	转台	支撑天线机构、安装电子设备	101	变形过大	Ⅲ	15	仿真分析，提高刚强度/功能检查
			102	开裂	Ⅱ	14	
158001236	底座	支撑转台及上部设备	103	变形过大	Ⅲ	12	
			104	开裂	Ⅱ	14	
158001453	方位大轴承	承载、方位转动	105	卡死	Ⅰ	45	改善润滑，增加设计冗余/功能检查
			106	异常磨损	Ⅱ	42	提高耐磨/功能检查
156062048	电机	提供方位驱动动力	107	抖动、异响	Ⅱ	56	改善润滑，增加设计冗余/在线监测
			108	温度过高	Ⅱ	42	散热设计/在线监测
			109	振动过大	Ⅱ	56	减振设计/在线监测
			110	停转	Ⅰ	27	优化设计/在线监测
156332079	减速箱	减速	111	抖动、异响	Ⅱ	56	改善润滑，增加设计冗余/在线监测
			112	振动过大	Ⅱ	56	减振设计/在线监测
			113	温度过高	Ⅱ	49	散热设计/在线监测
			114	停转	Ⅰ	45	优化设计/在线监测
156370322	驱动齿轮	传递运动	115	异响	Ⅱ	40	优化设计/在线监测
158216208	驱动齿轮支撑	支撑动力齿轮轴	116	异常磨损	Ⅱ	35	改善润滑，增加设计冗余/在线监测

续表

工作编码	产品或功能标识	功　能	故障编码	故障模式	ESR	RPN	设计/使用改进措施
150570020	编码器	输出角度信号	117	输出异常	Ⅲ	45	冗余设计/在线监测
1540213243	润滑油泵	输出润滑油	118	异响	Ⅲ	20	选型优化/在线监测
			119	油量不足	Ⅲ	15	
			120	油压不足	Ⅲ	15	
156455035	润滑油箱	存放润滑油	121	开裂	Ⅱ	18	优化设计/在线监测
			122	漏油	Ⅲ	20	
1586838888	密封圈	密封	123	损坏	Ⅱ	35	优化设计/定期检查
			124	压缩量不足	Ⅱ	28	
			125	低温无弹性	Ⅲ	28	
			126	浸胀过大	Ⅱ	14	
150465900	油温油位传感器	获取油温油位	127	信号出错	Ⅳ	16	选型优化/定期检查
158419834	联轴节	传递运动	128	断裂	Ⅰ	18	优化设计/定期检查

设雷达所有结构故障模式 RPN 的集合近似服从正态分布,则有

$$p = \mu \pm n\sigma \tag{6.27}$$

式中:p 为分位数;μ 为均值;σ 为标准差;n 决定了故障模式风险的接受程度,一般取 1,2。

对于 Ⅰ 级严酷度,当 RPN 值大于($\mu + 2\sigma$)时,确定为雷达结构初始关键件、重要件。根据表 6-15 计算知,天线座结构系统异响、抖动(或振动)过大、异常磨损、卡死、温度过高、漏油等故障模式风险级别较高,因此方位大轴承、电机与减速箱、驱动齿轮应作为天线座结构的重要件进行管理,并优先落实各项改进措施。

对雷达其他结构系统进行分析,得到产品风险级别较高的故障模式及重要部件汇总表,为产品结构详细设计提供依据。

4. 小结

机动式雷达具有复杂的机电系统,面对多域多变的恶劣环境,其结构可靠性是人们关注的焦点,将 FMECA 应用到产品结构系统研制全过程是提高其可靠性的重要措施。

故障模式获取是开展 FMECA 工作的基础,目前机动式雷达结构故障模式的获取主要依赖工程设计人员的工程经验和参考类似产品的故障信息,故障数据积累还不充分,故障模式分析不够全面,影响 FMECA 的效果。以设计、生产、调试、试验、使用、修理等过程中积累的故障信息为基础,并结合雷达结构仿真分析,构建机动式雷达结构故障信息数据库,并在雷达产品研制进程中持续动态更新,将大幅提高 FMECA 的有效性。

雷达结构设计与生产工艺过程密切相关,同步开展工艺过程 FMECA,将有助于减少结构故障模式中的制造缺陷,改善工艺薄弱环节,提高产品质量和可靠性水平。

6.4.2 FMECA 在雷达发射分系统中的应用

1. 系统定义

1) 功能分析

雷达发射机为主振放大式发射设备,主要功能是将频率源送来的低功率射频信号放大到预期的功率电平,并通过馈线输送到天线。

其中,高压电源采用移相式开关电源,调制器采用全固态调制器,多注速调管工作在阴极调制模式,三者串联工作,构成高压链路。前级放大器采用固态放大器,末级放大器以多注速调管作为射频放大管,以固态放大器和多注速调管构成高频放大链,最终实现低功率信号放大输出。发射机功能原理图如图 6-9 所示。

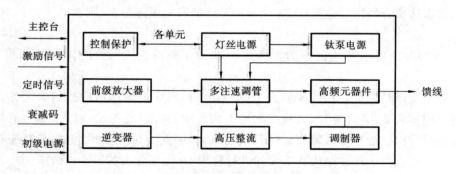

图 6-9 发射机功能原理图

2) 发射机功能框图和任务可靠性框图

发射机的功能层次与结构层次对应关系如图 6-10 所示。其中逆变器由 3 个逆变器 Ⅰ 和一个逆变器 Ⅱ 构成。

发射机任务可靠性框图如图 6-11 所示。

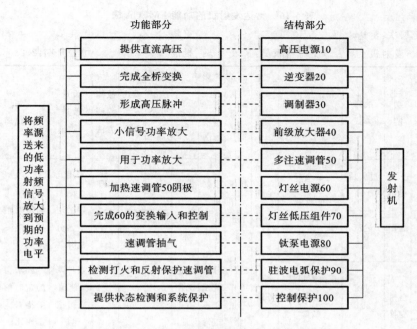

图 6-10　发射机的功能层次与结构层次对应关系

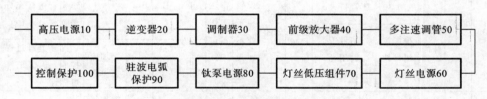

图 6-11　发射机任务可靠性框图

2. 约定层次

初始约定层次为雷达,约定层次为发射机分系统,最低约定层次为高压电源10,逆变器 20,⋯,控制保护 100。

3. 严酷度定义

严酷度分为Ⅰ类(灾难)、Ⅱ类(致命)、Ⅲ类(中等)、Ⅳ类(轻度),其定义如表6-5 所示。

4. 故障模式分析

故障模式发生概率等级分别为 A、B、C、D、E,其定义如表 6-7 所示。

5. 发射机功能 FMECA 的实施

将 FMEA 表、CA 表合并成雷达发射机的功能 FMECA 表,如表 6-16 所示。

表 6-16　雷达发射机的功能 FMECA 表

初始约定层次:雷达　　　　任务:××　　　　审核:××　　　第 1 页　　共 2 页

约定层次:发射机　　　　分析人员:××　　　批准:××　　　填表日期:2023.5.26

代码	产品或功能标志	功能	故障模式	故障原因	任务阶段与工作方式	故障影响			严酷度类别	故障模式发生概率等级	故障检测方法	设计改进措施	使用补偿措施
						局部影响	高一层次影响	最终影响					
10	高压直流电源	提供直流高压	过欠压101	输入信号、整流组件故障	全任务阶段	高压工作不正常	发射机工作不正常	雷达工作不正常	III	E	BIT	采用冗余设计、四个逆变器分机并联	要求雷达送来的定时信号有保护措施
			过流102	负载短路、过工作比	全任务阶段				III	D	BIT		
20	逆变器	完成全桥变换	过流201	开关管损坏、负载短路故障	全任务阶段	组件工作不正常	分系统工作不正常	雷达工作不正常	IV	D	BIT	器件降额使用,有过流保护	要求雷达送来的定时信号有保护措施,防止过工作比
30	调制器	形成高压脉冲	报调制1故障301	速调管打火	全任务阶段	调制器不工作	发射机工作不正常	雷达工作不正常	II	B	BIT	增加应急模式,自复位功能	产品出厂前对速调管进行充分老练
			报调制组件故障302	信号传输用光纤故障					III	E	BIT	增加应急模式	加强光纤过程控制,提高光纤可靠性
40	前级放大器	小信号功率放大	报前级故障401	器件损坏	全任务阶段	前级不工作	发射机工作不正常	雷达工作不正常	III	E	BIT	增加过工作比保护	更换故障件
			报激励故障402	无信号输入					III	E	BIT	增加过工作比保护	定期检查电缆使用情况
50	多注速调管	用于功率放大	速调管打火501	内部耐压不足	全任务阶段	组件工作不正常	分系统工作不正常	雷达工作不正常	II	C	BIT	器件降额使用,选用优质原材料	出厂前充分老练,按使用维护说明书定时开机维护和保养
			漏气502	输出窗开裂					II	D	BIT		
			钛泵漏电流503	钛泵绝缘陶瓷耐压不足					IV	D	BIT		

续表

代码	产品或功能标志	功能	故障模式	故障原因	任务阶段与工作方式	故障影响			严酷度类别	故障模式发生概率等级	故障检测方法	设计改进措施	使用补偿措施
						局部影响	高一层次影响	最终影响					
60	灯丝电源	加热阴极	无输出 601	整流部分损坏	全任务阶段	组件工作不正常	分系统工作不正常	雷达工作不正常	Ⅳ	E	BIT	降额 50%使用	更换故障件
70	灯丝低压组件	完成灯丝电源变换输入和控制	无输出 701	开关管损坏	全任务阶段	组件工作不正常	分系统工作不正常	雷达工作不正常	Ⅳ	E	BIT	有软启动电路,降额 50%使用	更换故障件
80	钛泵电源	速调管抽气	无输出 801	集成电路故障	全任务阶段	组件工作不正常	分系统工作不正常	雷达工作不正常	Ⅳ	E	BIT	加强器件筛选	更换故障件
90	驻波电弧保护	检测打火和反射,保护速调管	报电弧故障 901	波导打火	全任务阶段	组件工作不正常	分系统工作不正常	雷达工作不正常	Ⅳ	C	BIT	程序上多次判断	定期检查干燥剂颜色,确保波导内气体干燥
			报驻波故障 902	反射过大					Ⅳ	E	BIT	程序上多次判断	根据馈线系统故障情况更换相应故障件
100	控制保护	提供状态检测和系统保护	通信异常 1001	控保内模块损坏	全任务阶段	组件工作不正常	分系统工作不正常	雷达工作不正常	Ⅳ	E	BIT	选用军品等级元器件	更换故障件

6. 功能 FMECA 结论与建议

从 FEMCA 表中可以看出,发射机中调制器、多注速调管、高压电源为可靠性关键性产品,多注速调管为危害度最大的产品。因此,发射机在设计上采取如下可靠性保证措施。

（1）高压电源采用冗余设计，4 个逆变器分机并联，且器件均为降额使用。发射机应急模式下一个逆变器分机报故障，发射机不停机，提高任务可靠性。

（2）调制器为钢管调制器，采用 IGBT 串-并联设计，具有较大的冗余。打火保护速度极快，有效地保护多注速调管。结构上为油箱结构，安全、可靠。

（3）多注速调管为发射机的重要件。其性能和可靠性直接影响发射机的工作能力和任务执行的成功与否。针对薄弱环节，一是从源头上狠抓速调管原材料和加工工艺，严格管理流程。二是对速调管制定老练试验方法，多注速调管测试合格后，进行充分的老练和在线测试，提前解决打火等问题，确保速调管装入整机后进入稳定状态。

6.4.3 FTA 在雷达发射分系统故障检测中的应用

1. 建立雷达发射机故障树

雷达发射机将调制后的高频信号经功率放大组件放大，然后通过射频通道和天线将大功率的高频无线电信号辐射出去。其信号通过较复杂的调制和功放电路处理，处理部件容易发生故障，引起系统不工作。本节将应用故障树分析法简单分析发射机模块的可靠性等参数。某雷达发射机故障树如图 6-12 所示。

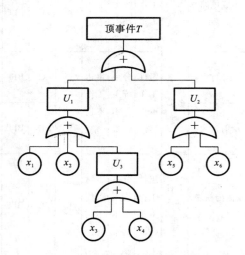

图 6-12　某雷达发射机故障树

图 6-12 中，顶事件 T 表示发射机故障，不能正常工作。中间事件 U_1 表示发射机不能产生所需的发射信号，U_2 表示电源模块故障，U_3 表示发射机功率放大模块故障。底事件 x_1 表示频率控制故障，x_2 表示信号调制故障，x_3 和 x_4 表示功率放大故障。x_5 和 x_6 表示电源模块故障。

2. 分析结构函数及结构重要度

求最小割集基本上有上行法、下行法和布尔割集法等方法。本节利用布尔割集法求最小割集。根据故障树结构图,可得该故障树结构函数为

$$T = (x_1, x_2, \cdots, x_n) = U_1 + U_2 = x_1 + x_2 + U_3 + x_5 \cdot x_6$$
$$= x_1 + x_2 + x_3 \cdot x_4 + x_5 \cdot x_6 \qquad (6.28)$$

可得该故障树共有 4 个最小割集,分别为 $\{x_1\}$、$\{x_2\}$、$\{x_3, x_4\}$、$\{x_5, x_6\}$。利用近似判断(式(6.18))计算各底事件的结构重要度为

$$I_1 = I_2 = \frac{1}{2^{1-1}} = 1 \ , I_3 = I_4 = I_5 = I_6 = \frac{1}{2^{2-1}} = \frac{1}{2}$$

计算结果表明,x_1、x_2 具有相同的结构重要度 1,x_3、x_4、x_5、x_6 具有相同的结构重要度 $\frac{1}{2}$。在不考虑底事件概率的情况下,底事件 x_1、x_2 比其他事件更容易导致雷达发射机发生故障。从结构重要度方面来说,底事件 x_1、x_2 需要更多关注,可以增加冗余模式,或者尝试新的设计,降低其结构重要度系数。结构重要度并不能反映各底事件在实际运行中引起设备故障发生的概率。如果某底事件结构重要度系数大,但是其运行故障概率极低,那么这个底事件就不一定是一个风险关注点。

3. 分析顶事件概率及概率重要度

底事件概率重要度考察了各底事件概率的变化引起顶事件概率变化的程度。该发射机故障树各底事件概率如表 6-17 所示。

表 6-17 该发射机故障树各底事件概率

代 号	底 事 件	发生概率/($\times 10^{-6}$)
x_1	频率控制故障	$q_1 = 0.22$
x_2	信号调制故障	$q_2 = 0.51$
x_3	功率放大故障	$q_3 = 4.21$
x_4	功率放大故障	$q_4 = 4.22$
x_5	电源模块故障	$q_5 = 9.55$
x_6	电源模块故障	$q_6 = 9.54$

根据该故障树的结构函数及一阶近似式(式(6.19)),可得顶事件概率函数为

$$Q = P(x_1) + P(x_2) + P(x_3, x_4) + P(x_5, x_6)$$
$$= q_1 + q_2 + q_3 q_4 + q_5 q_6 = 0.73 \times 10^{-6}$$

因为发射机对事件 3 和 4(事件 5 和 6 同理)设计了冗余结构,这两个事件同时发生的概率非常小,发射机故障的概率基本由 q_1、q_2 决定,这也表明计算中的高阶

项影响很小。

根据式(6.20),代入结构函数,求得概率重要度为

$$I_{pr}(1)=I_{pr}(2)=1, \quad I_{pr}(3)=q_4=4.22\times10^{-6}$$

$$I_{pr}(4)=q_3=4.21\times10^{-6}, \quad I_{pr}(5)=q_6=9.54\times10^{-6}$$

$$I_{pr}(6)=q_5=9.55\times10^{-6}$$

概率重要度结果表明,事件3、4、5、6因有冗余设计,它们的概率重要度大幅度降低,减少了因它们故障而导致顶事件发生的概率,提高了整个系统的安全性。因此在雷达系统设计时,对于安全性低、故障概率大的重要单元,采取并行冗余结构能够大大提高系统的可靠性。雷达发射机发生故障时,结合概率重要度信息,可以初步诊断为事件1或2发生了故障,应当予以优先检查。在雷达发射机或其他大型设备故障检测中,可将所有底事件按照概率重要度进行排序,由高到低设置故障检测点,然后再进一步优化,用尽量少的检测点达到尽可能高的故障检测能力,缩小故障诊断时间。故障树分析法能将故障维修经验理论化、程序化,根据已知的数据快速定位故障,促进安全生产,创造经济效益。

思 考 题

1. 可靠性分析的目的是什么?
2. 简述 FMECA 和 FTA 的关系。
3. 简述 FMECA 在雷达可靠性分析中的应用。
4. 故障树建造的关键是什么?
5. 简述故障树分析在雷达故障检测中的应用。

参 考 文 献

[1] 宋保维. 系统可靠性设计与分析[M]. 西安:西北工业大学出版社,2008.

[2] 高社生,张玲霞. 可靠性理论与工程应用[M]. 北京:国防工业出版社,2002.

[3] 曾声奎. 可靠性设计与分析[M]. 北京:国防工业出版社,2011.

[4] 中国人民解放军总装备部. GJB/Z 1391—2006 故障模式、影响及危害性分析指南[S]. 北京:总装备部军标出版发行部,2006.

[5] 国防科学技术工业委员会. GJB/Z 768A—1998 故障树分析指南[S]. 北京：国防科工委军标出版发行部,1998.

[6] 魏晨曦. 故障树分析法及其在雷达故障检测中的应用[J]. 大众科技,2015,17(06):67-69.

[7] 蹇彪. 故障树分析在合成孔径雷达故障定位中的应用[J]. 现代计算机,2021(16):3-6.

[8] 彭欢,单军勇,闫伟. FMECA 技术在车载雷达 TR 组件设计中的应用[J]. 环境技术,2018,36(03):116-120.

[9] 赵新舟. 故障模式、影响及危害性分析在机动式雷达结构设计中的应用[J]. 机械设计与制造工程,2022,51(07):119-125.

[10] 姜来春. 故障树分析方法在脉冲雷达故障检测中的应用[J]. 电子设计工程,2013,21(03):27-29,32.

[11] 徐艳珍. 基于某雷达发射机的功能 FMECA[J]. 电子质量,2017(02):20-25.

[12] 孙知建,杨江平,邓斌,等. 某型雷达调平机构失效模式和影响分析[J]. 舰船电子工程,2022,42(06):80-82,167.

[13] 刘卉,董长清. 无源雷达系统可靠性分析[J]. 长沙航空职业技术学院学报,2007(01):49-52.

[14] 赵新舟,丁玉海,陈世荣. 机动性雷达液压系统可靠性分析[J]. 电子机械工程,2013,29(02):31-33,40.

[15] 郑蒨. 某相控阵天线可靠性控制[J]. 价值工程,2018,37(16):131-133.

[16] 任雪峰,林新党. 某型雷达系统可靠性分析与仿真[J]. 舰船电子工程,2015,35(09):82-85.

[17] 陈胜坚,段桂环,李文禹. 基于故障物理的电子产品可靠性分析[J]. 现代信息科技,2020,4(08):47-50.

第7章

雷达装备可靠性设计

7.1 概　　述

可靠性设计是为了在设计过程中挖掘和确定可靠性方面的隐患和薄弱环节,进而采取设计预防和设计改进措施有效地消除隐患和薄弱环节。定量计算和定性分析(如 FMECA、FTA)等主要是评价装备现有的可靠性水平或找出薄弱环节,而要提高装备的固有可靠性,只能采取各种具体的可靠性设计措施。

雷达装备可靠性设计通常用设计准则规定和表达。

7.1.1 可靠性设计准则的目的与作用

可靠性设计准则是把已有的、相似的装备工程经验总结起来,使其条理化、系统化、科学化,成为设计人员进行可靠性设计所遵循的原则和应满足的要求。

通过制定和贯彻可靠性设计准则,有助于把保证、提高可靠性的一系列设计要求设计到装备中去。可靠性设计准则的主要作用如下。

1) 可靠性设计准则是可靠性设计的重要依据

在可靠性设计工作中,当装备的可靠性要求难于规定定量要求时,就应该规定定性的可靠性设计要求,为了满足定性要求,必须采取一系列可靠性设计措施,而制定和贯彻可靠性设计准则是一项重要内容。

2）可靠性设计准则是可靠性设计和性能设计相结合的有效办法

在设计过程中,设计人员只要认真贯彻设计准则,就能把可靠性设计到产品中去,从而保证产品的可靠性。例如,简化设计准则是指在达到产品功能要求的前提下,把产品尽可能设计得简单,这样可减少故障的发生,同时又有利于实现成本、质量、尺寸等其他性能指标要求。

3）可靠性设计准则是设计评审、审查的重要依据

在装备设计评审时,将"可靠性设计准则符合性检查报告"提交评审,利用可靠性设计准则检查、评价装备,可以对设计质量进一步确认,确保设计质量。

4）贯彻设计准则可以保证装备的固有可靠性

装备的固有可靠性是设计和制造赋予装备的内在可靠性,是装备的固有属性;设计准则规范了设计人员的行为,是设计人员在可靠性设计中必须遵循的原则。按此准则设计,就可以避免一些不该发生的故障,从而保证装备的可靠性。

5）贯彻设计准则是可靠性增长的重要方式

装备的设计通过了可靠性设计准则符合性检查和设计评审,并不标志着该项工作的终结。随着装备研制进程的深入、关键技术的突破,以及故障归零措施的落实等,都可能导致设计的更改。在设计更改过程中,往往会采用新技术、新工艺、新材料、新型元器件等,所有这些改进措施都应该补充到原先的准则中去,因此,准则的补充与修订过程也是装备可靠性增长的过程。

6）工程实用价值高,费效比低

可靠性设计准则主要是经验的积累,不需要花费金钱去做试验或进行复杂的数学运算,但贯彻设计准则,可以避免不少故障的发生,取得的效益是很大的,并且它的费用比较低。

可靠性设计准则在方案阶段就应着手制定,并在初步设计和详细设计阶段贯彻实施。

7.1.2　可靠性设计准则的主要内容

可靠性设计准则的主要内容包括元器件选择和控制、简化设计、降额设计、冗余设计、热设计、电磁兼容设计、电路可靠性设计、电路结构可靠性设计、环境防护设计、静电防护设计等,本章将后续内容进行详细介绍。

7.1.3　可靠性设计准则制定的依据

可靠性设计准则制定的主要依据一般有以下方面。

（1）装备《立项综合论证报告》《研制总要求》及研制合同中规定的可靠性设计要求。

（2）合同规定引用的有关规范、标准、手册等提出的可靠性设计要求或准则。

（3）同类型装备的可靠性设计经验，以及可供参考采用的通用可靠性设计准则。

（4）研制单位所积累的可靠性设计经验和失败的教训。

（5）装备的类型、重要程度，以及 FMECA、FTA 分析等。

7.1.4　可靠性设计准则制定的过程

可靠性设计准则制定的过程如图 7-1 所示。

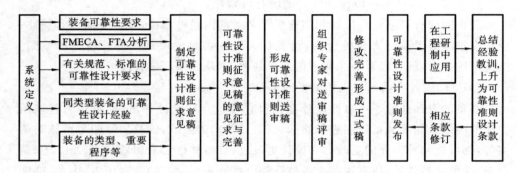

图 7-1　可靠性设计准则制定的过程

1. 系统定义

制定可靠性设计准则之前，对装备的任务使命、功能特性、工作原理、配套关系以及任务书或者订货合同中规定的环境要求和可靠性要求要有明确的了解。

2. 收集资料

收集准则的相关资料。订购方的可靠性定性要求包括可靠性工作要求、工作环境要求、指标和考核要求；本单位以往的设计、制造，以及故障归零等积累的经验；相似装备的可靠性设计准则中适用于本装备的条款；国内外的可靠性相关标准、规范、手册中适用于本装备的内容和条款；装备的类型、重要程度等。

3. 可靠性设计准则的征求意见稿、送审稿

通过对资料汇总、分析、归类，形成装备的可靠性设计准则的初稿，组织相关人员进行评审，内部讨论、修改、完善，形成可靠性设计准则的征求意见稿。将征求意见稿向相关单位专家征求意见，研讨并修改完善后形成送审稿。

4. 送审稿评审

组织相关专家对送审稿进行评审。评审组的成员应包括有经验的设计人员和工艺人员、质量管理和型号管理人员、可靠性专业人员等。评审的形式是对准则进行逐条审查。审查的要点是每个条款的有效性、可行性和可检查性。

5. 形成正式稿后发布

准则送审稿通过评审后,根据评审会上提出的意见对送审稿进行修改和补充,并形成正式稿,然后按照规定的审批程序签署完整,并由总工程师或行政领导批准,正式发布实施。

6. 实施、补充和完善

可靠性设计准则的制定是一个不断积累总结和补充完善的过程。对研制与使用过程中出现的故障要认真分析其原因,采取相应的措施,并将获得的经验与教训加以提炼,充实到可靠性设计准则中,从而形成制定、实施、补充、修改、再实施的良性循环。

7.2 简 化 设 计

简化设计是指产品在设计过程中,在满足战术技术要求的前提下尽量简化设计方案,尽量减少零部件、元器件等的规格、品种和数量,并在保证性能要求的前提下达到最简化状态,以便于制造、装配、维修的一种设计措施。

无论是系统设计还是电路设计,一般来说简化设计可显著提高可靠性,因此,简化设计方案,减少系统中元器件的数量是开展设计工作首先要考虑的问题。

7.2.1 简化设计一般原则与方法

1. 简化设计一般原则

(1)应对雷达功能进行分析权衡,合并相同或相似功能,消除不必要的功能。

(2)应在满足规定功能要求的条件下,使其设计简单,减少产品层次和组成单元数量。

(3)应采用功能单元的最佳配置以达到简化产品数量的目的。

(4)宜减少标准件的规格、品种数,减少产品组成的数量极其相互间的连接。

(5)应实现零件、组件、部件的标准化、系列化与通用化,控制非标准件的比例。

(6)应进行功能分析,合理划分功能模块,力求模块之间减少连接和跨接。

(7)综合利用软件功能和硬件功能,用软件功能替代硬件功能,使电路得以简化。

2. 简化设计方法

（1）简化方案。应采用性能指标裕量适当、可靠性较高的简化方案。

（2）综合利用硬件、软件功能。充分利用计算机芯片的时间分割、时间冗余及运算处理的软件功能以减少硬件设备。

（3）提高集成度。尽量采用数字电路取代模拟电路，选用已成熟的大规模和超大规模集成电路及专门处理芯片，以实现大幅度减少元器件数量。

（4）简化算法和软件。在数字信号处理、数据处理、显示、控制等数字电路系统中应首先优化算法，力求在保证达到精度的前提下，用最简的算法、最少的软件量。软件应避免多重嵌套结构和过多的转向和调用语句。

（5）采用新技术。电子器件日新月异，专门处理芯片不断涌现。以前一个机箱的设备，现在已可由一个芯片取代。因此，在设计过程中应积极开发和应用新技术和新器件。

（6）继承性设计。对于已经在以往产品中证实成熟的电路，应力求直接采用，减少电路新设计量，以降低设计缺陷率。

7.2.2 简化设计准则

1. 天线分系统

（1）按功能进行划分和合并模块，减少模块的功能与规模，实现通用化。

（2）独立向高功率发射、低功率阵面控制与接收供电。

（3）减少控制、供电单元的有源通道数量。

（4）完善全自动阵面检测与修正，实现阵面组件免调整和可互换。

2. 发射分系统

（1）控制保护单元应统一控制、保护发射分系统；各功能单元将参数、状态应统一送至控制保护单元集中控制，设计时应减少控制信号种类。

（2）控保单元、高压电源、磁场电源等应采用成熟的大规模集成电路及专门处理芯片。

（3）调制器和高压电源应采用模块化设计，相同的组件板应实现互换，减少模块间的连接和跨接。

3. 接收分系统

（1）模块设计时简化接口，减少输入电源的品种，控制和 BIT（机内测试）接口应使用光纤或总线接口。

（2）模块设计应采用成熟的高集成度多功能集成电路或专业处理芯片。

4. 伺服分系统

（1）控制节点较多（2 个以上）的伺服系统设计应采用基于现场总线的分布式模块化控制方式，简化各个功能模块之间的连线关系，功能模块和现场采集点的连接就近采用短电缆。

（2）分立元件实现的电路功能可以通过集成电路实现，应选用集成电路。

5. 终端分系统

（1）应选用超大规模、高性能可编程器件，减少设备规模，降低系统的复杂度。缩小体积，减少功耗，减少印制板焊盘数和印制板数量。

（2）采用模块化设计，安装和拆卸简单，便于维修；采用国际标准总线技术，模块接口统一。

（3）采用稳定、可靠的通用处理模块，提高可维修性和可靠性，减少备份数量，降低系统成本。

（4）在系统设计时应选用相同型号的设备，保证各类设备的互换性。

7.3　冗　余　设　计

冗余是指完成规定功能的硬件备有一套或多套。冗余设计技术是大幅度提高系统任务可靠性的有效措施，特别是在元器件质量等级和 MTTF 都比较低的现状下，为了保证系统固有任务可靠性满足合同的指标要求，往往不得不采用冗余设计。然而冗余设计会增加体积、重量、成本和结构复杂度，并且直接使基本可靠性降低，如 MTBF 变小，因此，冗余设计必须优化、适度。

7.3.1　冗余设计分类与优化方法

1. 冗余设计分类

（1）按工作方式分类：工作冗余（在线冗余）和非工作冗余（备用冗余）。工作冗余包括：并联冗余、表决冗余、复合冗余。非工作冗余包括：热旁待备用冗余、冷旁待备用冗余、轻载旁待冗余。

① 工作冗余：冗余的设备处于工作状态，平时可以分担主设备的任务，当主设备故障时，贮备设备完全承担主设备的功能，这种设计方法称为工作冗余设计。当几个设备并联起来且同时工作时，只要不是所有设备都发生故障，系统就不会发生故障。表决冗余也是工作冗余的一种特殊形式。它是将三个以上的并联设备的输

出进行比较,把一定数量的设备出现的相同输出作为系统的输出。

② 非工作冗余:两个设备互为备份,一台设备工作,另一台设备不接入工作系统。当工作设备故障时,可立即启动备份设备工作,这样的设计,称非工作冗余。一种情况是运转状态非工作冗余,就是一个或几个系统在工作,另一个或几个系统在空闲运转等待,一旦工作系统出现故障,等待系统立即接替,继续工作,这样的设计称为运转状态非工作冗余(又称热备份状态)。另一种情况是非运转状态非工作冗余,就是备用系统不运转,一旦工作系统故障,备用系统才启动运转,接替故障系统工作,备用系统处于冷备份状态。

(2)按维修方式分类:有联机维修冗余和停机维修冗余。

(3)按冗余级别分类:有系统级冗余、分系统级冗余、单元电路冗余和元器件冗余。

2. 冗余设计的优化方法

当系统需要多处冗余且冗余量较大时,应对冗余方案进行最优化设计,使得在增加相同或差不多设备量和经费的前提下,获得最大的可靠性增益,优化方法如下。

(1)对系统中可靠性最薄弱环节加一路冗余,采用数学模型进行预测和计算,然后找出最弱环节,并在最薄弱加一路冗余,以此类推,直至系统可靠性的预测值满足要求为止。

(2)对可靠性费用比最大的部分加一路冗余,同样进行可靠性预测和计算,找到可靠性费用比最大的部分增加一路冗余,以此类推,直至系统的可靠性满足指标要求。

(3)拉格朗日乘子法。首先建立可靠性与各种约束条件的函数关系式,通过求解极值的方法,获得在各种约束条件下的最佳冗余量。

7.3.2 冗余设计准则

1. 天线分系统

(1)应综合评估天线的可靠性与性能、全寿命使用成本,增加天线单元通道数,使天线的性能高于指标要求,从而使天线在使用过程中,当部分单元通道故障时,天线不丧失功能,虽然性能轻微下降,但满足指标要求。

(2)应增加阵面控制供电、接收供电的冗余设计,提高阵面控制与接收的任务可靠性。

2. 发射分系统

(1)调制器应由多只 IGBT(绝缘栅双极型晶体管)并联、串联而成,提高调制器的耐压值和电流值,并设计保护电路和回路电路。

（2）冷却分系统可采用水冷加油冷的工作模式,冷却机组采用与发射机对应的热备份模式。

3. 伺服分系统

对于任务可靠性要求高的应用场合,应采用多余度驱动和传感元件的应用设计方法,并联节点的驱动元件应能实现在线检测和切换,并联的传感元件应能实时检测和决策使用。

7.4　降　额　设　计

7.4.1　降额设计考虑的因素

降额设计就是使电路中元器件的实际工作应力在低于其额定值的应力条件下工作,以保证元器件的失效率较低的设计。

一个合格的产品只有在各种应力的综合作用下才会出现老化、失效。对装备有影响的应力主要包括时间、温度、湿度、腐蚀、机械应力（直接负荷、冲击、振动等）、电应力（电压、电流、频率等）等。当工作应力高于额定应力时,失效率增加;反之,一般下降。从工程应用的角度看,有些元器件降额到一定条件后如果再降额则对失效率的下降贡献不大,反而增加体积、重量和成本,所以在实际使用中如何选取降额系数应综合考虑。

各类元器件对各种应力的敏感不一样,设计过程中应进行分析,对敏感度大的应力进行重点降额设计,应考虑的降额幅度因素包括:可靠性要求、环境条件、维修状况、技术成熟性、费用、效率、体积、重量。同时,应以系统的安全性、可靠性最高作为降额设计的准则,尤其要防止过度降额引起可靠性下降。

7.4.2　降额设计准则

1. 元器件的降额

电子元器件在保证热设计的环境温度下,降低电应力的设计是提高可靠性的有效设计之一。电阻器的降额方法是将功耗保持在额定功耗以下。电容器的降额方法是使外加的电压低于额定电压。半导体器件的降额方法是将功耗保持在额定功耗以下。

（1）电容器应在额定电压的 50％以下使用。

（2）电阻器应在额定功率的 25％以下使用。

（3）功率半导体器件使用的平均电流约为额定值的 1/3,平均功率为额定值的 1/6～1/3,普通半导体器件可用功率为额定功率的 1/10～3/10。

（4）前级放大器、真空管和高压电源的功率余量应不小于额定功率的 20％。

（5）大功率电阻功率余量应不小于工作功率的 50％。

2. 微电子器件的降额

（1）电源电压从绝对最大额定减额,一直减至仍能保证参数等级水平为止。

（2）输出电流（负载）减额至最大允许电流的 80％。

（3）输入电压（逻辑电路）减额至上述电源电压同一电压值上。

（4）输入电压（线性电路）减额至绝对最大额定值的 70％。

7.5 热 设 计

热设计是指在设计产品时,考虑温度对产品的影响。它是通过元器件的选择、电路的设计（包括容差与漂移设计、降额设计等）及结构的设计减少温度变化对产品性能的影响。由经验得知,在高温或低温条件下,元器件或电路容易发生故障。其中对温度最为敏感的是大量使用半导体器件的电路。半导体器件的故障率随着温度的增加而呈指数上升,其电性能参数（如耐压值、漏电流、放大倍数、允许功率等）是温度的函数。

7.5.1 热设计主要内容与方法

热设计的主要内容包括:冷却方法的选择、元器件的选择、元器件的安装与布局、散热器的选择、印制电路板的热设计和机箱的热设计。

1. 冷却方法的选择

冷却是控制电子设备内部温度的一种方法。

冷却方法按冷却剂与被冷却元器件（或设备）之间的配置关系,可分为直接冷却和间接冷却两类。直接冷却是冷却剂直接与被冷却元器件接触,从而完成热量的交换。间接冷却是冷却剂不直接与被冷却元器件接触,使用热转移介质将被冷却元器件产生的热量转移至冷却剂。

冷却方法按传热机理可分为下列几类。

（1）自然冷却：不使用外部动力源（如风机、泵等），靠自然规律进行导热冷却，它包括导热、辐射换热和自然对流换热等。

（2）强迫冷却：利用风机或冲压空气使冷却空气流经电子设备（或元器件），从而将热量带至环境热沉。

（3）液体冷却：冷却液体与发热的电子元器件直接接触进行热交换，热源将热量传给冷却液体，再由冷却液体将热量传递出去。

（4）蒸发冷却：利用液体汽化吸热，从而将发热元器件的热量带走的高效冷却方式。

（5）热管传热：利用热传导原理与相变介质的快速热传递性质，通过热管将发热物体的热量迅速传递到热源外，它是一种高效的冷却方式，但是成本也较高。

（6）热电制冷：以温差电现象为基础的制冷方法，即两种不同材料组成的电回路在有直流电通过时，两个接头处分别会发生吸热、放热现象，导致产生两个不同温度的连接点。热电制冷器产生的冷量一般很小，所以不宜用于大型设备冷却。

在进行冷却方法选择时，必须在保证产品的电气性能和可靠性热设计要求的前提下，综合考虑产品的热流密度、体积功率密度、总功耗、表面积、体积、工作环境条件等。

2．元器件的选择

温度是直接影响元器件性能和失效率的因素。

（1）温度对电阻的影响：电阻值随着温度的变化而变化，温度的升高会导致耗散功率下降，温度过高会使其寿命下降、热噪声增大。

（2）温度对电容的影响：使电容量和介质损耗角等参数变化，寿命降低。一般在一定的范围内，温度每升高 10 ℃，寿命降低一半。

（3）温度对电感、变压器的影响：温度每升高 10～20 ℃，寿命降低一半。

（4）温度对半导体器件的影响：温度过高使电性能变化。严重时会引起热击穿，每升高 10 ℃，失效率大约提高 1 倍。

3．元器件的安装与布局

元器件的安装与布局应根据设备中热源的发热情况，合理安排，以防止元器件热量的积蓄及元器件之间的热影响，元器件应工作在允许的温度范围内。具体应做到以下几点。

（1）发热元器件的位置应尽可能分散。

（2）对温度敏感的元器件应远离热源。

（3）元器件的安装应尽量减小传导热阻，为此，应采用短通路。对于冷板冷却设备,应尽可能将元器件直接安装在冷板上;应尽量减小元器件连接到摸件或冷板上的赫合厚度。

（4）为尽量减小热阻,应加大安装面积。元器件的安装不要只把引线作为通向散热片的唯一传导通路;为增大传热面积,应将大功率混合微型电路芯片安装在比芯片面积大的铂片上;为增大传导通路面积,应将自由对流和辐射或撞击冷却的大功率元器件安装在散热片上;不要将间隔很小的散热片用自由对流冷却;尽量增大所有传导通路面积和元器件与散热片之间的界面。

（5）为尽量减小传导热阻,应采用热导率高的材料。利用铜和铝等金属构成热传导通路和安装座;对于没有自由对流或自由对流极少的航天飞行器和高空航空电子设备的应用场合,应利用导热化合物填塞热流通路上的所有空隙;对于由多层印制电路板组成的摸件的热流,应利用电镀通孔减小通过电路板的传导热阻。这些镀铜小孔就是热通路,或称热道;尽量不要利用接触表面之间的界面作为热通路。

（6）当利用接触界面时,采用下列措施使接触热阻减到最小:尽可能地增大接触面积;确保接触表面平滑;利用软接触材料;扭紧所有螺栓以加大接触压力;利用足够的紧固件保证接触压力均匀;对利用冷壁冷却的插件,不要采用弹簧负载的插件导轨来取得插件导轨与插件边缘之间的接触压力,可采用楔形压板或凸轮导轨。

4. 散热器的选择

散热器广泛用于电子设备的功率元器件,它是通过增加换热面积和通过对散热器进行强迫风冷来增加表面对流换热系数,以增加器件的对流换热量,从而提高功率器件的降温效果。

5. 印制电路板的热设计

增大印制线的厚度和宽度,使印制线和印制板上安装的元器件工作时产生的热量能散发出去并减小压降,尤其是流过较大电流的电源线和接地线更应如此;减小元器件的引线与印制板间的热阻,增加热传导和导电性。此外,还应根据不同的工作温度选用不同材料的覆铜板。

6. 机箱的热设计

机箱既是承受机械与环境应力的结构件,又是将设备内部的热量散发出去的散热件,所以机箱的热设计应充分保证通过传导、对流、辐射,最大限度地将设备产生的热量散发出去。

机箱有密封、通风和强制通风冷却三种类型,电控设备较多采用后两种。自然散热的通风机箱热量主要通过机箱表面散发热量和自然通风带走热量两种方式进行散热。通风机箱的散热受机箱表面积和通风孔面积的限制,若散热量超出了限度,就要采用强制通风冷却的方式。

强制风冷通风机箱主要通过机箱表面散热和强制通风带走热量两种方式进行散热,强制通风有箱内强制通风与冷板式强制通风(或液冷)两种方式,大容量电控设备多采用前一种。采用箱内强制风冷却散热时,还应考虑通风路径的设定、气流的分配和控制、空气出入障碍物的影响、风机和通风的距离、通风进出口设计、空气过滤器的采用与否、噪声的抑制及风扇振动的影响等。

7.5.2 热设计准则

1. 天线分系统

(1)综合评估产品的可靠性与性能、全寿命使用成本,地面固定雷达的天线阵面应外加球形天线罩,罩内空间实现恒温、加压、干燥。

(2)机动雷达应增加冷却机、干燥机等设备,在高频箱内部实现恒温、加压、干燥等。

(3)在天线热设计时,应根据阵面的热源分布、热密度、阵面内部结构空间布局,进行热设计仿真,合理选择冷却方式,冷却方法优选顺序为:自然冷却、强制风冷、液体冷却、蒸发冷却。

(4)对于暴露在恶劣环境条件下的设备,应按相应环境标准进行针对性设计。

2. 发射分系统

(1)在结构设计时,应合理选择冷却方法,冷却方法优先顺序为:自然冷却、强制风冷、液体冷却、蒸发冷却。例如,采用液体冷却设计方案应保证出口温度与进口温度的差小于 5 ℃。

(2)固态放大器、高压逆变电源等应优先采用液体冷却设计。

(3)调制器组件、高压电源组件及高压部件应采用高压油箱一体化设计,并采用油冷冷却方式。

(4)采用风冷型的发射机,真空管器件、聚焦线圈应合理设计风道,以保证冷气流的畅通。

(5)发热量较大的脉冲变压器、变压油箱,应优先考虑油冷设计。

3. 接收分系统

(1)在结构设计时,应合理选择冷却方式,冷却方法优先顺序为:自然冷却、强制风冷、液体冷却,对风机等冷却设备应有工作状态的在线检测。

(2)位于天线阵面的数字化接收/发射通道等模块应优先采用冷板设计。

(3)热耗散大的元器件应采用阳极氧化处理或喷涂黑漆,电子元器件与印制板或机壳直接接触的表面不应采用涂层,热耗大的元器件可直接安装在安装面或机壳上。

(4) 对热密度量较大的器件和性能参数相对温度变化较敏感的 SAWF(声表面波滤波器)器件,应优先考虑传导或液冷散热设计,通过导热垫或导热脂接触高功耗器件表面,保证模块设计的坚固性和散热效率。

(5) 在模块的关键电路附近应设置温度传感器,实时传送工作温度。

(6) 应选用恒温晶振。

3. 信号处理分系统

(1) 应依据高功耗器件参数和运行环境参数进行模块系统热设计仿真,分散高功耗器件在印制板面的布局。

(2) 模块应采用强制风冷或液体冷却方式,模块元件面安装大面积冷板,冷板设计合适的凸台,并通过导热垫或导热脂接触高功耗器件表面,保证模块设计的坚固性和散热效率。

(3) 所有可更换部件应增加锁紧机构,使其和机箱构成一个整体,提高抗振能力。

(4) 插件板可增加加强筋或盖板,以防印制板翘曲,提高印制板谐振频率。

(5) 板间连接线应采用印制化技术。

(6) 采用加强结构设计,且插入安装架时整个单元锁紧。

(7) 在信号处理分系统内,一般情况保证光缆的弯曲半径≥25 倍光缆直径,严禁将光缆按电缆的使用方法进行铺设、弯曲和捆扎等。

4. 伺服分系统

(1) 户外安装的伺服电控箱应采用密闭防水、防盐雾设计,对于有驱动器等大功率设备的情况应加装空调系统。

(2) 环境恶劣的雷达伺服系统设计中,应特别关注传动元件润滑材料在各种温度条件下的性能。

(3) 对于振动条件恶劣的应用场合,需充分考虑电容、电机功率模块等零部件的可靠固定,特别是电缆等固定位置,以防磨损。

(4) 平台加速度的过载大时,应采用转动负载的平衡设计,或采用主动检测的抗过载控制设计。

5. 终端分系统

(1) 应使用加装风扇或壳体传导散热方式进行冷却设计。

(2) 显控台机柜中应安装风机,机柜上下形成风道,使得整个机柜具有良好的散热效果。

7.6 电磁兼容设计

7.6.1 电磁兼容设计的目的与方法

1. 电磁兼容设计的目的

电磁兼容是指系统、分系统、设备在共同的电磁环境中能协调地完成各自功能的共存状态。电磁兼容设计(EMC 设计)是通过提高产品的抗电磁干扰能力以及降低对外的电磁干扰,避免干扰导致的产品故障,从而提高产品的可靠性。

电磁兼容设计的目的是使所设计的电子设备或系统在预期的电磁环境中实现电磁兼容。其要求是使电子设备或系统满足 MEC 标准的规定并具备两方面的能力:能在预期的电磁环境中工作,无性能降低或故障;对该电磁环境不是一个污染源。

2. 电磁兼容设计的方法

为保证雷达在预计的电磁环境中正常工作,电磁兼容设计主要包括限制干扰源的发射、控制电磁干扰的传播以及增强敏感设备的抗干扰能力。设计的基本方针是研究干扰源的发射特性、电磁干扰的传播通道(传导、辐射及感应),以及敏感设备的感受特性,对静电场、电磁场和传输线路引入的干扰采取措施。

1) 优化信号设计

传输信息的电信号需占用一定的频谱。为尽量减小干扰,对有用信号应规定必要的最小占有带宽,这有赖于优化信号波形。在电磁兼容领域,通常关心的是信号频谱的包络,包络下的谱线细节往往不太重要。由常用脉冲波形频谱包络可知,就信号占有带宽而言,采用脉冲宽度大、上升时间慢的波形较好。

2) 完善线路设计

应设计和选用自身发射小、抗干扰能力强的电子线路(包括集成电路)作为电子设备的单元电路。对于一般小信号放大器,应尽可能增大放大器的线性动态范围,以提高电路的过载能力,减小非线性失真。晶闸管和工作于开关状态的三极管均产生电流脉冲,发射频谱很宽的电磁能量,因此必须采取相应的抑制措施。利用铁氧体磁环进行功率合成可能因磁饱和引起较严重的谐波失真。功率放大器工作在甲类状态时产生的谐波最少;工作在推挽形式的乙类状态时,只要电路、结构对称就可抑制二次谐波,但不对称时可能产生强的偶次谐波;丙类功率放大器仅用于射频放大,可采用锐调谐、高 Q 值滤波器抑制其谐波电平。

3)采用屏蔽设计

采用屏蔽设计,克服静电场、电磁场耦合引入的干扰。用屏蔽体将干扰源包封起来,防止干扰电磁场通过空间向外传播;反之,用屏蔽体将感受器包封,可使感受器免受外界空间电磁场的影响。在结构布局上将高频、中频、低频尽量分隔开;对电磁敏感器件和电磁干扰源,采用屏蔽罩、网、屏蔽舱室等小环境将其隔离、屏蔽起来;单元功能模块之间的电气连接采用多层印制板走线连接,即背板连接。

4)接地与搭接

根据不同的电路的要求,采用不同的接地与搭接方法。将各组合、插件的接地电路各自形成回路。在布置印制板走线时,恰当布置地线,使各级的地线电流局限在尽可能小的范围内;根据地线电流的大小和信号频率的高低,选择相应形状的地线和接地方式;对易受地线干扰的信号采用专用线作地线。当然,在进行电路设计时,应考虑在干扰的发源处(如发射机、主机振荡器、电源等)用滤波网络等将干扰滤波旁路、屏蔽和隔离。为了解决发射机和主机功率泄漏问题,在用波导连接时,在波导连接处设置扼流槽,以免造成人身伤害和产生电磁干扰。

5)滤波

滤波是借助抑制元件将有用信号频谱以外不希望通过的能量加以抑制。它既可以抑制干扰源的发射,又可以抑制干扰源频谱分量对敏感设备、电路或元件的影响。滤波虽能有效地抑制传导干扰,但大容量、宽频带的抗电磁干扰滤波器的价格是很昂贵的。

6)合理布局

合理布局包括系统设备内各单元之间的相对位置和电缆走线等,其基本原则是使感受器和干扰源尽可能远离,输出与输入端口妥善分隔,高电平电缆及脉冲引线与低电平电缆分别敷设,通过合理布局使相互干扰减小到最低程度且费用不高。

需要说明的是以上电磁兼容设计都是针对电子设备工作中可能产生的"无意干扰"的,至于有特定目的的"有意干扰",已属电子对抗范畴,采取的措施不尽一致。

7.6.2 电磁兼容设计准则

1. 天线分系统

(1) 天线内部的电线电缆布线设计应减少耦合;对各种信号走线进行合理布局,对输入的强、弱信号要隔离;信号线采用屏蔽双绞线,交流电源线、直流电源线采用屏蔽线。高频同轴电缆的电磁泄漏应达到-90 dB 以下。

(2) 天线应采取切实可行的屏蔽措施;天线内部设备易产生干扰源,应用屏蔽体进行有效屏蔽。

(3) 对于天线内部设备中干扰敏感的元件、组件、模块等进行有效屏蔽。

(4) 对于单层屏蔽不能满足要求的,应采取多层屏蔽。各层屏蔽之间除单元点连接外,其余绝缘;对于较大的变频磁场,应采用复合屏蔽。

(5) 强干扰源和敏感电路部分,要远离且采取屏蔽措施,所有屏蔽层都应该以低阻抗通路接地。所有屏蔽电缆的屏蔽层都应端接在带有抑制电磁干扰/射频干扰后罩的连接器内部,以形成屏蔽层外围的搭接。

(6) 所有连接器壳体与线缆的外屏蔽层实现完整的$360°$电气连接。

(7) 天线阵面收、发通道加装带通滤波器,减小分系统对带外频段的干扰;接收通道增强分系统带外抗干扰的能力。

2. 电源分系统与收发分系统

(1) 雷达电源分系统、收发分系统、天馈分系统等都会产生辐射干扰,周围大量计算机工作时产生的高频脉冲干扰都会通过传输线、机壳等向空间辐射,而各模块化插件的电路又会通过电源线、机壳、信号线甚至从空间直接接收这些干扰,所以系统设计时考虑特殊重要信号、高频信号沿屏蔽地层传输,减少接收干扰,也减少对外干扰。

(2) 在电源处加滤波电容,同时在特殊器件处使用稳压电路,降低输出纹波以满足器件的供电要求。

3. 信号处理分系统、终端分系统与监控分系统

(1) 信号处理分系统、终端分系统中的 CPU、FPGA 和时钟电路等产生的高频干扰,通过公共电源互相干扰,会使系统无法正常工作。在设计上通过隔离和滤波等设计措施消除这种干扰。

(2) 在 BIT 与自动化测试分系统设计中全面考虑了系统中的辐射干扰和传导干扰对其工作状态的影响,采用合理的走线、接地、屏蔽和具有较高抗干扰能力的 RS422 等串口通信措施,减小分系统对其他系统的影响。

(3) 电路插件板采用多层板设计,其中的 2 层分别作为电源和地,并在印制板上分布滤波电容以减少电源、地及信号之间的相互干扰。

7.7 耐环境设计

7.7.1 环境因素的分类

雷达装备所处地域、使用条件不同,其所经受的外部环境也不同,其敏感的环境因素也会出现差异。常见的环境因素及其分类如图 7-2 所示。

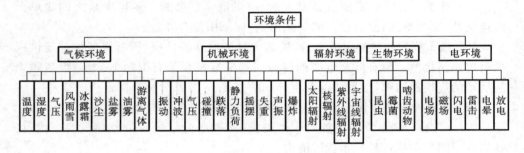

图 7-2 常见的环境因素及其分类

7.7.2 防潮湿、防霉菌和防盐雾设计

在环境因素中,潮湿、霉菌和盐雾是最常遇到的破坏性因素,对这方面的防护简称"三防",这方面的防护设计在可靠性设计中占有十分重要的地位。"三防"设计包括了元器件和材料防护、工艺防护及结构防护。雷达"三防"设计措施如下。

(1) 对于外露箱体或天线车上的天线辐射单元,尽量采用气密式设计加充干燥空气的方法。如果无法充干燥空气,则应尽量采用气密式设计;如果不气密,就要做到水密,还要防止内部冷凝水的形成,以免腐蚀电子设备。

(2) 天线振子进行防锈铝合金导电氧化处理,外表面加局部整体透波罩保护;天线罩外表面涂覆耐候疏水涂料。

(3) 阵面基本模块采用箱式密封结构,天线振子用小天线罩与基本模块骨架一体化密封,即使平板式天线罩发生漏水,水也无法进入阵面基本模块内部。整个天线阵面安装除湿系统,保持环境干燥。

(4) 所有金属件的外棱边都应尽可能倒成圆角,以利于获得适当、附着牢固的油漆涂层或金属镀层。尽量避免不同种类金属接触,以防止电偶腐蚀。如果必须有两种金属接触,应选用电位差接近的金属,或采用合适的镀层,或采用非金属隔开。

(5) 在结构设计上,尤其是对于暴露在外的所有构件,应尽量消除缝隙结构及搭接结构,以防止积水、灰尘和盐雾。网架钢结构采用热浸锌后涂覆保护层,转台钢结构热喷铝涂覆保护层。

(6) 正确选用各种金属及非金属材料。

(7) 正确选择涂覆方式、电镀方式、密封材料及密封形式。室外接插件选用耐蚀自密封型。

(8) 所有中低频印制电路板进行三防涂覆处理,高频电路采用真空气相沉积防护;电子元器件采取高分子材料灌封处理,线缆组件的尾部、端子与接触体焊接(或压接)区空间采用灌封加护套防护。

(9) 产品在加工过程中要制定和采取合理的加工工艺,如采取有效措施,消除焊接件、机加工件的残余应力,在零件加工的各道工序上,应对零件进行有效保护,防止零件及表面状态遭到破坏。

7.7.3　防振动、防冲击设计

隔振动、防冲击的措施如下。

(1) 消除相关振源。消除设备内外的相关振源是设备振动与冲击防护的主要措施。例如,发动机、振子等应进行单独的隔振,对旋转部件应进行静、动平衡试验,以尽量减少或消除振源。常用的隔振材料有金属弹簧、空气弹簧、泡沫乳胶、减振器等。

(2) 提高结构刚度,防止低频激振。设备的振动特性由其质量、刚度和阻尼特性确定。当激振频率较低时,在不增加质量和改变阻尼特性的情况下,通过提高结构的刚度来提高设备及元器件的固有频率与激振频率的比值,达到防振的目的。

(3) 采用隔离措施,防止高频激振。当激振频率较高时,通过提高结构的刚度等措施来改变设备的振动特性是不可取的,这时可在设备和传递振动的基础结构之间采取隔离措施(如安装减振器)。当设备的固有频率低于激振频率时,要求减振器具有低的固有频率;当设备的固有频率高于激振频率时,要求减振器具有高的固有频率;当按照组装要求难以采用弹性材料等隔离件时,可将三防胶灌在元件与底板之间起减振作用。脆性元件(如陶瓷元件)与金属零件的连接处应加上弹性材料,以防止产生严重的局部应力和磨损。

（4）采用去耦措施，优化固有频率。在振动过程中，印制板及其所装配的元器件之间会出现相互振动耦合，从而使设备的固有频率分布很宽，容易与外界激振产生共振。这时可以采用硅橡胶封装整个印制板组件，使之成为一个整体，消除元器件与印制板之间的相互振动耦合，使设备的固有频率分布变窄，达到不易共振的目的。

（5）阻尼减振技术。可以采用钻弹阻尼材料粘贴或喷涂在需要减振的结构上进行减振。采用阻尼减振技术可以达到在不增加设备质量和提高系统刚度的情况下，提高设备的振动防护能力。

（6）对真空管、脉冲变压器、油箱、调制器等重量较大的零部件，要设计专用固定装置或措施；电解电容器、变压器等采用固定卡环或硅橡胶固定。真空管输出端口与波导连接应有软波导过渡，硬波导连接时，应保证端口与波导可靠连接。

（7）变压器、可调电容、可变电阻、裸露的线圈（功分器）、拨码开关等采用硅橡胶等固定。

（8）一般情况下保证光缆的弯曲半径≥25倍光缆直径，严禁将光缆按普通电缆的使用方法进行铺设、弯曲和捆扎等。光缆捆扎固定时，应受力均匀，力度适中。

7.8 容 差 设 计

7.8.1 容差设计目的

容差也就是允许偏差，是从经济角度考虑允许质量特性值的波动范围。容差设计通过研究容差范围与质量成本之间的关系，对质量和成本进行综合平衡。它通过参数设计确定系统各构件参数的最佳组合之后，进一步确定这些设计参数波动的允许范围。

参数设计是获得高质量产品的关键，也是稳健设计的中心内容。它通过各参数的最优组合，使产品对环境条件或其他噪声因素的敏感性降低，在不提高产品成本的前提下使产品质量最好。

容差设计是在参数设计不能满足稳健性要求时采取的一种补救设计，往往意味着花钱买更好的材料、零件和机器，将使产品成本大幅度提高。

在产品设计时，对系统参数影响较大的元器件应选用容差和高稳定性的元器件。电路的阻抗匹配参数应保证电路在极限温度等情况下工作稳定。对稳定性要求高的电路,应通过容差分析,用容差设计方法确定元器件的标称值。正确选择电子元器件的工作点,使温度和使用环境变化对电路特性的影响最小。

7.8.2 容差设计准则

1. 接收分系统

(1)对时钟和本振等关键信号,应合理选择电路的工作点,使其具有较大的动态范围,保证其功率、相位等参数在一定的范围内漂移时,电路仍正常工作、正常输出。

(2)针对接收通道输入端的信号,在通道设计时,应满足耐功率要求,确保模块不损坏。

2. 伺服分系统

电机功率核算后,选择电机时预留一定的裕量。电机驱动模块的耐压宜 2 倍额定电压,连续电流和峰值电流预留一定裕量。

7.9 元器件的选用

7.9.1 元器件选用因素

雷达整机由成千上万的元器件组装而成,元器件的选用是关键,元器件的可靠性高,失效率低,组装的整机的可靠性也就会提高。

为了保证雷达整机设计的可靠性,努力使雷达的基本部件"功能模块"的设计不发生故障或少发生故障,应尽可能选用失效率较低的元器件。在选用元器件时要考虑以下因素。

(1)选用失效率低的标准件和大量生产的元器件,在选用中要确定完成所需功能的元器件类型,预期的工作环境,元器件的临界值。

(2)了解元器件的使用寿命有多长,在整机的使用寿命期里是否有持续的供货,是否有多个供货来源,价格怎样。

(3)考虑元器件可靠性指标的稳定性,确定元器件应用时所需的失效率等级。

(4)元器件选择的原则是尽量使用标准元器件。所谓标准元器件是指那些通过试验,以及实际使用成功并已证明在规定的电应力、机械应力、环境应力极限内,性能稳定、可靠性高的元器件。

7.9.2　元器件选用准则

1. 接收分系统

(1) 选择稳定性好、耐温范围宽、功耗低的元器件和导热性能好的印制板板材。

(2) 模块设计应采用成熟的、高集成度的多功能集成电路或专业处理芯片。

(3) CMOS 电路采取防闩锁设计措施,在电路板和控制板的电接口的输入、输出端加隔离保护措施,提高可靠性。

(4) 接口电路应选用带有光电或电磁隔离的元器件,降低外部异常对电路核心部分的损害和影响。

2. 信号处理分系统

(1) 选用满足环境要求等级的元器件,确保系统的环境适应性。

(2) 选用可靠性高、温度特性好的电阻、电容及磁珠等元件。

(3) 印制板、面板连接器采用高可靠的插座。

3. 伺服分系统

(1) 直流电机应选用无刷直流电机。

(2) 应正确选择电机外壳形式,应选全封闭或防爆式电机。

(3) 宜选用低转速电机。

(4) 对外接口电路宜选用带有光电或电磁隔离的元器件。

4. 终端分系统

(1) 应优先选择具有可靠性指标的标准电子、电气、机电和光电元器件。

(2) 优先选择高集成度的微电子器件。

(3) 优先选择功能强、体积小、重量轻的元器件。

(4) 对各类设备的接口设计都应采用防错性设计。

(5) 提出型号元器件的限用要求及选用准则,制定元器件优选清单,落实超优选审批制度。

(6) 应减少元器件规格品种,增加元器件的复用率,使元器件品种规格与数量比减少到最低程度。

(7) 选用继电器和开关时,应考虑截断峰值电流、最小电流和最大可接受接触阻抗。

(8) 应选择密封型的触点开关,避免三防漆等涂覆材料影响开关触点。

7.10　可靠性设计的应用

7.10.1　雷达 T/R 组件可靠性设计

本小节介绍有源相控阵雷达 T/R 组件可靠性设计在工程实现中的应用。

在有源相控阵雷达中，T/R 组件是构成有源相控阵雷达天线的基础，是有源相控阵雷达的核心部件，通常约占整部雷达装机单元的 60% 以上，其对雷达故障率的贡献高达 90% 左右，因此，尽可能提高 T/R 组件的可靠性成为 T/R 组件研制工作中最重要的任务之一。

T/R 组件是高度复杂的射频系统，其可靠性设计需进行全面综合方可实现，需从可靠性指标的分析论证、简化设计、降额设计、热设计、电磁兼容设计、三防设计、防振设计、瞬态过应力防护设计、安全性设计、系统控制及软件设计与故障自动监测设计、环境应力筛选与考机设置设计等方面进行综合保障设计。

可靠性指标的分析论证可参照第 5 章雷达装备可靠性预计进行分析。同时，由于受到体积、重量和工作方式的限制，T/R 组件中的部件一般不采用冗余设计方案，只采用串联方案。

1. 简化设计

（1）在 T/R 组件结构设计中，考虑模块化、小型化、一体化设计。

（2）尽量减少不必要的功能电路。

（3）提高逻辑控制电路的集成度。

（4）尽可能减少 T/R 组件的品种。当有源相控阵雷达天线的发射波束有低副瓣要求时，天线阵面应实现幅度加权。为了提高效率，T/R 组件中功率放大器一般是 C 类放大器，饱和输出，而不是线性放大器。

（5）合理分配子天线阵中作为发射信号驱动器的增益与 T/R 组件内发射功率放大器的增益，合理设计放大器级间的隔离度，降低 T/R 组件中高功率放大器的级数，同时尽可能使子天线阵驱动放大器与 T/R 组件中的功率放大器的功率增益等指标接近，以减少功率放大器的品种。

2. 降额设计

降额设计采用主要功率器件降额使用的措施，即晶体管结温降额、输出功率降额、工作电压降额。

在 T/R 组件中,对常用元器件,如电阻器、电容器、电感等,以及集成电路、半导体分立器件等都要有降额要求。根据产品特性的不同,降额等级分Ⅰ、Ⅱ、Ⅲ三级,不同的降额等级对元器件降额系数的要求是不一样的,具体可参见 GJB/Z 35—1993《元器件可靠性降额准则》。多因素的综合降额一般可使元器件的失效率下降 1～2 个数量级。

3. 热设计

T/R 组件的冷却方式主要根据组件内的元器件及有源模块的发热密度,结合雷达热设计方案选择;同时要根据元器件的工作状态、组件的复杂性、空间或功耗大小、环境条件及经济性,综合考虑各方面因素。广泛使用的冷却方式为风冷和液冷。当电子系统热耗非常高且集中时,应采用液冷散热。

T/R 组件的热设计常用的措施如下。

(1) 将 T/R 组件功放电路底板直接作为外壳底面贴装于冷板上,并增加数个专用散热腿,通过散热腿的螺钉将组件固定到冷板上,减少热阻。

(2) 散热冷板和 T/R 组件壳体采用导热性能好的材料,并进行导电氧化处理。

(3) 为提高散热效率,应提高冷板与功放板的加工精度,如粗糙度、平面度等。

(4) 对于某些热耗大又不能直接贴于冷板上的器件,可增加浮动式紫铜导热板,将其热量导至冷板上。

(5) 贴至冷板的导热体与冷板间均应加导热硅脂。

4. 电磁兼容设计

对于 T/R 组件,不可能限制其发射,只能从控制其功率泄漏和增强其抗干扰能力方面进行设计工作,着重从合理布局、屏蔽、接地、滤波和完善电路设计等方面入手。

在 T/R 组件内部,电磁兼容问题主要解决两方面的问题。

(1) 各功能模块电路之间的相互影响,如发射通道和接收通道之间、微波电路和波控电路之间的相互影响。

对这类问题,发射支路和接收支路之间可能形成回路,在发射脉冲的前后沿形成振荡,对此只要在收发转换之间预留一定的间隔(即控制好时序)便可消除。微波电路、波控电路和电源的连接之间产生的振荡只要加适当的滤波和屏蔽即可消除。

(2) 通道之间的相互耦合。通常在组件设计中多采用带状线或微带,它们都会产生辐射,各路传输线相互耦合。由于传输线周围是一有限空间,在条件适合时,会形成谐振,使得耦合加强,解决的办法主要有三种:一是通过改变边界来破坏谐振条件,二是放置吸波材料来吸收传输线的空间辐射,三是对路间进行隔离。这三种方法都有局限性,破坏谐振条件的办法只适用于带宽较窄的情况,在宽带组件中实现有困难；放置吸波材料时，系统可靠性降低，若用在带状线上还会加大损耗；对路间进行隔离很有效，但会使组件的重量增加，提高了壳体的加工要求。因此，应根据具体情况使用这些方法。

对于 T/R 组件的电磁兼容设计，主要使用的还有以下几种方法。

(1) 合理设计 T/R 组件壳体，增加发射与接收通道之间的隔离度；或将发射与接收在空间上隔离，甚至分成两个独立支路。

(2) 组件外壳尽可能采用盲孔，接缝处加 EMI 导电橡胶条。

(3) 信号的输入采用差分接收方式，并全部采用双绞线。

(4) 将电源线与控制信号线相互隔离开，并且绝不混用地线，所有信号最终与机壳共地。

(5) 接收通道低噪声放大器（LNA）前加滤波器，并尽可能增大 LNA 的动态范围。

(6) 在各器件的电源入口加滤波电路，在 LNA 电源入口加稳压器。

5. 三防设计

T/R 组件中主要的设计方法如下。

(1) 单元外壳所有接头、接缝处安装导电橡胶条，防潮、防电磁干扰。

(2) 采用不锈钢紧固件、防锈铝合金。

(3) 所有低频印制板喷三防漆。

(4) 印制板镀金，铝合金导电氧化。

6. 防振设计

防振设计可采取如下措施。

(1) 5 g 以上器件不允许用管脚作支撑点，必须加固。

(2) 所有圆头螺钉均加弹簧垫片；沉头螺钉加 222 胶，螺旋式射频接头加导电胶等。

7. 瞬态过应力防护设计

瞬变过程常常与非线性环节的响应联系在一起，因此对可能造成过应力损坏的环节逐一进行瞬态分析十分麻烦，实际上也无此必要，因为瞬变过程的信号平均能量一般都较低，只是因其尖峰值较高才会造成应力损坏，对此，只要对可能出现过应力瞬变信号的地方加上适当的积分滤波网络、钳位保护电路和稳压二极管保护电路等即可起到保护作用。受瞬态过应力损坏影响最大的是半导体器件，因此防护设计的重点应是半导体器件。

8. 安全性设计

安全性设计也是产品可靠性设计中不可或缺的环节，在 T/R 组件中主要采取如下措施。

(1) 系统内及其对外接口,当电源插头座分离后,可触及的插针或插孔不带电。

(2) 在外壳明显处应标相关警示标志,如防静电警示标志。

(3) 金属件暴露部分无棱角、尖锋和锐边。

9. 系统控制及软件设计与故障自动监测设计

合理的系统控制及软件设计可以从原理上降低产品的故障率,而故障自动监测设计不仅可以降低产品的故障率,还可以及时、准确地定位故障,从而缩短平均修复时间,针对此方面,在系统中可做如下工作。

(1) 对系统的电路进行周密、合理的配置、联动、匹配。

(2) 优化设计软件,使单元具备良好的抗误码和误操作能力,这样在阵面联试或工作时,误码率会降低,仅在理论上有这样的可能性,而实际中几乎不可能发生,即使在调试中有个别误操作,也不会导致系统烧毁。

(3) 系统设 BIT 监测通道,在阵面上可进行自动监测。

(4) 系统设温度传感器和功率传感器,可过温自动报警或功率异常报警。

10. 环境应力筛选与考机设置设计

除元器件装机前需对其进行筛选外,在生产过程中,还应对射频系统本身及其中的基础单元和故障率较高的单元电路进行环境应力筛选。

此外,T/R 组件交付前需增加考机试验环节,如 150 h 考机试验,其中前 110 h 为常温常压下考机,用于剔除早期故障;后 40 h 在环境综合应力下考机,用于可靠性考察。

7.10.2 雷达数据录取分机可靠性设计

本小节介绍某型地面雷达数据录取分机可靠性设计方法在工程实现中的应用。

雷达数据录取分机是雷达整机的重要组成部分,其主要任务是完成雷达目标点迹和航迹的实时数据处理,完成雷达回波信号、目标点迹和航迹信息的显示,完成雷达目标情报信息的通信上报等。为确保数据录取分机可靠、稳定地运行,需要采取有效的可靠性设计手段来提高其可靠性。

1. 模块化设计

模块化设计的主要思路是将独立功能设备以模块化形式进行研制开发。在某地面雷达中,数据录取分机的硬件设备根据功能可划分为防雷板、综合处理板、接口处理板、通信处理板、数据录取板、显示计算机、显示控制板和电源模块等。以上各模块均为能实现独立处理功能的 6U 高度的 CPCI 板卡,通过合理的组合,搭建出数据处理平台。采用模块化设计不仅能有效地提高系统的可靠性,而且在某一模块出现故障时,能够快速地被更换掉,大大提高系统的可维修性。某地面雷达数据录取分机的模块化设计框图如图 7-3 所示。

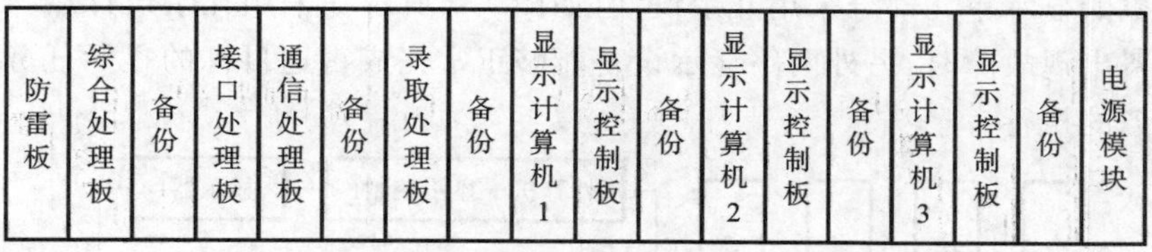

防雷板	综合处理板	备份	接口处理板	通信处理板	备份	录取处理板	备份	显示计算机1	显示控制板	备份	显示计算机2	显示控制板	备份	显示计算机3	显示控制板	备份	电源模块

图 7-3　某地面雷达数据录取分机的模块化设计框图

2. 简化设计

运用现场可编程门阵列(FPGA)等超大规模集成电路,提高板卡集成度,尽可能地减少器件数,提高各个板卡的基本可靠性,从而提高整个系统的基本可靠性。以接口处理板的研制为例,介绍一下简化设计的实现方法。接口处理板为符合总线标准的 6U 板卡,板卡上 PCI(外设部件互连标准)接口采用 FPGA 软核方式实现。板卡上的可编程芯片采用当前主流的高性能 FPGA,容量大、处理速度快,支持高速传输。接口处理板主要由匹配驱动、总线接口、时序产生、系统对时、模拟目标产生、波束调度、光电转换电路、FPGA 等设计组成。除了匹配驱动电路、光电转换电路等少数电路外,相关功能处理模块均由一片 FPGA 内部实现,大大提高了板卡的集成度。接口处理板的简化设计框图如图 7-4 所示。

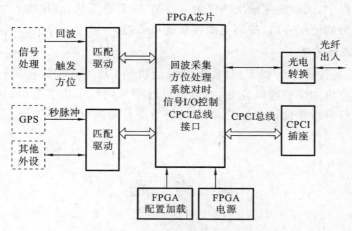

图 7-4　接口处理板的简化设计框图

3. 冗余设计

某雷达的数据录取分机工作在雷达方舱内,为了实现雷达目标精细显示和三维显示等各种高性能显示,在显示单元采用商用显示器。但商用显示器与军用加固显示器相比,其可靠性要差一些,为解决高性能显示与高可靠性的矛盾,在数据录取分机的显示单元部分采用冗余设计,如图 7-5 所示。采用冗余设计后,当某路显示设备出现故障时,另外两路显示设备能够正常完成雷达目标的显示任务,不会影响任务的执行。

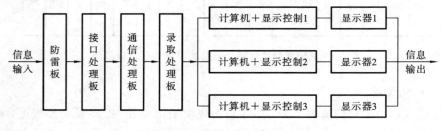

图 7-5　单元冗余设计框图

4. 降额设计

雷达数据录取分机采用的降额设计主要有以下方面。

(1)选用可靠的电子元器件、接插件和处理模块。数据处理设备的工作环境温度为 0~40 ℃,为进一步提高可靠性,在设计中尽量选用能在 −10~50 ℃ 温度下工作的军用元器件。

(2)对电源设计采用降额设计。计算数据处理分机总电源功率需求约为 300 W,在研制过程中,选取额定输出功率为 500 W 的电源模块,在电源设计中留有余量,以延长电源的使用寿命,提高电源模块的可靠性。

5. 其他设计方法

采用的其他设计方法如下:对数据录取分机的 CPCI 分机设备进行有效的散热设计,确保分机和模块通风良好;在电路设计中采用抗干扰措施,确保满足电磁兼容性能;进行可靠性预计和分析,加强关键重要设备的可靠性考核。

思 考 题

1. 简述可靠性设计的目的。
2. 简述可靠性设计准则制定的过程。

3. 简化设计主要包括哪些内容？
4. 热设计主要包括哪些内容？
5. "三防"设计采用哪些措施？
6. 电磁兼容设计包括哪些内容？
7. 环境因素对雷达装备可靠性设计有什么影响？

参 考 文 献

[1] 杨秉喜. 雷达综合技术保障工程[M]. 北京：中国标准出版社，2002.

[2] 甘茂治，康建设，高崎. 军用装备维修工程学[M]. 2 版. 北京：国防工业出版社，2005.

[3] 康建设，宋文渊，白永生，等. 装备可靠性工程[M]. 北京：国防工业出版社，2019.

[4] 谢少锋，张增照，聂国健. 可靠性设计[M]. 北京：电子工业出版社，2015.

[5] 曾声奎. 可靠性设计分析基础[M]. 北京：北京航空航天大学出版社，2015.

[6] 康锐. 可靠性维修性保障性工程基础[M]. 北京：国防工业出版社，2012.

[7] 程五一，李季. 系统可靠性理论及其应用[M]. 北京：北京航空航天大学出版社，2012.

[8] 宋保维. 系统可靠性设计与分析[M]. 西安：西北工业大学出版社，2008.

[9] 高社生，张玲霞. 可靠性理论与工程应用[M]. 北京：国防工业出版社，2002.

[10] 姜兴渭，宋政吉，王晓晨. 可靠性工程技术[M]. 哈尔滨：哈尔滨工业大学出版社，2005.

[11] 国家国防科技工业局. SJ/Z 21335—2018 雷达可靠性设计指南[S]. 北京：中国电子技术标准化研究院，2018.

[12] 孙波，袁有宏. 雷达电子产品可靠性工程设计应用[J]. 甘肃科技纵横，2013，42(12)：31-32，38.

[13] 杜广涛，孙孝昆. 某型地面雷达可靠性设计方法研究[J]. 空军预警学院学报，2013，27(06)：402-406.

[14] 王匀. 在设计中提高雷达可靠性[J]. 大众科技，2009(05)：73-75.

[15] 高黎文. X 波段相控阵雷达 T/R 组件的设计与研究[D]. 成都：电子科技大学，2018.

[16] 王高飞. P 波段有源相控阵雷达数字 T/R 组件设计研究[D]. 南京：南京航空

航天大学,2012.

[17] 顾颖言.L波段大功率有源相控阵雷达T/R组件的设计与实现[D].南京:南京理工大学,2006.

[18] 任恒,刘万钧,洪大良,等.某相控阵雷达T/R组件热设计研究[J].火控雷达技术,2015,44(04):60-64.

[19] 夏勇.机动式雷达机电一体化系统的可靠性设计[J].电子产品可靠性与环境试验,2006,24(05):7-9.

[20] 孙高俊,丁岐鹃.某地面雷达数据处理系统的可靠性设计[J].质量与可靠性,2017(01):19-21.

[21] 张海兵,徐熹.提高固态发射机可靠性的设计方法[J].雷达与对抗,2009(01):45-49,62.

[22] 王锋,刘东升,刘鹏远,等.提高固态发射机可靠性方法研究[J].电子设计工程,2016,24(07):107-108,111.

[23] 孙国梁,曹兰英,段晓军.一种高任务可靠性雷达架构设计[J].测控技术,2015,34(03):120-122,126.

[24] 严继进,芮金城.S波段高可靠固态发射机设计[J].电子科技,2016,29(06):143-145,156.

[25] 彭祥飞,江浩,邓林.基于GaN技术的大功率T/R组件可靠性设计与分析[J].装备环境工程,2020,17(12):115-118.

[26] 周虹.基于高原型无人值守雷达的可靠性设计[J].质量与可靠性,2008(05):17-20.

[27] 孙国强,田芳宁.雷达可靠性设计与试验验证[J].国外电子测量技术,2014,33(03):55-57.

[28] 贾兴亮.雷达可靠性与质量控制策略研究[J].科技创新导报,2015(18):39.

[29] 邓林,邓明,张成伟,等.有源相控阵可靠性分析及设计[J].装备环境工程,2012,9(02):21-24,37.

[30] 李波,蒋颖晖,刘姓,等.有源相控阵雷达天线阵面可靠性模型研究[J].质量与可靠性,2018(06):28-30.

第**8**章

雷达装备软件可靠性

8.1 概　　述

8.1.1　软件可靠性相关概念

软件可靠性与软件工程密切相关,软件可靠性源于软件工程,又服务于软件工程。随着军用系统对安全性能要求的不断提高,增强软件的可靠性和稳定性已经成为一个重要的发展方向。随着软件在装备中的应用比例和重要性日益上升,其可靠性已逐渐成为影响装备性能的关键因素。

1. 软件可靠性定义

GJB 451B—2021《装备通用质量特性术语》对软件可靠性(software reliability)的定义为:在规定的条件下和规定的时间内,软件不引起其所在系统故障的能力。软件可靠性不仅与软件存在的缺陷有关,而且与系统输入和系统使用有关。

1) 规定的条件

规定的条件是指软件所处的软件、硬件环境。软件环境包括运行的操作系统、应用程序、编译系统、数据库系统等;硬件环境包括计算机的 CPU、内存等。

2）规定的时间

软件可靠性与规定的时间有关。通常，软件测试和运行中主要使用日历时间、时钟时间、执行时间，即所谓 CPU 时间的三种时间度量。经验表明，在这三种时间单位中，CPU 时间是软件可靠性度量的最佳选择。

日历时间（calendar time）指的是编年时间，包括计算机可能未运行的时间。

时钟时间（clock time）是指从程序执行开始到程序执行完毕所经过的钟表时间，该时间包括其他程序运行的时间。

执行时间（execution time）是指执行一个程序所用的实际时间或中央处理器时间；或者是程序处于执行过程中的一段时间。

3）规定的功能

规定的功能是指软件应完成的工作。事先必须明确规定的功能，只有这样，才能对软件是否失效有明确的判断。

4）软件可靠性特性

（1）成熟性：软件产品为避免因软件故障而导致失效的能力。

（2）容错性：在软件出现故障或者违反指定接口的情况下，软件产品维持规定的性能级别的能力。

（3）易恢复性：在失效发生的情况下，软件产品重建规定的性能级别并恢复受直接影响的数据的能力。

（4）依从性：软件产品遵循与可靠性相关的标准、约定或法规的能力。

2. 有关定义

（1）软件可靠性模型（software reliability model）定义为：把软件失效过程的一般形式详细表示为故障引入、故障排除和运行环境等因素的函数表达式。

（2）软件可靠性预计（software reliability prediction）定义为：基于与软件产品及其开发环境相关的参数对软件可靠性进行预测。

（3）软件可靠性评估（software reliability assessment）定义为：确定现有软件可靠性已达到的水平及预测未来将达到的可靠性水平。

（4）软件可靠性参数（software reliability parameter）定义为：软件可靠性的变量或参数，如 MTBF、失效强度、失效率、可靠度等。参照硬件可靠性参数的划分，软件可靠性参数可分为使用参数和合同参数两种类型。

3. 软件失效机理

由于软件内部逻辑复杂，运行环境动态变化，且不同的软件差异可能很大，因而软件失效机理可能有不同的表现形式，软件失效机理如图 8-1 所示。

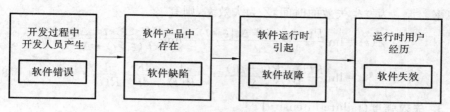

图 8-1　软件失效机理

（1）软件错误（software error）：是指在软件生存期内不希望或不可接受的人为错误，其后果是导致软件缺陷产生。在软件开发过程中，人是主体，难免会犯错误，软件错误主要是一种人为错误，相对于软件本身而言，是一种外部行为。

（2）软件缺陷（software defect）：是指存在于软件文档、数据程序中不希望或不可接受的偏差，其结果是软件运行到某一特定条件时出现故障。软件缺陷是程序固有的，存在于软件内部，是一种静态形式，只要不修改程序去除已有缺陷，缺陷就永远留在程序中。软件缺陷包括代码缺陷和文档缺陷。

（3）软件故障（software fault）：软件在规定的运行条件下，导致软件出现可感知的不正常、不正确或不按规范执行的状态，通常指软件由于缺陷在运行时引起并产生的错误状态。

（4）软件失效（software failure）：软件丧失完成规定功能的事件。对软件而言，程序运行偏离程序规定的需求即为失效，如死机、输出的结果错误等。

一个软件错误必然产生一个或多个软件缺陷，当一个软件缺陷被激活时，便产生一个软件故障，软件故障如果没有及时容错处理，便不可避免地产生软件失效，同一故障在不同条件下可产生不同的软件失效。

8.1.2　软件可靠性基本参数

1. 软件可靠度（reliability）

软件可靠度是指软件在规定的条件下、规定的时间段内完成预定的功能的概率，或者软件在规定时间内无失效发生的概率。

设规定的时间段为 t，软件发生失效的时间为 ξ，则软件可靠度 $R(t)$ 为

$$R(t)=P(\xi>t) \tag{8.1}$$

该参数是关于软件失效行为的概率描述，是软件可靠性的基本定义，它和硬件可靠性的定义相同，可利用一般的概率规律将它和系统其他部分（如硬件部分）组合在一起。

2. 失效率（failure rate）

失效率是指在 t 时刻尚未发生失效的条件下，在 t 时刻后单位时间内发生失效

的概率。设 ξ 为发生失效的时间，Z 为失效率，则有

$$Z(t) = \lim_{\Delta t \to 0} \frac{P(t < \xi > t + \Delta t \mid \xi > t)}{\Delta t} = \lim_{\Delta t \to 0} \frac{P(t < \xi > t + \Delta t)}{P(\xi > t) \cdot \Delta t}$$

$$= \lim_{\Delta t \to 0} \frac{R(t) - R(t + \Delta t)}{R(t) \cdot \Delta t} = -\frac{1}{R(t)} \cdot \frac{\mathrm{d}R}{\mathrm{d}t} = \frac{1}{R(t)} \cdot f(t) \qquad (8.2)$$

3. 失效强度（failure intensity）

失效强度是软件失效数均值随测试时间的变化率。

假设软件在 t 时刻发生的失效数为 $N(t)$，显然 $N(t)$ 是一个随机数，且随时间 t 的变化而不同，即 $\{N(t), t > 0\}$ 为一随机过程。设 $u(t)$ 为随机变量 $N(t)$ 的均值，则有

$$u(t) = E[N(t)] \qquad (8.3)$$

$$\lambda(t) = \frac{\mathrm{d}u(t)}{\mathrm{d}t} \qquad (8.4)$$

$\lambda(t)$ 为 t 时刻的失效强度。

从定义可以看出，失效率和失效强度是两个不同的概念，失效率的定义与硬件可靠性中瞬时失效率的定义是完全一致的，是基于寿命的观点给出的，它是一个条件概率密度。而失效强度是基于随机过程定义的，是失效数均值的变化率。

4. 平均失效前时间（mean time to failure，MTTF）

MTTF 是指当前时间到下一次失效时间的均值。假设当前到下一次失效的时间为 ξ，ξ 具有累计概率密度函数 $F(t) = P(\xi \leqslant t)$，即可靠度函数 $R(t) = 1 - F(t) = P(\xi > t)$，则有

$$T_{\mathrm{TF}} = \int_0^\infty R(t)\mathrm{d}t \qquad (8.5)$$

5. 平均失效间隔时间（mean time between failure，MTBF）

MTBF 是指两次相邻失效时间间隔的均值。假设两次相邻失效时间间隔为 ξ，ξ 具有累计概率密度函数 $F(t) = P(\xi \leqslant t)$，即可靠度函数 $R(t) = 1 - F(t) = P(\xi > t)$，则有

$$T_{\mathrm{BF}} = \int_0^\infty R(t)\mathrm{d}t \qquad (8.6)$$

在硬件可靠性中，MTTF 用于不可修复产品，MTBF 用于可修复产品；对软件则不能简单地用同样的概念进行区分。软件不存在不可修复的失效，也就是说软件失效是可修复的。但是，修复活动对失效特性的影响与硬件存在着很大的不同。

对用户来说，一般关心的是从使用到发生失效的时间的特性，因此一般用 MTTF 更为适合。特别是软件可靠性增长模型研究的都是失效前时间（time to failure，TTF）的特性，因而使用 MTTF 参数。

对于稳定投入使用的、具有失效自恢复能力的软件系统，可以选用 MTBF 参数。

6. 成功率（probability of success）

软件的成功率是指在规定的条件下软件完成规定功能的概率。

某些一次性使用的系统或设备，如导弹系统中的软件，其可靠性参数即可选用成功率。

7. 任务成功概率

任务成功概率是指在规定的条件下和规定的任务剖面内，软件能完成规定任务的概率。

8. 平均严重失效前时间

平均严重失效前时间是指仅考虑严重失效的平均失效前时间。所谓严重失效是指使系统不能完成规定任务的或可能导致人或物重大损失的软件失效或失效组合。

8.1.3　软件可靠性与硬件可靠性

软件可靠性的理论、技术和方法或来源于硬件可靠性，或借鉴于硬件可靠性。它们之间必然存在着相同或相似之处。软件的固有特性及其与硬件之间的本质差别又决定了它与硬件可靠性之间的差别。

软件可靠性与硬件可靠性之间相互支持、相互补充。软件可靠性工程的研究和实践必须以软件的固有特征为基础，有目的、有针对性地研究并采取专门的技术措施，同时也必须注重借鉴和吸收硬件可靠性工程的成功经验。软件、硬件可靠性的研究与实践最终将相互促进、协调发展，共同推进可靠性系统工程的进展。

1. 两者相似之处

（1）依靠开发设计过程保证产品的固有可靠性。

（2）简单就是可靠，结构越简单其可靠性就越容易得到保证。

（3）标准化、系列化、组合化是可靠性保证的重要途径。

（4）避错设计、查错设计、纠错设计、容错设计等可靠性设计思想。

（5）开发设计工具的先进性、有效性是可靠性水平高低的决定因素之一。

（6）利用概率论和统计学原理进行可靠性建模、度量、分析和过程控制。

（7）可靠性的预计和分配是可靠性设计的基础。

（8）可采用故障树分析、失效模式及影响分析等方法进行可靠性分析。

2. 两者主要差别

软件与硬件之间可靠性的原则性差别及其诱因归纳起来如表 8-1 所示。

表 8-1　软件与硬件可靠性的主要差别

序号	软件可靠性	硬件可靠性
1	逻辑实体,不会损耗,不会自然变化,只是其载体可变	物理实体,每件同规格产品的质量特性之间有散差,随时间和使用环境等的变化而老化、磨损,直至失效
2	不可靠问题主要是开发过程中人为差错造成的缺陷和错误所导致的	不可靠问题不只是设计问题,在生产和使用过程中也会产生新的故障
3	软件是程序指令集合,即使每条指令都正确,但由于在执行时其逻辑组合状态千变万化,最终软件不一定正确	元器件、零部件及其组合故障均可能导致系统失效
4	系统的数学模型是离散的,其输入在合理范围内的微小变化都可能引起输出的巨大变化,故障的形成无物理原因,无前兆	系统在正常工作条件下的行为是渐变的,故障的形成和失效的发生一般都有物理原因,有先兆
5	不存在不可修复的失效,即软件失效都是可修复的	存在不可修复的失效产品
6	失效率随故障的排除而下降	失效率的变化呈浴盆曲线

8.2　软件可靠性设计

　　软件可靠性设计是指在遵循软件工程规范(如结构化设计、模块化设计)的基础上,在软件设计过程中采用一些专门技术,将可靠性"设计"到软件中去,以满足软件可靠性要求的设计。软件可靠性设计技术是指那些适用于软件设计阶段,以保证和提高软件可靠性为主要目标的设计技术。

　　从软件可靠性设计的角度出发,软件可靠性设计可划分为避错设计、查错设计、纠错设计和容错设计四种类型。

8.2.1　软件避错设计

　　避错设计是在软件开发过程中,尽可能减少或避免软件错误引入的一种设计方法。由于软件错误通常在软件开发过程中,尤其是其中的各个变换过程中被引入,因此,避错设计最关心的是软件开发过程的控制。

避错设计体现了预防为主的思想,是软件可靠性设计的首选方法,贯穿于软件开发的整个过程。由于杜绝设计错误是不可能的,也是不现实的。因此,在进行避错设计的同时,应根据软件可靠性需求实施查错设计、改错设计和容错设计。

严格遵循软件工程原理,按照软件生命周期模型进行软件开发设计及软件项目管理是保证软件可靠性的基础,是避错设计的根本出路。基于软件生命周期模型的开发方法对避免和减少软件错误是十分重要的方法。该方法遵循软件工程原理,将软件生命周期划分成不同的阶段,规定每个阶段的目标、任务,以及其过程活动的内容、要求、输入、输出、阶段准则等,在各个阶段,根据策划组织实施评审、验证、测试等活动,保证和改进软件可靠性。

当然,常规的软件设计方法只是避错设计的基础,要进一步提高软件的可靠性,在严格实施软件工程原理的基础上,还必须采取诸如模块化设计、健壮性设计、简化设计、抗干扰设计、软/硬件相结合等专门的措施。

1. 软件避错设计原理

1) 简单原理

简单原理是软件避错设计原理的核心内容。软件结构越简单越可靠。这里的简单是指结构简单、关系简单、逻辑表达简单、语句的表达形式简单等。

使软件简单的办法就是对软件需求进行全面分析,采用抽象与逐步求精、模块与信息隐藏。抽象与逐步求精是将系统的总任务划分成一系列子任务。模块与信息隐藏是指作分割的同时,将具有同一关键特性的处理项目归纳到同一类任务中去。这样,划分了任务之间、模块之间的界面、关系和职责,将复杂系统简单化,有利于软件的分工与合作开发。

2) 同型原理

同型原理是保持形式一样的原理,它要求整个软件的结构形式、定义与说明、编程风格等统一,以达到软件的一致性、规范化。

根据同型原理,为软件需求、设计和编码阶段的开发制定统一的需求标准、设计标准及编码标准是非常重要的。

3) 对称原理

对称原理是保持形式对称。它要求大至系统的软件结构,小至程序的逻辑控制、条件、状态和结果等的处理形式力求对称。软件健壮性设计可以较好地保证软件保持形式对称。

4) 层次原理

层次原理是形式上和结构上保持层次分明的原理。从软件的角度看,软件层次化和模块化设计方法的本质就是将程序保持层次分明,同时将系统简化的一种手段。

5)线型原理

线型原理是形式上最好能用直线描述、最多也只能用矩形表述的原理。它是由一系列顺序运行的可执行单位组成的函数(或程序),也是实施简化的一种手段。

6)易证原理

易证原理是保持程序在逻辑上容易证明的原理。

从软件的角度看,形式化方法主要应用于程序验证,采取数学方法证明给定程序的正确性。

2. 模块化设计

模块化就是把程序划分成独立命名且可独立访问的模块,每个模块完成一个子功能,把这些模块集成起来构成一个整体,可以完成指定的功能以满足用户的需求。

模块化相当于把一个复杂的问题区分为若干易于处理的子问题,能降低程序的复杂性。在模块划分恰当时,可有效地减少开发工作量,这是因为单个模块更易于理解,可以分别编程、调试、查错和修改。运用模块化技术可以将错误局限在各个模块内部,防止错误蔓延,提高系统的可靠性。

开发具有独立功能而且和其他模块之间没有过多相互作用的模块,就可以做到模块独立,使得每个模块完成一个相对独立的特定子功能,并且和其他模块之间的关系很简单。总之,模块独立是好设计的关键,而设计又是决定软件质量的关键环节。

模块的独立程序可以由内聚和耦合两个定性标准度量。内聚是衡量一个模块内部各个元素彼此结合的程度。耦合是衡量一个软件结构内不同模块之间互相依赖的程度。内聚与耦合是相互关联的、对立的统一。通常系统中各模块的内聚越大,模块间的耦合越少,增加模块的内聚程序是设计中应该遵循的另一个重要原则。

3. 健壮性设计

健壮性是指在软件的运行过程中,不管遇到什么挫折情况,力求软件能完成所赋予功能的能力。健壮性设计主要采取以下设计原则。

(1)电源失效防护。软件应配合硬件处理电源在加电瞬间可能出现的间歇故障,以避免系统潜在的不安全初始状态。在电源失效时,应提供安全关闭功能,确保在电源电压波动时不产生潜在危险。

(2)加电检测。软件设计过程中应考虑在系统加电时完成系统级的检测,验证系统是否安全。在可能的情况下,软件应对系统进行周期性检测,以监视系统的安全状态。

(3) 抗电磁干扰。对于电磁辐射、电磁脉冲、静电干扰等,硬件设计应按规定要求把这些干扰控制在规定的水平内;软件设计应使系统在出现这种干扰时仍能安全运行。

(4) 抗系统不稳定。因外来因素导致系统不稳定,且不宜继续执行指令时,软件应采取措施,待系统稳定之后再执行指令。例如,对具有强功率输出的指令,如果强功率动作对系统的稳定性造成影响,则应在强功率输出指令执行后,等待至系统稳定再继续执行后续指令。

(5) 接口故障处理。充分估计各种可能的接口故障,采取预防措施。例如,软件应能识别合法与非法外部中断,对于非法外部中断,应能自动切换到安全状态;反馈回路中的传感器有可能发生故障,这些故障模式可能导致反馈异常,因此,必须防止软件将异常信息当作正常信息处理而造成反馈系统失控。同样,对于输入/输出信息,在进行加工处理之前,应检验其合理性。

(6) 错误操作的处理。软件应能判断操作人员的输入和操作是否正确、合理。当发生不正确或不合理的输入和操作时,能提示操作人员注意错误的输入或操作,并拒绝该操作的执行,同时指出错误的类型和纠正措施。对于合法的输入或操作,软件应提供操作正确的判据,并向操作人员提供视听反馈,使其知道系统已接受操作并正在进行处理。

(7) 程序超时或死循环故障处理。为确保系统具有程序超时或死循环故障处理能力,必须提供监控定时器或类似机制。在涉及硬件状态变化的程序中,应考虑状态检测次数或时间,对无时间依据的,可用循环等待次数作为依据,超过一定范围即作超时处理。

8.2.2　软件查错和改错设计

软件查错和改错设计是指在设计中赋予程序某些特殊的功能。查错设计是程序在运行中自动查找错误的一种设计方法。改错设计是指在设计中赋予程序自我改正错误、减少错误危害程度的能力的一种设计方法。

1. 查错设计

在软件设计中,正确地采用各种避错设计方法,可以大幅度地降低引入错误,但错误并不能完全避免,因而查错设计是需要的。查错设计检测分为被动式错误检测和主动式错误检测两种类型。主动式错误检测是指主动对程序状态检查,被动式错误检测是在程序不同位置设置检测点,等待错误征兆出现,这是当前主流的检测方法。

1）被动式错误检测

被动式错误检测使用于软件的各种结构层次，用来检测从一个单元、模块向另一个单元、模块传递的错误征兆，检测存在于单元、模块内部的错误。

实施错误检测的必要前提是在程序处理过程中的若干关键性环节建立起检测的接收数据。如果实际执行的结果满足接收判断的要求，则判定程序状态正常。反之，则判断程序部分存在错误。实施自动错误检测的必要前提是"接收判断"能够从软件系统本身提取。这种具有自动错误检测功能的程序必定伴随着一定的程序冗余。在设计时，应该尽量将自动检测的功能集中到一起，构成错误检测模块，使它和实际处理过程相分离。

2）主动式错误检测

采用被动式错误检测只有当错误征兆被传送到具有检查功能的部位时，才能发现错误。主动式错误检测是设计时赋予程序的一种特殊功能，具有这种功能的程序能够主动地对系统进行搜索，并指示搜索到的错误。

主动式错误检测通常由一个检测监视器承担。检测、监视是一个并行过程，其功能是对系统的有关数据主动进行扫描，以便发现错误。

主动式错误检测可以作为周期性的任务安排，例如规定每半小时检查一次。主动式错误检测也可以当作一个低优先级的任务执行，在系统处于空闲状态时，主动进行检查。错误检查的内容取决于系统的特征，例如可以搜索主存储区以发现在系统可用存储区表中没有记载的，又没有分配给任何一个正在运行的程序的区域；也可以检查超过合理运行时间的异常过程，寻找系统中丢失的信息，检查在长时间内尚未完成的输入/输出操作。

2. 改错设计

程序运行过程中，经过自动错误检测发现错误征兆之后，人们自然期望软件具有能够自动改正错误的功能。改正错误的前提：一是能准确地定位错误，二是程序有能力修改错误语句。但现阶段没有人的参与几乎不可能，最多能做的是减少损失，限制错误的影响范围。通常采用的办法是隔离用户程序以减小失效范围，提高可靠性。目前，改错设计还没有达到实用阶段，一般系统采用的是容错设计。

8.2.3 软件容错设计

软件容错设计是指在设计中赋予程序某种特殊的功能，使程序在错误已被触发的情况下，系统仍然具有正常运行能力的一种设计方法。软件容错设计的作用是及时发现缺陷状态,并采取有效措施限制、减小乃至消除缺陷的影响,防止故障产生。

软件容错设计的基本思想来源于硬件可靠性中的冗余技术。最普遍使用的硬件容错技术是基于三模块冗余(TMR)的概念,硬件单元被重复使用三次或更多次,比较每个单元的输出结果,如果其中一个单元不能产生同其他单元一样的输出,它的输出就被忽略。一个缺陷管理程序可能自动地修复这个有缺陷的单元,若该单元无法修复,则系统自动地重新配置,将这个有故障的单元撤出。之后,系统继续用其他两个单元工作。

该容错方法基于的假设为系统的缺陷是组件失效而不是设计缺陷。组件的失效是独立的。试想,在正常运转情况下,所有的硬件单元都按照描述所定义的功能运行,所有的硬件单元同时发生组件失效的可能性是相当低的。

软件容错有两个相似的方法:N 版本程序设计(N-version programming)和恢复块(recovery block)法。N 版本程序设计与硬件可靠性中的静态冗余相对应;恢复块法与有转换开关的动态冗余相对应。容错软件含有众多的冗余单元,增大了程序规模,增加了资源消耗,因此容错技术不宜普遍采用,只能有选择性地用于失效后果非常严重的场合。

1. 实现软件容错的基本活动

实现软件容错的基本活动有四个:故障检测、损坏估计、故障恢复和缺陷处理。

1)故障检测

故障检测的目的是检查软件是否处于故障状态,这是容错活动的第一步。这里有两个问题需要考虑。一个问题是检测点安排问题:一种策略是将检测点设置得尽可能的早,另一种策略是将检测点设置得尽可能的晚。另一个问题是判定软件故障的准则。这里涉及"可接受性"标准。

软件故障检测可以从两方面进行:一方面检查系统操作是否满意,如果不满意,则表明系统处于故障状态;另一方面是检查某些特定的(可预见的)故障是否出现。

软件故障检测的方法包括重执(即重新执行)测试、逆推测试、编码测试、接口检测和诊断检测等。

2)损坏估计

从故障显露到故障检测需要一定时间(潜伏期)。在这期间,故障被传播,系统的一个或多个变量被改变,因此需要进行损坏估计,以便进行故障恢复。

3)故障恢复

故障恢复是指将软件从故障状态恢复到非故障状态,有向后恢复和向前恢复之分。

4）缺陷处理

缺陷处理是指确定有缺陷的软件部分（导致软件故障的部件），并采用一定的方法将缺陷排除，使软件继续正常运行。排除缺陷有两种方法：替换和重构（缺陷软件不再使用，系统降级使用）。

2. N 版本程序设计

N 版本程序设计要求设计 N 个功能相同，但内部差异的版本程序，版本功能即为软件功能。N 个版本分别运行，以"静态冗余"方式实现软件容错。每个版本程序中设置一个或多个交叉检测点。版本每当执行到一个交叉检测点时便产生一个比较向量，并将比较向量交给驱动程序，自己则进入等待状态，等待来自驱动程序的指令。

一个比较向量包含两部分信息：比较向量，用于比较的目的；比较状态标志，用来指示在产生比较向量的过程中是否发生了特殊事件，如检测到例外条件、遇到版本结尾等。

比较向量在驱动程序中有两个作用：一是实现各版本之间的比较，二是实现各版本之间的同步。驱动程序用于管理 N 个版本的运行，它的功能主要有：激活各版本，使之投入运行；接收来自各版本的比较向量；实现各版本的同步；比较来自各版本的比较向量；处理比较结果。

各版本与驱动程序之间的同步过程：初始状态下，版本处于非激活状态。当它被驱动程序激活之后，进入等待状态。在这个状态下，它等待驱动程序发来启动运行的同步信号，一旦该信号到达，它便进入运行状态。运行中每当遇到一个交叉检测点时，该版本产生一个比较向量，并通知驱动程序，比较向量已准备好。同时版本又回到等待状态。当驱动程序在向该版本发出的比较状态指示器中通知该版本继续运行时，版本又进入等待状态。相反，若通知版本终止运行，则版本的状态由运行状态回到终止状态。

3. 恢复块设计

程序的执行过程可以由一系列操作构成，这些操作又可由更小的操作构成。恢复块设计就是选择一组操作作为容错设计单元，从而把普通的程序块变成恢复块。被选择用来构造恢复块的程序块可以是模块、过程、子程序、程序段等。

一个恢复块包含若干个功能相同、设计差异的程序块文本，每一时刻均有一个文本处于运行状态。一旦该文本出现故障，则以备件文本加以替换，从而构成"动态冗余"。软件容错的恢复块方法就是使软件包含一系列恢复块。

8.3　软件可靠性分析

8.3.1　软件故障模式和影响分析

软件故障模式和影响分析(SFMEA)是在软件开发阶段的早期,通过识别软件故障模式、分析造成的后果,研究并分析各种故障模式产生的原因,寻找消除和减少其有害后果的方法,以尽早发现潜在的问题,并采取相应的措施,从而提高软件的可靠性和安全性。

1. SFMEA 基本概念

(1) 软件故障。软件故障泛指程序在运行中丧失了全部或部分功能、出现偏离预期正常状态的事件。软件故障是由软件的错误或故障引起的。

(2) 软件故障模式。软件故障模式指软件故障的不同类型,通常用于描述软件故障发生的方式以及对装备运行产生的影响。

(3) 软件故障的影响。软件故障的影响是指软件故障模式对软件系统的运行、功能或状态等造成的后果。

2. SFMEA 的分析阶段与级别

虽然软件和硬件 FMEA 在原理上是相似的,但由于软件和硬件本质上的重大差别,在进行 SFMEA 分析时,软件不能完全套用硬件的分析方法,特别是在分析阶段与分析级别的选择方面。

软件质量关键在于设计质量。SFMEA 虽然也可用于定型后程序的可靠性分析,但更适用于软件开发阶段的早期(即需求分析和概要设计阶段)分析,目的在于分析各种失效模式对软件系统的影响,从而在软件实现之前为改进设计质量提供依据。

SFMEA 分析的级别应按照实际情况,根据软件系统结构层次和功能划分。根据 SFMEA 分析阶段和级别的不同,分为系统级 SFMEA 和详细级 SFMEA 两种分析方法。

系统级 SFMEA 在软件设计阶段的早期进行,对软件体系结构进行安全性评估,在这一阶段进行体系结构修改的费用较低。系统 SFMEA 的分析对象是设计阶段早期高层次的子系统、部件。

详细级 SFMEA 主要用于验证详细设计是否满足安全性设计要求。此阶段的分析对象是已经编码实现的模块或由伪代码描述的模块,因此至少要在详细设计完成以后进行。详细级 SFMEA 分析极其烦琐,是劳动密集型工作,因此适用于内存、通信、处理结果很少或没有硬件保护的关键系统。

3. 系统级 SFMEA 分析的步骤

系统级 SFMEA 分析一般包括以下几个步骤。

1)系统定义

系统定义主要是说明系统的主要功能和次要功能、用途、系统的约束条件和失效判据等,还包括系统工作的各种模式说明、系统的环境条件,以及软件、硬件配置。

2)故障模式分析

针对每个最小分析单元,确定其潜在的故障模式。IEEE 软件故障模式分为操作系统失败、程序挂起、程序失败、输入问题、输出问题、未达到性能要求、整个产品失效、系统错误信息等。

在 GJB/Z 1391—2006《故障模式、影响及危害性分析指南》中,给出了嵌入式软件 FMEA 的分析方法。其中软件的故障模式分为通用故障模式及详细故障模式。详细故障模式是对通用故障模式的细化,分为输入故障、输出故障、程序故障、未满足功能及性能要求的故障、其他类型故障。在进行系统级 SFMEA 时,应根据被分析软件的不同特点选用合适的故障模式。

3)故障原因分析

针对每个故障模式,分析所有可能的故障原因。软件故障原因是软件中潜藏的缺陷,一个软件故障的产生可能是由一个软件缺陷引起的,也可能是由多个软件缺陷共同作用引起的。潜在的软件故障原因如表 8-2 所示。

表 8-2　潜在的软件故障原因

序号	一般故障原因	具体故障原因
1	逻辑遗漏或执行错误	遗忘细节或步骤,逻辑重复,忽略极限条件,不必要的函数,需求的错误表述,未进行条件测试,检查错误变量,循环错误
2	算法的编码错误	等式不完整或不正确,丢失运算结果,操作数错误,操作错误,括号使用错误,精度损失,舍入和舍去错误,混合类型,标记习惯不正确
3	软件/硬件接口故障	中断句柄错误,I/O 时序错误,时序错误导致数据丢失,子函数或模块,子函数调用不当,子函数调用位置错误,调用不存在的子函数,子函数不一致
4	数据操作错误	数据初始化错误,数据存/取错误,标志或索引设置不当,数据打包/解包错误,变量参考错误数据,数据越界,变量缩放比例或单位不正确,变量维度不正确,变量类型错误,变量下标错误,数据范围不对

序号	一般故障原因	具体故障原因
5	数据错误或丢失	传感器数据错误或丢失，操作数据错误或丢失，嵌入表中的数据错误或丢失，外部数据错误或丢失，输出数据错误或丢失，输入数据错误或丢失

4）故障影响分析

分析每个故障模式对局部、高一层次，直至整个软件系统的影响，以及故障影响的严重性。可参考第 6 章中的表 6-5 武器装备常用的严酷度类别及定义，来确定故障影响的严酷度类别。

5）制定改进措施

根据分析得到的故障产生的原因及影响的严重性等，确定需要采取的改进措施。改进措施主要有两种途径：一是修改软件需求、设计或编码中的缺陷，增强软件的防护措施；二是增加硬件防护措施。

进行 SFMEA 时，应填写 SFMEA 工作表格。SFMEA 工作表格应能完整地体现分析的目的和取得的成果。表 8-3 是一张 SFMEA 工作表格示例，表中记录 SFMEA 分析的结果。

表 8-3　SFMEA 工作表格示例

编号	单元	功能	故障模式	故障原因	故障影响			严酷度类别	设计改进措施
					局部影响	高一层次影响	最终影响		
1.1	输出	输出数据提交用户显示	数值高于正常范围	逻辑问题，计算问题，数据操作问题	N/A	无	任务降级	Ⅲ	…
1.2			数值低于正常范围	逻辑问题，计算问题，数据操作问题	N/A	无	任务降级	Ⅲ	…
1.3			输出数据没有显示	逻辑问题，时序问题	N/A	无	任务终止	Ⅲ	…
⋮	⋮		⋮	⋮	⋮	⋮	⋮	⋮	⋮

4. 详细级 SFMEA 的分析步骤

详细级 SFMEA 分析方法，首先分析每个软件模块的输入变量和算法的故障模式，然后追踪每个故障模式对软件系统的影响直至输出变量，最后将最终的软件状态与预先定义的软件危险状态对比，以判断是否存在危险的软件故障。详细级

SFMEA 分析步骤如下。

1) 建立变量映射关系

如果在系统级 SFMEA 中已经进行了软件危险分析,则在进行详细级 SFMEA 时,第一步是建立变量映射关系。建立变量映射关系就是要确定每个软件模块使用哪些变量,变量的类型是输入变量、输出变量、局部变量,还是全局变量,以及每个输入变量的来源(如硬件或下层模块)和每个输出变量的目标(如上层模块)。利用变量映射关系可以追踪下层模块的软件失效会对哪些系统输出变量产生影响。

2) 建立软件"线索"

"线索"就是软件的输入变量经过一系列的处理后到系统输出变量之间的映射关系。线索可以帮助分析人员分析下层模块的软件失效经过哪些处理过程,并最终对系统输出变量产生怎样的影响。

要建立变量映射关系及软件"线索",可以利用软件设计文档,但更为有效的手段是开发相应的工具自动获得。为此,需建立变量定义表、变量使用表、函数调用关系表等,以建立变量映射关系及软件"线索"。

3) 确定软件故障模式

确定每个软件模块输入变量的故障模式,以及算法的故障模式。

确定输入变量的故障模式,首先对每个输入变量进行分析,确定其类型,如实型、整型、布尔型、枚举型等,然后分析每种变量类型的故障模式,几种典型变量类型的故障模式如表 8-4 所示。算法的故障模式是,如果一个例程的功能是计算一个数值,则故障模式是过高和过低。

表 8-4 典型变量类型的故障模式

序号	变 量 类 型	故 障 模 式
1	模拟量(实型,整型)	变量值超过上限、变量值超过下限
2	带有效标志位的模拟量	变量值在允许范围内,但有效标志位为无效;变量值超过上限,但有效标志位为有效;变量值超过下限,但有效标志位为有效
3	布尔型	应该是真,但变量值置为假;应该是假,但变量值置为真

4) 失效影响分析

利用已经建立的变量映射关系及软件"线索",分析每个模块的算法以及输入变量的故障对模块输出的影响,并向上追踪直至对整个系统输出影响,然后与软件危险分析的结果进行对比,判断软件故障是否会导致危险事件的发生。

由于系统级 SFMEA 能够在早期发现安全性设计隐患,提供设计更改建议,并且分析相对简单,因此具有广泛的应用前景。而详细级 SFMEA 相对来说工作要烦琐得多,不仅要分析输入变量的故障模式,还要分析内部算法的失效模式,然后对每一种故障模式考查代码是否会对输出造成影响。如果输入变量很多,代码量很大或算法很复杂的话,详细级 SFMEA 的工作量是巨大的,因此其适用性受到很大的限制。

8.3.2 软件故障树分析

1. 软件故障树的建立

软件故障树分析(SFTA)法是一种自顶向下的软件可靠性分析方法,即从不希望软件系统发生的事件(顶事件),特别是对人员和设备的安全产生重大影响的事件开始,向下逐步追查导致顶事件发生的原因,直至基本事件(底事件)。若要取得最好的分析效果,SFTA 应当与整个系统的 FTA 综合起来进行分析。

顶事件的选择可以基于以下几个方面。

(1) 对系统最终不应该做什么的工程判断。

(2) 现有经验,或以往"线索单"中记录的问题。

(3) 软件故障模式和影响分析(SFMEA)的分析结果。

(4) 初步危险分析提供的信息。

(5) 规格说明书、标准等文档提出的要求。

故障树的建立是软件故障树分析中最基本也是最关键的一项工作。故障树建立的完善程度直接影响定性分析和定量分析的准确性,因而需要建树者广泛地掌握并使用各方面的知识和经验。

2. 软件故障树建立的基本方法

建立软件故障树通常采用演绎法。所谓演绎法是指首先选择要分析的顶事件(即不希望发生的故障事件)作为故障树的"根",然后分析导致顶事件发生的直接原因(包括所有事件或条件),并用适当的逻辑门与顶事件相连,作为故障树的"节"。按照这个方法逐步深入,一直追溯到导致顶事件发生的全部原因(底层的基本事件)为止。这些底层的基本事件称为底事件,构成故障树的"叶"。

在故障树最底层的底事件是导致顶事件发生的根本原因。软件故障树分析的目的就是要采取措施避免底事件的发生,从而降低顶事件的发生概率。有些底事件可以独立地引发顶事件,有些底事件按照一定的逻辑关系共同引发顶事件。

3. 软件故障树定性和定量分析

软件故障树定性分析的目的是找出关键性的导致顶事件发生的原因,指导软件可靠性、安全性设计以及软件测试。软件故障树定性分析的常用方法是识别最小割集,对最小割集进行定性比较,对最小割集及顶事件的重要性进行排序。

软件故障树定量分析的目的是计算或估计软件故障顶事件发生的概率。如果每一个底事件发生的概率已知,可根据软件故障树的逻辑关系,计算顶事件发生的概率。

软件故障树定性和定量分析可参见第 6 章中故障树分析的相关内容。

8.4　软件可靠性测试

软件可靠性测试是指为了满足软件可靠性要求、验证是否达到软件的可靠性要求、评估软件的可靠性水平而对软件进行的测试。其采用的是基于软件操作剖面(对软件实际使用情况的统计规律定量描述)对软件进行随机测试的测试方法。

软件可靠性测试的主要活动包括构造操作剖面、生成测试用例、测试数据及测试环境准备、测试运行、可靠性数据收集、可靠性数据分析和失效纠正。

8.4.1　软件可靠性增长测试

软件可靠性增长测试的目的是发现程序中影响软件可靠性的缺陷,通过排除这些缺陷实现软件可靠性增长;根据故障数据评估当前软件可靠性水平。

1. 软件可靠性增长测试特点

(1)测试目的:通过测试—可靠性分析—修改—再测试—再分析—再修改的循环过程,使软件达到可靠性要求。

(2)测试人员:通常由软件研制方而非使用方进行测试。

(3)测试阶段:通常在软件系统测试阶段。

(4)测试场所:一般在实验室中进行。

(5)测试方法:基于操作剖面的随机测试方法。

(6)测试特征:测试过程中软件出现失效后修改软件、排除引起失效的缺陷,从而实现软件可靠性增长。

2. 软件可靠性增长测试过程

软件可靠性增长测试过程分为测试策划阶段、测试设计与实现阶段、测试执行阶段和测试总结阶段。

1）测试策划阶段

该阶段主要工作是定义故障和可靠性目标，主要输出为"软件可靠性增长测试计划"。

2）测试设计与实现阶段

该阶段主要工作是构造操作剖面和建立测试环境，主要输出为"软件可靠性增长测试说明"与"软件可靠性增长测试用例集"。

3）测试执行阶段

该阶段主要工作是根据测试用例执行测试，同时收集故障数据用于可靠性评估，主要输出是"软件可靠性增长测试执行记录"与"软件可靠性增长测试问题报告"以及"软件可靠性增长测试故障数据记录与分析"。

4）测试总结阶段

该阶段主要工作是对测试过程和数据进行总结，主要输出是"软件可靠性增长测试报告"。

8.4.2　软件可靠性验证测试

软件可靠性验证测试是为了验证在给定的置信度下，软件当前的可靠性水平是否满足用户的要求而进行的测试，即用户在接收软件时，确定它是否满足软件规格说明书中规定的可靠性指标要求。

1. 软件可靠性验证测试特点

（1）测试目的：定量估计软件产品的可靠性，并作出接收/拒收回答。

（2）测试人员：通常由使用方参加测试。

（3）测试阶段：软件确认（验收）阶段。

（4）测试场所：既可在实验室测试，又可在现场安装测试。

（5）测试对象：软件产品的最终形式，而不是中间形式。

（6）测试方法：基于软件操作剖面的随机测试方法。

（7）测试特征：不进行软件缺陷剔除。

2. 软件可靠性验证测试过程

软件可靠性验证测试过程分为测试策划阶段、测试设计与实现阶段、测试执行阶段和测试总结阶段。

1）测试策划阶段

该阶段主要工作是确定软件失效的定义和等级、编制验证统计测试方案，主要输出为"软件可靠性验证测试计划"。其中最重要的工作是编制验证统计测试方案。软件可靠性验证测试中通常选用的统计方案有定时截尾测试方案、序贯测试方案和无失效运行可靠性测试方案。

2）测试设计与实现阶段

该阶段主要工作是构造操作剖面和生成测试用例，建立并校核测试环境。其主要输出为"软件可靠性增长测试说明"与"软件可靠性测试用例集"。

3）测试执行阶段

该阶段主要工作是根据测试用例执行测试，记录、分析测试结果并收集故障数据，按照统计方案要求进行接收/拒收判断。其主要输出是"软件可靠性验证测试执行记录"与"软件可靠性验证测试问题报告"以及"软件可靠性验证测试故障数据记录与分析"。

4）测试总结阶段

该阶段主要工作是对软件可靠性验证测试过程和结果进行总结，给出软件可靠性验证测试结论，主要输出是"软件可靠性验证测试报告"。

8.4.3 软件可靠性摸底测试

软件可靠性摸底测试主要针对没有明确提出软件可靠性指标，却希望通过软件可靠性测试确定软件可靠性水平而进行的测试。

1. 软件可靠性摸底测试特点

（1）测试目的：定量估计软件产品的可靠性水平。

（2）测试人员：通常由生产方参加测试。

（3）测试阶段：软件确认阶段之前。

（4）测试场所：既可在实验室测试，又可在现场安装测试。

（5）测试对象：软件产品的最终形式，而不是中间形式。

（6）测试方法：基于软件操作剖面的随机测试方法。

（7）测试特征：不进行软件缺陷剔除。

2. 软件可靠性摸底测试过程

软件可靠性摸底测试过程分为测试策划阶段、测试设计与实现阶段、测试执行阶段和测试总结阶段。

1）测试策划阶段

该阶段主要工作是确定软件失效的定义和等级、编制验证统计测试方案，主要输出为"软件可靠性摸底测试计划"。

2）测试设计与实现阶段

该阶段主要工作是构造操作剖面和生成测试用例，建立并校核测试环境，主要输出为"软件可靠性摸底测试说明"与"软件可靠性摸底用例集"。

3）测试执行阶段

该阶段主要工作是根据测试用例执行测试，记录、分析测试结果并收集故障数据，主要输出是"软件可靠性摸底测试执行记录"与"软件可靠性摸底测试问题报告"以及"软件可靠性摸底测试故障数据记录与分析"。

4）测试总结阶段

该阶段主要工作是对软件可靠性摸底测试过程和结果进行总结，给出软件可靠性验证测试结论，主要输出是"软件可靠性摸底测试报告"。

8.5　软件可靠性的应用

8.5.1　雷达数据处理软件容错设计

雷达数据处理软件系统是雷达终端分系统的重要组成部分，担负着整个雷达系统中重要的数据处理任务，主要完成雷达的数据融合、航迹处理、目标识别、目标显示、数据回放和数据通信等功能。该软件系统高效、稳定运行是保证雷达监控系统正常运行的必需条件，因此，必须对其进行软件可靠性设计。

1. 软件运行平台

雷达数据处理平台由 4 块 CPU 组成，每块 CPU 都是相对独立的，分别装有 VxWorks5.5 嵌入式操作系统。由此形成 4 个独立节点，每个节点加载相应的数据处理任务，不同节点的任务间通过以太网进行交互通信。4 个节点的相互关系如图 8-2 所示。

4 个节点按照功能分为前端控制和后端数据接收处理。其中前端控制主要实现发射控制、接收控制以及伺服控制等功能；后端数据接收处理主要实现解模糊处理、点迹数据处理和航迹跟踪处理等功能。工作时，前端控制中的 CPU1 和 CPU2 加载基于同一规范的控制程序；后端数据接收处理的 CPU3 和 CPU4 加载基于同一规范的数据处理程序。

在雷达监控系统设计初期，引入了软件避错设计技术，总的设计原则是控制和减少程序的复杂性。软件避错设计采用的具体方法如下。

（1）雷达监控系统采用自顶向下的层次设计结构，避免出现重复，大幅减少程序复杂性。

（2）采用模块化程序设计，每个层次由若干模块组成，模块按功能划分。模块

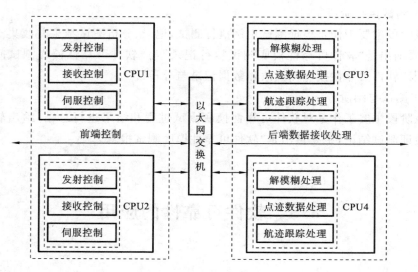

图 8-2　4 个节点的相互关系

划分时,在每个模块能独立完成一种功能的前提下,使模块尽量紧凑,保证模块间参数可靠传递。

(3) 软件编写严格按照软件编程规范命名和编写,提高模块间兼容性。

2. 监控容错软件结构设计

监控容错软件驻留在雷达数据处理软件系统的各节点中,作为系统任务自动加载运行,实现以下功能:对于本节点的应用层和系统层任务,根据运行状态判断其是否正常工作,并对故障任务进行恢复控制;对于硬件资源,监测其资源消耗情况及工作状况;在各节点间进行故障信息交互。该软件可划分为状态保存、故障检测、决策控制、日志记录、节点检测以及健康控制 6 个模块,其结构设计示意图如图8-3 所示。

(1) 状态保存模块保存任务状态信息,作为故障处理的依据,用于故障任务的恢复。

(2) 故障检测模块的功能是对本节点的任务进行监测,获取信息并分析,如果发现存在异常挂起或退出等故障,则上报决策控制模块。

(3) 决策控制模块根据故障检测模块上报的故障类型,以及状态保存模块所存储的异常任务的当前状态信息参数,选择相应的故障恢复策略进行处理,使任务恢复正常的运行状态。

(4) 日志记录模块将故障的相关信息以日志形式保存,用于后期查阅及分析。

(5) 节点检测模块与其他节点进行故障事件的信息交互,实现故障控制同步。

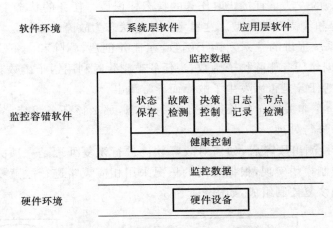

图 8-3　监控容错软件结构设计示意图

（6）健康控制模块对智能监控容错软件自身进行监控，如果发现异常故障，则对整个监控容错软件进行恢复处理。

3．软件容错设计流程

监控容错软件主要对任务信息监视，对故障、异常信息检测，以及对异常任务恢复处理，保障软件模块在有错误的状态下能够实现容错。单节点容错处理流程如图 8-4 所示。

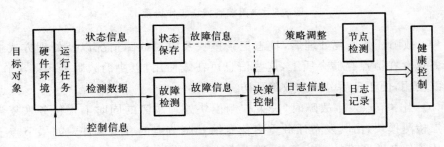

图 8-4　单节点容错处理流程

具体流程描述如下。

（1）状态保存模块按照一定时间周期查询本节点运行的任务状态信息，具体时间周期在配置文件中设置，以既能对任务信息及时更新，又能满足系统实时性需求为理想状态。

（2）任务出现故障与否由故障检测模块判断，准确、及时地捕捉到异常故障非常关键。主要应用以下 3 种技术手段判断处理。

① 最直观的方法是直接获取任务的状态标识位。任务的状态主要有运行、就绪、阻塞、挂起和等待 5 种类型。这里定义挂起状态为故障状态。

② 利用系统提供的一系列钩子函数,在任务创建、删除和上下文切换时增加相应处理,如创建任务删除钩子函数,当任务被删除时利用钩子函数获取当前任务信息,以此判断任务是否因发生了故障而异常跳出。

③ 如果一个非关键任务长期处于运行状态,那么该任务可能陷入死循环,可作为故障任务进行处理。

(3) 任务检测出故障后,如何对故障软件进行恢复处理是一项关键技术。这里采用决策控制模块实现,根据不同的情况采用相应策略进行故障恢复。该模块由策略匹配和恢复控制组成,如图 8-5 所示。

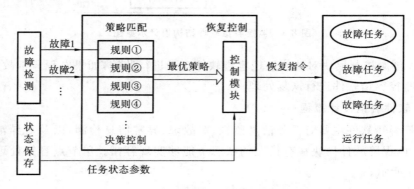

图 8-5　决策控制模块工作流程

(4) 故障任务恢复处理后,日志记录模块及时对故障情况以及处理方式进行记录并保存在节点存储介质上,这些信息可在线使用,以协助故障处理等工作;也可离线使用,便于事后分析和故障预防。

(5) 当本节点发生故障时,决策控制模块处理故障的同时上报任务恢复消息给节点检测模块,由其发布任务重启信息给其余节点的容错软件。如果节点上存在与故障任务关联度较高的任务,那么为达到系统一致性,该节点上的节点检测模块将主动触发决策控制模块并令其直接重启该关联任务,其流程如图 8-6 所示。

(6) 为提高容错软件自身的可靠性,设计了健康控制模块,尤其要对其他功能模块进行健康检测,发现异常后重新启动,确保智能监控容错软件正常运行。

4. 软件容错设计策略匹配

理想的容错实时系统应该具有多种容错策略。系统能根据当前存在的各种资源、系统负载、实时任务的关键程度和容错要求,选择合适的容错策略,实现资源的最优配置,保证系统实现各种功能并达到性能指标。

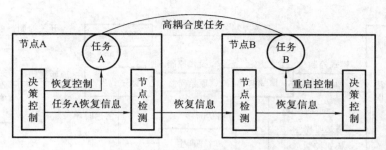

图 8-6　高耦合度任务重启流程

容错策略匹配对不同故障状态采取不同规则进行容错恢复处理,规则具体如下。

(1) 对故障频发的软件模块可考虑重启本任务并进入挂起状态,对整个节点中的所有应用层任务进行复位,如果故障仍然发生,则可对节点硬复位,使系统层任务也进行恢复更新。

(2) 对于几个耦合度较高的任务设定组,当某个任务发生故障被强制重启后,因恢复延迟的影响,难以和其他相关任务同步,可对组内任务执行复位操作。

(3) 在某故障任务利用保存过的状态参数恢复却仍失败的情况下,可对任务进行初始化,恢复为启动状态。

(4) 对整个系统影响很大的任务,如发生故障将影响系统正常运行,并产生严重后果,可以采用重新启动系统的方法。

(5) 当需要恢复某个任务时,若此时系统工作量较大,故障恢复延迟可能导致一些关键任务无法满足最晚运行时间,则此时策略调整为延时恢复,以防破坏系统处理关键任务的实时性。

(6) 恢复策略具有学习性特征,如果使用一种策略多次未达到理想状态,则在以后的异常处理时首先摒弃该策略,尝试使用其他策略。

8.5.2　雷达主控软件可靠性设计

本节主要介绍某星载合成孔径雷达主控软件的可靠性设计。

1. 软件系统结构

在本雷达中,所有的后端数字部分设计在一块电路板上,需要完成收发数字化处理、雷达时序产生、信号处理以及雷达系统主控,整个雷达的数字部分拓扑结构如图 8-7 所示。其中,雷达主控软件控制整个雷达的运行。主控软件驻留在 AT697F 芯片上,通过 1553B 总线接收星上控制系统的控制指令,最终的雷达成像数据通过低压差分信号(LVDS)传送给星上控制系统。

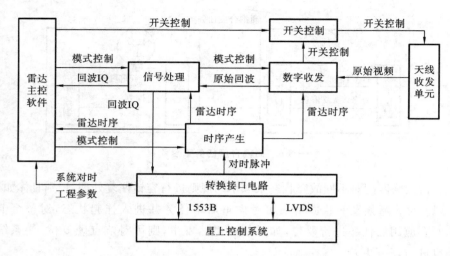

图 8-7　软件系统结构示意图

AT697F 芯片是 Atmel 公司的基于 SPARCV8 体系结构的高集成度、高性能 32bit 精简指令集计算机（RISC）处理器。

1553B 总线采用曼彻斯特Ⅱ型编码，其通信协议应遵从 MIL-STD-1553B 标准，接口协议芯片采用 B65170。

工程参数涉及雷达与上级部件以及雷达内部的信息交换。在本雷达中，对雷达的工程参数的设计主要包括标识域、长度域、控制域、数据域以及校验域五部分，每部分按规定的格式确定。

2. 雷达主控软件流程

雷达主控软件在流程设计中重点考虑流程的健壮性，尤其是当出现诸如中断缺失、数据异常等情况时，需要相应的异常处理机制保证。主控软件的处理流程如图 8-8 所示。

3. 软件可靠性设计

星载雷达软件尤其重视可靠性设计，可靠性除了要求选择满足指标的抗辐照器件以外，在设计上主要通过冗余技术避免空间辐照导致的单粒子翻转。一般来说，冗余主要包括信息冗余、执行冗余和软件冗余。

（1）信息冗余是为了检测与纠正数据在传输或存储过程中的错误而外加一部分冗余信息码元。信息冗余容错技术使用的检错与纠错码通常有奇偶校验码、汉明码、循环冗余校验码（CRC 校验）等。其中 CRC 校验已成为数据传输差错控制的标准形式，其对 16 位内信息码的错误检出率为 100%。

240

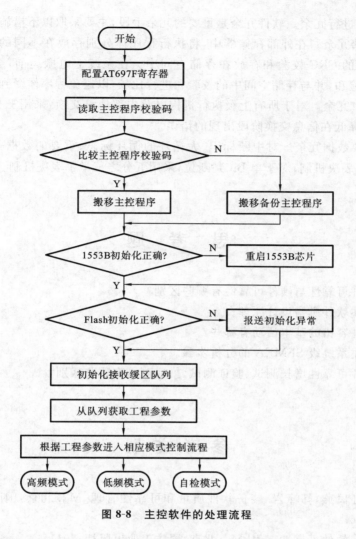

图 8-8　主控软件的处理流程

（2）执行冗余是靠牺牲系统的时间来换取可靠性的。对于大部分执行过程来说，在没有受到单粒子影响的情况下，执行结果应是正确无误的。但当瞬时受到单粒子影响时，会导致执行过程正确而结果错误。因此，设计当程序检测到错误的执行结果时，将对前面执行代码重复执行三次，并将执行结果进行比较，选取正确的结果，以消除瞬态性的故障。

（3）软件冗余主要是通过增加不同的功能模块、数据存储模块来实现对功能和数据的表决冗余。但是由于本身星载器件的能力有限，如果全部采用功能模块、数据存储模块的冗余，则大大增加处理器的资源。因此，在设计中往往是对重要的数据和功能进行冗余。软件冗余是重要的冗余手段,主要采取以下措施。

① 存储冗余。在外部存储器中,将执行程序体分别存放在不同的存储空间,并将程序体的 CRC 校验和存放在存储空间中。在系统上电搬运前,会读取程序体,计算校验和,并与存储空间中的校验和进行比较,以避免程序体受到破坏。

② 接口冗余。对于所有上级执行机构以及内部信息交换,采用三分之二举手表决机制,降低在信息交换阶段出现的错误。

③ 重要数据冗余。对中断标识、大循环的循环标志、重要的数据等均采用三分之二举手表决机制;对于单 Bit 判断位,采用五分之三举手表决机制。

思 考 题

1. 软件可靠性与硬件可靠性有哪些区别?
2. 简述软件避错设计原理。
3. 软件容错的基本活动有哪些?
4. 简述系统级 SFMEA 的分析步骤。
5. 软件可靠性增长测试、验证测试、摸底测试有哪些区别?

参 考 文 献

[1] 阮镰,陆民燕,韩峰岩. 装备软件质量和可靠性管理[M]. 北京:国防工业出版社,2006.

[2] 陆民燕. 软件可靠性工程[M]. 北京:国防工业出版社,2011.

[3] 孙志安,裴晓黎,宋昕,等. 软件可靠性工程[M]. 北京:北京航空航天大学出版社,2009.

[4] 杨秉喜. 雷达综合技术保障工程[M]. 北京:中国标准出版社,2002.

[5] 高社生,张玲霞. 可靠性理论与工程应用[M]. 北京:国防工业出版社,2002.

[6] 甘茂治,康建设,高崎. 军用装备维修工程学[M]. 2 版. 北京:国防工业出版社,2005.

[7] 国防科学技术工业委员会. GJB/Z 102—1997 软件可靠性和安全性设计准则[S]. 北京:国防科工委军标出版发行部,1997.

[8] 中国人民解放军总装备部.GJB/Z 161—2012 军用软件可靠性评估指南[S].北京:总装备部军标出版发行部,2012.

[9] 刘旭,胡未琼,戴伟.基于智能容错技术的雷达软件可靠性研究[J].现代雷达,2011,33(08):47-51.

[10] 冯俊涛,杨新年.星载雷达主控软件设计与实现[J].舰船电子对抗.2017,40(03):86-88,113.

[11] 汪洋,陈兵强,郝金双.雷达数据处理软件可靠性技术[J].指挥信息系统与技术,2013,4(02):40-44.

[12] 吴建刚,刘毅,刘璐雅,等.导引头伺服控制软件可靠性设计与验证[J].机电产品开发与创新,2022,35(03):48-50.

[13] 孙俊若,叶波,汪圣利.雷达系统软件缺陷预测技术研究与实践[J].信息化研究,2018,44(01):1-7.

[14] 汪永军,陈之涛,孙永良,等.雷达终端系统可靠性提升[J].国外电子测量技术.2012,31(03):72-74.

[15] 孙高俊,莫军.雷达终端系统的冗余设计方法[J].质量与可靠性,2010(01):13-15.

[16] 李雄军.雷达系统仿真软件可靠性测试与评估研究[D].成都:电子科技大学,2016.

[17] 杨涛.雷达数据处理软件的设计与开发[D].成都:电子科技大学,2019.

[18] 杨国航.软件化雷达数据处理与显控组件的设计与实现[D].西安:西安电子科技大学,2022.

[19] 朱晨曦.软件化雷达的数据处理与显控组件的研究与实现[D].西安:西安电子科技大学,2020.

[20] 赵梦倩.地面监视雷达数据处理与显控软件的设计与实现[D].南京:南京理工大学,2019.

[21] 荆楠.地面相控阵雷达数据处理技术及软件设计研究[D].南京:南京理工大学,2018.

[22] 周志增,吴志建,顾荣军,等.基于航迹滤波的预警雷达数据处理软件研究与实现[J].火控雷达技术,2023,52(01):53-59.

第9章

雷达装备可靠性试验与评价

9.1 概　　述

9.1.1 可靠性试验目的与分类

1. 可靠性试验目的

可靠性试验是通过施加典型的环境应力和工作载荷的方式,剔除产品早期缺陷、提高或测试产品可靠性水平、检验产品可靠性指标、评估产品寿命指标的一种有效手段。从广义上来说,任何与装备失效(故障)效应有关的试验都可以认为是可靠性试验。

可靠性试验贯穿新装备的研制、定型及批量生产全过程。归纳起来,可靠性试验的目的有以下几点。

(1)对产品进行筛选,发现产品在设计、元器件、零部件、原材料和工艺方面的各种缺陷,为改善装备的可靠性提供信息。

(2)确认产品是否符合可靠性定量要求。

(3)验证可靠性设计及改进措施的合理性,如可靠性预计的合理性,冗余设计的合理性,选用元器件、原材料及加工工艺的合理性等。

（4）研究产品的故障机理，了解有关元器件、原材料、整机乃至系统的可靠性水平，为设计新产品的可靠性提供依据。

2. 可靠性试验分类

可靠性试验的种类很多，可以按其不同的分类方法进行分类。

（1）按照可靠性计划的阶段分类：研制试验、鉴定试验、验收试验。

（2）按照对可靠性的影响分类：可靠性增长试验、可靠性验证试验。

（3）按照试验内容分类：功能试验、寿命试验、环境试验。

（4）按照试验环境分类：实验室（内场）可靠性试验和使用现场（外场）可靠性试验。

（5）按照试验时加在产品上的应力强度分类：正常工作试验、过负荷试验、临界试验、加速寿命试验。

（6）按照施加应力的时间特征分类：恒定应力试验、变动应力试验、存放试验。

（7）按照试验样品破坏情况分类：破坏性试验、非破坏性试验。

（8）按照试验规模分类：全数试验、抽样试验。

（9）按照试验终止方法分类：定时截尾试验、定数截尾试验、序贯寿命试验。

9.1.2 可靠性试验程序与要素

1. 可靠性试验程序

可靠性试验的一般程序包括被试品的接收、可靠性及其指标分析、制定试验方案、进行可靠性试验、数据收集与处理、信息反馈与建议。

在实际工作中，要针对产品试验的具体情况，灵活运用试验程序，有目的、有计划地实施试验。在具体实施时，要完成以下工作内容。

（1）明确任务要求。要完成一个产品的可靠性试验，首先要明确任务单位和上级对本次可靠性试验的要求和规定。这些要求和规定一般以"试验任务书"的形式给出。任务书的内容主要有被试品的名称或代号，试验性质、内容及时间，被试品可靠性预估值，可靠性下限值和上限值，判决风险率，研制过程中可靠性试验数据、可靠性增长曲线等。

（2）制定试验方案。在明确任务要求的基础上，依据任务的性质、特点、要求，充分论证和优化试验方案，制定试验所需物资器材预算，确定试验条件与应力等级，处理好可靠性与试验质量的关系。

（3）编写试验实施计划。试验所需产品等物资到场后，应根据所安排的时间事先制定试验实施计划。实施计划和内容应包括以下几个方面。

① 一般情况：任务的依据；试验的目的、特点、时间、地点；被试品的来源、状

况、数量及技术情况。

② 试验前的准备工作和分工：各参试单位的工作要点，检查和测量的项目，必要的物资器材保障等。

③ 试验进度内容：试验项目、要测试的数据、保障条件、配合单位、进度排列等。

④ 场地和试验设备、设施要求等。

（4）试验准备。实施计划下发后，按计划中的要求进行试验前的准备工作。如果有任何一项条件不满足，则试验不能开始。

（5）试验实施。可靠性试验要严格按照确定的试验方案、试验条件、试验应力和试验周期实施。要严格遵守各项规章制度，加强试验的组织管理，正确填写试验记录，严把试验的质量关，确保试验质量和安全。可靠性试验主要做好功能监视和参数测量、装备预防维修、观察故障现象、分析故障原因、压缩故障范围、排除故障、检测与调试，以及试验完后装备的恢复与保养等工作。

（6）汇总试验数据，校审测试结果。试验后，收集、汇总各参试单位的测试结果与数据处理结果，然后逐一进行详细校审，以保证所测结果的真实性与准确性。

（7）数据处理。按试验内容和要求对数据进行分析处理，求得满足统计计算的基础数据。

（8）试验报告。可靠性试验报告是进行可靠性试验的正式记录，主要用来评估可靠性要求得到满足的程度。其主要内容一般包括试验日记和数据记录、故障记录、故障摘要报告、可靠性试验总结报告。

① 试验日记和数据记录反映出每一台受试装备试验全过程，包括如下内容：装备标志（包括装备名称、批量、型号、研制单位名称、生产或研制日期等）和测试结果的顺序记录（包括观测的日期和时间、环境条件与工作条件、有关功能的参数检测结果和功能状态的观察记录、超出规定条件与结果的说明、各单项试验的时间和试验累计时间、操作者及观测者姓名等）。

② 故障记录是试验结论和纠正措施的基础和依据。因此，要求试验人员、维修人员和失效分析人员分别详细地填写好有关故障记录。

试验人员填写故障情况记录：故障发生日期和时间、故障发生情况及故障现象说明、故障时的工作条件和环境条件、故障参数的实测值和该参数的最低要求值、指示故障所使用的主要仪器仪表、判定故障依据的主要标准或资料、有关故障分析的意见、故障的性质、建议的纠正措施等。

维修人员填写故障的检查情况记录：使用的仪器仪表和方法、观测结果说明、采取的措施、维修过程中装备的工作时间、维修日期及维修持续时间、每一被更换器件说明(包括所在位置或部位、器件名称及型号、器件及部件故障的主要特征和确定器件及部件故障时所采用的试验)、故障原因和分类的意见、建议的纠正措施、维修中采取的措施或批准的其他修改等。

故障分析人员填写故障分析记录:故障件分析(包括目检和初始测量情况,器件分析说明及结果)、影响故障条件的分析、故障原因和分类、建议的纠正措施等。

③ 故障摘要报告包括:按时间顺序记录的所有关联故障累计(故障日期、故障类别、故障记录摘要、累计的关联故障数、累计的关联试验时间),所有非关联故障累计(故障类别、故障记录摘要、判定为非关联故障的依据摘要、累计的非关联故障时间),给出统计分析结果的有关图表曲线等,所有关联故障的原因、已经采用的纠正措施效果和建议采取的纠正措施等。

④ 可靠性试验总结报告包括:受试装备型号、名称、采用的试验方案、平均无故障工作时间的验证结果;受试装备的故障摘要分析、故障分类及其说明;受试装备的关键数据资料摘要,一般应包括试验数据的判决标准、按装备编号划分的故障时间分布、平均无故障工作时间的观测值与时间关系等;最后的结论和建议采取的措施。

(9)结果评估。主要对装备的可靠性合格与否进行判决。判决的依据主要是试验时间、责任故障数以及所用统计试验方案中的判决标准。

2. 可靠性试验要素

(1)试验条件:试验条件包括工作条件、维修条件等。工作条件包括温度、湿度、大气压力、动力、振动、机械负载等。

(2)试验时间:试验时间是受试样品能否保证持续完成规定功能的一种度量。广义的时间包括工作次数、工作周期和距离,对于不同类型的样品,要求的试验时间不相同。

(3)故障判别原则:样品在规定的工作条件下运行时,任何机械、电子元器件、零部件的破裂、破坏,以及使样品丧失规定功能或参数超出所要求的性能指标范围的现象,都作为故障计算;由于试验设备、测试仪器或工作条件的人为改变而引起的故障,不应计入故障。

(4)样品的抽取:一般应根据国际或国家标准,确定生产方、使用方风险,以及受试样品数和合格标准。

(5)试验数据处理:试验数据的分析和处理既是设计、研究受试产品性能,提高其质量的基础,又直接关系到产品可靠性水平的评定。因此,要正确收集试验数据,并选择合理的统计分析方法。

9.2 环境应力筛选

9.2.1 环境应力筛选目的与应用

1. 环境应力筛选目的

环境应力筛选是一种应力筛选,是评价产品可靠性的重要试验方法之一。其目的是考核产品在振动、冲击、离心、温度、热冲击、潮热、盐雾、低气压等各种环境条件下的适应能力,在产品出厂前,有意向电子产品施加合理的环境应力和电应力,将其内部的潜在缺陷(不良零件、元器件、工艺缺陷等)加速发展变成早期故障,通过检验发现并加以排除,从而提高产品的使用可靠性。因此环境应力筛选试验是一种剔除产品潜在缺陷的手段,也是一种检验工艺。

2. 环境应力筛选应用

环境应力筛选效果主要取决于施加的环境应力、电应力水平和检测仪表的能力。施加应力的大小决定了能否将潜在的缺陷变为故障;检测能力的大小决定了能否将已被应力加速变成故障的潜在缺陷找出来并准确排除。因此,环境应力筛选可看成是质量控制检查和测试过程的延伸,是一个问题析出、识别、分析和纠正的闭环系统。

环境应力筛选可用于产品的研制、生产和使用各阶段,如图 9-1 所示。

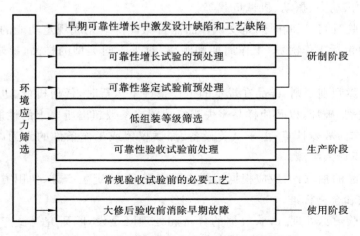

图 9-1　环境应力筛选在寿命期各阶段的应用

在研制阶段早期,可用于寻找产品设计、工艺、元器件的缺陷,为改进产品设计、工艺、选用合适的货源(元器件、外购件货源)提供依据,通过改进实现可靠性增长。在可靠性增长的研制阶段和鉴定试验之前,必须进行环境应力筛选以剔除工艺缺陷或劣质元器件,从而使受试产品可靠性能够反映其真实的固有水平。

在生产阶段,除应使用经过筛选的元器件和外购件外,还应逐级(或至少在最佳装配等级)进行筛选,及早剔除早期故障,避免将缺陷带入更高装配等级,以降低生产成本。在可靠性验收试验和常规验收试验前,同样要先进行筛选以提高试验结果的准确性。

在使用阶段,经过大修厂修理的产品出厂前一般应进行 100％的筛选。

9.2.2　环境应力筛选与有关工作的关系

1. 环境应力筛选与可靠性增长

环境应力筛选一般只用于揭示并排除早期故障,可以提高批产品的可靠性水平,但它不能提高产品的固有可靠性,只有改进设计、工艺等才能提高固有可靠性。可靠性增长通过消除产品中的由设计缺陷造成的故障源,或降低由设计缺陷造成的故障的出现概率,来提高产品的固有可靠性。

2. 环境应力筛选与可靠性统计试验

环境应力筛选是可靠性统计(鉴定和验收)试验的预处理工艺。任何提交用于可靠性统计试验的样本事先必须经过环境应力筛选。只有通过环境应力筛选、消除了早期故障的样本,统计试验的结果才代表真实的可靠性水平。环境应力筛选不是可靠性鉴定、验收试验,但经过筛选的产品有利于鉴定和验收试验的顺利进行。

3. 环境应力筛选与批生产验收

准备交付验收的批生产产品应 100％地进行环境应力筛选试验。这是因为生产中引入产品的潜在缺陷是随机的,即使批生产产品的样本通过验收也不能代表该批中每一台产品的早期故障已排除。

4. 环境应力筛选与老练

老练的目的也是剔除产品中用常规检验手段无法发现的潜在缺陷,以防止这些缺陷在使用应力和时间的作用下,使产品出现早期故障,因此,老练实际上是一种早期的环境应力筛选工艺,适用于元器件和集成电路,也适用于线路板、电子设备。

9.2.3　典型环境应力

环境应力筛选使用的应力主要是用于激发故障,而不是模拟使用环境。根据以往的实践经验,不是所有应力在激发产品内部缺陷方面都特别有效。因此,通常仅用几种典型应力进行筛选。典型筛选应力及其强度、费用和筛选效果如表 9-1 所示。从表 9-1 可看出,应力强度最高的是随机振动、快速温度循环及温度循环与随机振动的组合或综合,但它们的费用也较高。

表 9-1　典型筛选应力及其强度、费用和筛选效果

环境应力	应力类型		应力强度	费用	筛选效果
温度	温度循环	恒定高温	低	低	不显著
		慢速温度循环	低	较低	不显著
		快速温度循环	高	较高	好
	温度冲击		较高	适中	较好
振动	正弦振动		较低	适中	不显著
	随机振动		高	高	好
组合	温度循环与随机振动的组合或综合		高	很高	好

1. 恒定温度

恒定温度也称高温老练,是一种静态工艺。通过施加额外的热应力,激发产品缺陷,适用于元器件的筛选,不推荐用于印制电路板、单元或系统的筛选。

2. 温度循环

温度循环时,产品产生膨胀和收缩,在产品中产生热应力和应变,这种应力和应变在缺陷处最大。这种循环加载使缺陷长大,最终可大到能造出结构故障并产生电故障。因此,温度循环应力强度越高,筛选效果越好,适用于组件、设备组装等级的筛选。

3. 温度冲击

温度冲击能够提供较高的温度变化率,产生的温度应力较大,适用于筛选元器件,特别是集成电路器件。在缺乏足够的温度循环试验箱的情况下,温度冲击是一种替代方法。

4. 正弦振动

正弦振动包括定额正弦振动和扫频正弦振动。定额正弦振动是以规定的加速度在某一频率上振动。如果产品缺陷的固有频率不在这个频点上,则不易使缺陷激发并发展成为故障。扫频正弦振动的频率在给定的频段内变化,因而能依次在每个谐振频率点上对产品进行激励,使其激发缺陷的能力有所加强。

5. 随机振动

随机振动是在宽频率范围内对产品施加振动,使产品在规定频带内的所有谐振频率在规定时间内同时受到激励,使筛选效果大大增强,筛选时间大大缩短。

9.3　可靠性研制试验与增长试验

9.3.1　可靠性研制试验与增长试验的目的

GJB 451B—2021《装备通用质量特性术语》对可靠性研制试验的定义为:对样机施加一定的环境应力和(或)工作载荷,以暴露样机设计和工艺缺陷的试验、分析和改进过程。对可靠性增长试验定义为:为暴露产品的薄弱环节,有计划、有目标地对产品施加模拟实际环境的综合应力及工作载荷,以激发故障,分析故障和改进设计与工艺,并验证改进措施有效性而进行的试验。

从两者定义看,两者都通过施加环境应力和(或)工作载荷来激发样机/产品的设计和/或工艺缺陷,并加以分析定位、采取设计和工艺改进措施,从而使产品的固有可靠性水平得到提高,但在具体试验目标、适用时机、试验方法和环境条件等方面又有区别,如表 9-2 所示。

表 9-2　可靠性研制试验与可靠性增长试验的区别

项　　目	可靠性研制试验	可靠性增长试验
试验目标	提高产品的固有可靠性水平	使产品可靠性达到规定的要求
适用时机	样机研制出来后尽早进行	研制阶段后期,可靠性鉴定试验之前
试验方法	可靠性摸底试验、可靠性强化试验	有模型的可靠性增长试验
环境条件	模拟实际的使用环境或加速应力环境	模拟实际的使用环境

9.3.2　可靠性研制试验

可靠性研制试验是一种典型的试验、分析与纠正(test, analyse and fix, TAAF)过程。它没有明确的定量目标,且对施加的环境应力和工作载荷及其时间也无明确的规定,只要求通过施加应力来激发样机内部的设计和工艺缺陷,并加以改进。

根据试验的目的和所处的阶段,以及施加的应力水平,可靠性研制试验可分为可靠性摸底试验、可靠性强化试验,也包括结合性能试验、环境试验、安全性试验、电磁兼容性试验。

1. 可靠性摸底试验

可靠性摸底试验是一种以可靠性增长为目的,无增长模型,也不确定增长目标的短时间的可靠性增长试验。其试验的目的是在模拟实际使用的综合应力条件下,用较短的时间、较少的费用,暴露产品的潜在缺陷,并及时采取纠正措施,保证产品具有一定的可靠性和安全性水平,同时为产品以后的可靠性工作提供信息。

任何一个武器装备的研制过程,都不可能对构成装备的各项产品进行可靠性摸底试验。因此,必须考虑产品本身的结构特点、重要度、技术特点、复杂程度等因素,综合权衡,确定试验对象。可靠性摸底试验一般适用于较为复杂的、重要度较高的、无继承性的新研或改型电子产品。

2. 可靠性强化试验

可靠性强化试验(reliability enhancement testing,RET)是通过系统地施加逐步增大的环境应力和工作应力,激发和暴露产品设计中的薄弱环节,以便改进设计和工艺,提高产品可靠性的试验。同时,使产品耐环境能力达到最高,直到现有材料、工艺、技术和费用支撑能力无法作进一步改进为止。

可靠性强化试验包含高加速寿命试验(highly accelerated life test,HALT)和高加速应力筛选(highly accelerated stress screen,HASS),前者针对产品研制阶段,后者针对产品生产阶段。雷达的可靠性水平主要通过环境应力筛选、可靠性增长等手段进行改进提高。可靠性试验技术经历了从模拟试验到加速试验的发展历程,随着可靠性理论和技术的不断完善,可靠性加速试验将成为大幅提高雷达可靠性水平的重要手段。

1) 高加速寿命试验(HALT)

(1) HALT 目的与作用。

HALT 目的是使产品和制造产品的工艺在投入批生产之前就可达到成熟的程度,得到在使用中几乎不出因设计而引起故障的产品,同时又使研制设计时间保持最短。

HALT 施加的应力要远高于产品在正常使用环境中的应力,激发缺陷变为故障,通过更改设计提高产品耐应力的强度,并进一步用更高的应力激发缺陷,再更改设计,从而使产品耐应力强度更高。这是一个反复的过程。

HALT 最终结果是得到高可靠的产品,也得到产品的工作应力极限、破坏应力极限以及相应的工作和破坏裕度量值,但是 HALT 不能给出产品的具体可靠性值。

（2）HALT 实施过程。

HALT 采用步进应力剖面，典型的 HALT 试验过程为：冷步进应力试验、热步进应力试验、快速温度变化试验、振动步进应力试验、温度与振动的综合应力试验。

HALT 的实施应按以下阶段进行。

① 施加步进应力，直到产品失效为止。

② 暂停试验，对失效进行根本原因分析，据此改进设计或工艺，并修复产品。

③ 从暂停处继续试验（应用步进应力），直到产品再次失效为止，接着进行失效分析，找出失效的根本原因，再据此改进设计或工艺，并修复产品。

④ 重复试验失效分析，一再改进并维修试验的过程。

⑤ 找出产品的工作极限与破坏极限，确定产品的工作裕度与破坏裕度。

必须指出，HALT 过程中，应不能放过任何一个被激发出的故障，是设计问题就要改进设计，是工艺问题就要改进工艺，并实施纠正措施。

HALT 不是一种模拟试验，而是将产品中设计和工艺缺陷激发和检测出来的激发试验。因此，任何能用于暴露设计或工艺缺陷的应力都可作为 HALT 的应力，如温度应力、振动应力、温变应力、电应力等。

HALT 中应用的应力应是步进施加的，其起始应力一般应略低于或等于产品设计规范所规定的"规范应力"，但最终必将一步一步地提高到远远超出"规范应力"水平的量值。HALT 步进应力的最终值到底定位何处事先是无法确定的，因此，HALT 试验的最终应力值是在 HALT 逐步进行过程中，根据进行产品设计和工艺更改所需的基本技术极限以及进行 HALT 所允许的时间和经费支持来综合确定的。应当指出，如果应力没有加大到足够高的量值，则大样本量试验中出现的一些故障模式以及现场中出现的一些故障模式，仍有可能保留下来而未被发现。加大应力量值可以减少 HALT 的样本量和试验费用，因此在 HALT 试验中应当尽可能地使用高的应力量值。

HALT 应用于雷达的研制中，理论上可在从组件至整机的每一个组装等级上进行，但在实际的应用中还应根据产品特点进行分析和工程判断，从而决定 HALT 到底在产品的哪一个层次上进行更为有效和节省成本，并综合权衡。

2）高加速应力筛选（HASS）

（1）HASS 的目的与作用。

HASS 的目的是消除产品中潜在的缺陷，从而得到在使用中几乎不出早期故障的产品。

HASS 与常规 ESS 是一样的，也要求对批生产产品 100％进行筛选。必须强调，应用 HALT 找出的应力极限是确定 HASS 应力的依据。HASS 应力同样远高于产品设计规范所规定的最高应力。相比常规 ESA,其筛选时间大为减少,因而缩减了产品的生产时间和生产成本,而且也不会消耗产品多少寿命,很明显,HASS 应用于产品的批生产阶段。

(2) HASS 的实施过程。

HASS 是利用高机械应力和高温变率实现高加速的。典型的 HASS 过程包括 HASS 设计、筛选验证和对产品实施 HASS 三个阶段。

① HASS 设计。

HASS 筛选剖面包括应力类型(振动、温度、温度转换时间、电应力等)、应力量级、驻留时间、试验顺序等。每个应力的极限值都应基于前面 HALT 结果。通常情况下,加速筛选极限值介于工作极限与破坏极限之间;检测筛选极限值介于产品设计所规定的极限与工作极限值之间。

② 筛选验证。

设计了最初的 HASS 应力剖面后,必须对其进行验证,以确定筛选不会引入额外缺陷或严重影响产品寿命。

③ 对产品实施 HASS。

对 HASS 筛选剖面进行验证后,就可对产品进行筛选,筛选中应对整个筛选过程进行监控,并且筛选剖面也应根据生产过程和实际现场使用得到的数据进行适当的调整。

9.3.3 可靠性增长试验

可靠性增长试验是以改进产品的可靠性为主要目标,保证产品进入批生产前的可靠性达到预期目标,是新产品研制和老产品改进所广泛采用的一种重要手段。

1. 可靠性增长试验的对象与时机

可靠性增长试验因其费用高,时间较长,通常适用的对象为全新研制产品、投产批量较大的产品、部署环境恶劣的产品、对系统可靠性有重要影响的产品、采购费用较高的产品、需作重大改型才能满足使用需求的重要产品,所以在进行可靠性增长试验之前,应对其必要性进行仔细、慎重的分析。对结构简单、标准化和系列化程度较高的产品,一般没有必要开展专门的可靠性增长试验。

可靠性增长试验通常安排在工程研制基本完成之后和可靠性鉴定试验之前。这样安排兼顾了故障机理检测时故障信息的时间性与确实性。在这个时机,产品的性能与功能已基本上达到设计要求,结构与布局已接近批生产时的结构与布局,所以故障信息的确实性较高。由于产品尚未进入批生产,故障信息的时间性尚可,在故障纠正时尚来得及对设计和制造作必要的、较重大的改变。

2. 可靠性增长模型

可靠性增长模型反映了产品可靠性在变动中的增长规律,利用可靠性增长模型可以及时地评定产品在变动中任一时刻的可靠性水平,制定可靠性理想增长曲线。

最常用的可靠性增长模型是杜安(Duane)模型和 AMSAA 模型。

1) 杜安模型

杜安模型通常采用图解的方法分析可靠性增长的规律。根据杜安模型绘制的可靠性参数曲线图,可以反映可靠性水平的变化,并能得到相应的可靠性点估计值。它适用于电子和机电产品的可靠性增长试验。

美国的杜安经过大量试验研究发现:产品的平均故障间隔时间(MTBF)的变化与试验时间具有如下的规律,即杜安模型为

$$M_R = M_I \left(\frac{t}{t_I} \right)^m \tag{9.1}$$

式中:M_R 表示产品应达到的 MTBF(单位为 h);M_I 表示产品试制后初步具有的 MTBF(单位为 h);t_I 表示增长试验前的预处理时间(单位为 h);t 是产品由 M_I 增长到 M_R 所需的时间;m 是增长率,表征产品 MTBF 随试验时间逐步增长的速度,其值小于 1。

对式(9.1)两边取对数可得

$$\ln M_R = \ln M_I + m(\ln t - \ln t_I) \tag{9.2}$$

采用双对数坐标纸作图,以 MTBF 为纵坐标,累积试验时间 t 为横坐标,则式(9.2)为一直线,如图 9-2 所示。

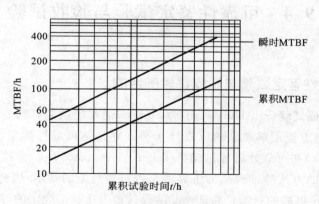

图 9-2　杜安模型

图 9-2 中瞬时 MTBF(用 M_0 表示)与累积 MTBF(用 M_Σ 表示)的关系为

$$M_0 = \frac{M_\Sigma}{1-m} \tag{9.3}$$

这表明在可靠性增长试验中任一时刻产品的瞬时 MTBF 是累积 MTBF 的 $1/(1-m)$。由于累积 MTBF 在可靠性增长试验时是很容易计算出来的,利用式(9.3),就可求得产品在增长过程中的瞬时 MTBF,这使得杜安模型应用非常方便。

2) AMSAA 模型

AMSAA 模型是利用非齐次泊松过程建立的模型。这个模型适用于以连续尺度度量其可靠性的产品和每个试验阶段内试验次数相当多且可靠性相当高的一次性产品。

AMSAA 模型的数学表达式为

$$E[N(t)] = at^b \tag{9.4}$$

式中:$E[N(t)]$ 为 $N(t)$ 的数学期望;$N(t)$ 为累积试验所观察到的累积故障数;a 为尺度参数;b 为增长形状参数。

AMSAA 模型仅能用于一个试验阶段,不能跨阶段对可靠性进行跟踪。它用于评估试验过程中,因引入改进措施而得到的可靠性增长。

杜安模型是一种图解的方法。这种方法简单、易懂、使用方便。AMSAA 模型属于解析模型,可以通过试验数据对可靠性(MTBF)给出区间估计量。工程实践中,应该把图解法和统计法结合起来,互为补充。

9.4 可靠性鉴定试验与验收试验

9.4.1 可靠性鉴定试验与验收试验的目的

可靠性验证试验(reliability verification test)的作用是使订购方能拿到合格的产品,同时承制方能了解产品的可靠性水平。它包括可靠性鉴定试验(reliability qualification test)和可靠性验收试验(reliability acceptance test)。这两种试验都是应用数理统计的方法验证产品的可靠性是否符合规定的要求,因此是统计试验。

可靠性鉴定试验的目的是验证产品的设计是否达到了规定的可靠性要求。可靠性鉴定试验是由订购方认可的试验单位按选定的抽样方案,抽取有代表性的产品在规定的条件下所进行的试验,是产品可靠性的确认试验,也是研发产品进入量产前的一种验证试验。一般用于产品的状态鉴定、列装定型以及重大技术变更后的鉴定。

　　可靠性验收试验的目的是验证批生产产品的可靠性是否保持在规定的水平，也就是说，可靠性验收试验是保证产品的可靠性不随生产期间的工艺、工装、工作流程、材料、零部件的变更而降低。它是生产方和订购方之间共同商定的为判断生产方所提供的批量产品是否达到合同（或技术标准）所规定指标的一种可靠性试验。可靠性验收试验的受试产品应从批生产产品中随机抽取，受试产品及数量由订购方确定，一般在批生产产品交付前进行。

　　可靠性鉴定试验和验收试验都属于验证试验，也都是统计试验，目的是向订购方提供一种合格证明，为生产决策提供管理信息。

9.4.2　统计试验方案的参数与类型

1. 统计试验方案的相关参数

一个完整的可靠性统计试验方案需要用到以下参数。

1）检验上限 θ_0 或 R_0

它是可接收的 MTBF 值或可接收的成功率 R_0。当受试产品的检验值接近 θ_0 或 R_0 时，标准试验方案以高概率接收该产品。

2）检验下限 θ_1 或 R_1

它是最低可接收的 MTBF 值或不可接收的成功率 R_1。当受试产品的检验值接近 θ_1 或 R_1 时，标准试验方案以高概率拒收该产品。

3）鉴别比 d 或 D_R

指数分布统计试验方案的鉴别比 $d = \theta_0/\theta_1$；两项分布统计试验方案的鉴别比 $D_R = (1-R_1)/(1-R_0)$。d 越小，做出判断所需的试验时间越长，所获取的试验信息也越多，一般取 1.5、2 或 3。

4）生产方风险 α

当产品 MTBF 或成功率的真值等于 θ_0 时，生产方风险 α 指被拒收的概率，即本来是合格的产品被判为不合格而拒收，使生产方受损失的概率。

5）使用方风险 β

当产品 MTBF 或成功率的真值等于 θ_1 时，使用方风险 β 指被接收的概率，即本来是不合格的产品被判为合格而接收，使使用方受损失的概率。

α、β 一般在 0.1～0.3 范围内。

2. 参数确定的原则

统计试验方案的参数量值应根据其验证时机、产品可靠性指标要求、已知情况、成熟度、重要程度、试验经费、试验进度等进行综合权衡后确定，一般遵循以下原则。

1）检验下限 θ_1 或 R_1 的确定

根据 GJB 1909A—2009《装备可靠性维修性保障性要求论证》中的定义,规定值是合同和研制任务书中规定的期望装备达到的合同指标,它是承制方进行可靠性维修性设计的依据;最低可接受值是合同和研制任务书中规定的装备必须达到的合同指标,它是进行考核的依据。为了验证产品的可靠性能否达到鉴定定型的最低可接受值,目前我国以产品鉴定定型的最低可接受值作为统计试验方案中的检验下限。

2）鉴别比 d 和检验上限 θ_0 或 R_0 的确定

在检验下限已经确定的情况下,鉴别比与检验上限两个参数只要确定其中一个,另一个也随之确定,其量值应在同时满足以下两条原则的情况下进行综合权衡后确定。

（1）检验上限不能超过产品可靠性预计值。

（2）鉴别比越大,所需总试验时间越短,试验作出判决越快,但要求产品实际具有的可靠性也越大,才能使产品的可靠性试验得以高概率通过接收。

3）使用方风险 β 的确定

一般情况下,使用方风险由使用方提出,经生产方和使用方协商后确定,但有时使用方为保证接收产品的可靠性水平符合其特定要求,而单独提出固定的使用方风险。在确定时,应综合考虑下列因素。

（1）产品的重要程度。如果是关键产品,一旦故障,就会发生等级事故,则 β 值应尽可能取小些。反之,β 的取值可适当放宽。

（2）对于成熟程度较高的产品可以选用较高风险的方案;反之,如果所要验证的产品是一项新研产品,且在研制过程中发生故障较多,对这种产品的可靠性验证一般应选用使用方风险低的方案。

（3）经费的限制。由于 β 越小,试验时间越长,而试验时间又受经费的制约,因此,β 的取值大小还应考虑能承受试验经费的情况。

（4）进度要求。对于需要迅速交付的产品,或因进度紧迫、试验时间有限,β 的取值可适当大些。

4）生产方风险 α 的确定

生产方风险由生产方提出,主要考虑经费和进度要求来确定其值的大小。取值越大,该试验方案的试验结果给生产方带来的风险就越大,但可以缩短总的试验时间,节省试验经费;反之亦然。一般情况下,在制定试验方案时,应力求使方案的实际风险值接近于确定的风险值,并使使用方风险和生产方风险均等。

鉴别比与使用方风险和生产方风险一起构成统计方案的基本参数。鉴别比越大,试验做出判决就越快,必须慎重选择鉴别比,以防鉴别比过大导致 θ_0 过大,使设计难以实现,或鉴别比过小而导致试验时间过长。

3. 统计试验方案的分类

统计试验方案按产品寿命分布特点分类,可分为两大类:连续型统计试验方案和成败型统计试验方案(或称计量型试验方案和计数型试验方案)。统计试验方案按截尾方式分类,可分为三大类:定时截尾试验方案、定数截尾试验方案和序贯截尾试验方案。统计试验方案的分类如图 9-3 所示。

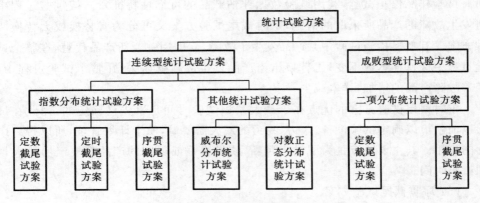

图 9-3　统计试验方案的分类

1)按产品寿命分布特点分类

(1)连续型统计试验方案。

如果验证试验中考核的产品可靠性指标的特征量是连续变量,即当产品的寿命服从指数、威布尔、正态、对数正态等分布时,以故障率、MTBF 或可靠度作为可靠性指标特征量,则统计试验方案为连续型统计试验方案或计量型试验方案。

(2)成败型统计试验方案。

如果验证试验中考核的产品寿命服从二项分布,以可靠度(或成功率、合格品率)作为可靠性指标特征量,则统计试验方案为成败型统计试验方案或计数型试验方案。成功率是指产品在规定的条件下试验成功的概率。观测的成功率可以定义为在试验结束时,成功的试验次数与总试验次数的比值。

2)按截尾方式分类

(1)定数截尾试验方案。

定数截尾试验方案是指对 n 个样品进行试验,事先规定试验截尾的故障数 r,试验进行到出现 r 个故障为止,利用试验数据评估产品的可靠性特征量,可以分为定数有替换和定数无替换两种试验方案。

定数截尾试验方案的优点是试验之前已确定了最大故障数,因此在没有修复或更换的情况下,能够确定受试产品的最大数量。缺点是为做出判决,一定要出现规定的最大故障数才停止试验。由于事先不易估计所需的试验时间,所以实际应用较少。

(2) 定时截尾试验方案。

定时截尾试验是指对 n 个样品进行试验,事先规定试验截尾时间 t_0,到时刻 t_0 所有试验样品停止试验,利用试验数据评估产品的可靠性特征量。按试验过程中对发生故障的产品所采取的措施,定时截尾试验方案又可分为有替换或无替换两种方案。有替换指当试验中某产品发生了故障,立即用一个新产品代替,在整个试验过程中保持样本数不变;无替换指当产品发生故障就撤去,在整个试验过程中,随着故障产品的增加,样本减少。

定时截尾试验方案的优点在于最大累积试验时间是事先已确定的,因此在试验以前就可以确定试验设备、人力、物力的最大需要量,便于计划管理,所以得到广泛的应用。其主要缺点是为了做出判断,质量很好或很差的产品都要经历最大累积试验时间。

(3) 序贯截尾试验方案。

序贯截尾试验是按事先拟定的接收、拒收及截尾时间线,在试验期间,对受试产品进行连续观测,并将累积的相关试验时间和故障数与规定的接收、拒收或继续试验的判据做比较的一种试验。

序贯截尾试验方案的主要优点是作出判断所要求的平均故障数和平均累积试验时间较小,因此常用于可靠性验收试验。缺点是随着产品质量不同,总的试验时间差别很大,受试产品及试验费用不固定,给试验计划、人力、物力安排带来管理上的复杂性。对某些产品,由于不易作出接收或拒收的判断,最大累积试验时间和故障数可能会超过相应的定时或定数截尾试验方案。

在实际应用中,指数分布统计方案应用最多,本节主要介绍产品服从指数分布的统计试验方案的制定。

9.4.3 指数分布统计试验方案

1. 定数截尾试验方案

1) 检验规则

从一批产品中,随机抽取 n 个样品进行试验,当试验到事先规定的截尾故障数 r 时,停止试验。前 r 个故障样品的故障时间分别为 $t_1 \leqslant t_2 \leqslant \cdots \leqslant t_r, r \leqslant n$。根据这些数据,可求出总试验时间 T 为

$$T = \begin{cases} n \cdot t_r, & \text{有替换时} \\ \sum\limits_{i=1}^{r} t_i + (n-1) \cdot t_r, & \text{无替换时} \end{cases} \qquad (9.5)$$

平均寿命 θ 的估计值为

$$\hat{\theta} = \frac{T}{r} \qquad (9.6)$$

则定数截尾试验的抽验规则如下(其中 c 为合格判定试验时间)。

① 当 $\hat{\theta} \geqslant c$ 时,产品批合格,接收这批产品。

② 当 $\hat{\theta} < c$ 时,产品批不合格,拒收这批产品。

2)抽验方案

制定定数截尾试验的抽验方案就是在给定 α、β、θ_0、θ_1 的情况下,确定截尾故障数 r、合格判定数 c 和抽样的样本量 n。

对于常用的一些两类风险 α、β 及鉴别比 d,定数截尾试验抽验方案如表 9-3 所示。

表 9-3 定数截尾试验抽验方案表

鉴别比 $d = \dfrac{\theta_0}{\theta_1}$	$\alpha = 0.05, \beta = 0.05$		$\alpha = 0.05, \beta = 0.1$		$\alpha = 0.1, \beta = 0.05$		$\alpha = 0.1, \beta = 0.1$	
	r	$\dfrac{c}{\theta_1}$	r	$\dfrac{c}{\theta_1}$	r	$\dfrac{c}{\theta_1}$	r	$\dfrac{c}{\theta_1}$
1.5	67	1.212	55	1.184	52	1.241	41	1.209
2	23	1.366	19	1.310	18	1.424	15	1.374
3	10	1.629	8	1.494	8	1.746	6	1.575
5	5	1.970	4	1.710	4	2.180	3	1.835
10	3	2.720	3	2.720	2	2.660	2	2.660

2. 定时截尾试验方案

1)检验规则

随机抽取一组样本量为 n 的样本进行定时截尾试验。试验进行到累积时间达到预定值 T 停止,设在试验过程中共出现 r 次故障。如果 $r \leqslant c$(即接收数 A_c),则认为批产品可靠性合格,可接收;如果 $r > c$(拒收数 $R_e = c + 1$),则认为批产品可靠性不合格,拒收。

2)试验方案

GJB 899A—2009《可靠性鉴定和验收试验》提供了标准型定时试验方案。标准型定时试验方案采用的正常 α、β 为 $10\% \sim 20\%$,鉴别比 d 取 1.5、2.0、3.0。由于在方案中的接收数与拒收数都只能是整数,因此 $P(\theta_0)$ 及 $P(\theta_1)$ 只能尽量接近原定的 $1-\alpha$ 与 β。原定的 α、β 值为名义值,其实际值 α'、β' 如表 9-4 所示。表中方案的试验时间以 θ_1 作为单位。

表 9-4　标准型定时试验方案简表

方案号	决策风险/(%)				鉴别比 $d=\dfrac{\theta_0}{\theta_1}$	试验时间 (θ_1 的倍数)	判决故障数	
	名义值		实际值				拒收 ($R_e\geqslant$)	接收 ($A_c\leqslant$)
	α	β	α'	β'				
9	10	10	12.0	9.9	1.5	45.0	37	36
10	10	20	10.9	21.4	1.5	29.9	36	25
11	20	20	19.7	19.6	1.5	21.5	18	17
12	10	10	9.6	10.6	2.0	18.8	14	13
13	10	20	9.8	20.9	2.0	12.4	10	9
14	20	20	19.6	21.0	2.0	7.8	6	5
15	10	10	9.4	9.9	3.0	9.3	6	5
16	10	20	10.9	21.3	3.0	5.4	4	3
17	20	20	17.5	19.7	3.0	4.3	3	2

3) 试验方案的程序

定时统计试验方案的程序如下。

(1) 通常在合同中由订购方提出可靠性指标时就提出检验要求,包括 α、β、θ_0、θ_1 值,可得到鉴别比 $d=\theta_0/\theta_1$。

(2) 根据 α、β、d、θ_1 值查表,得到相应的试验时间(θ_1 的倍数)、故障拒收数 R_e 及接收数 A_c。

(3) 根据使用方规定的 MTBF 验证区间或置信区间 $(\theta_L、\theta_U)$ 的置信度 γ(建议 $\gamma=1-2\beta$),由试验数据现场估出 $(\theta_L、\theta_U)$ 和观测值(估计值)$\hat\theta$。当试验结果作出接收判决时(该试验停止前出现的故障数一定小于或等于接收判决的故障数 A_c,试验必定达到规定的试验时间而停止),根据定时截尾公式进行估计。试验过程中,若故障数达到拒收的判决故障数 R_e,则可停止试验,并做出拒收判决(这实质上是根据预定的拒收数 R_e 的定时截尾判决),此时根据定数截尾公式进行估计。

3. 序贯截尾试验方案

1) 检验规则

从一批产品中随机抽取 n 个样品进行试验,对发生的每个故障 $r(r=1,2,\cdots,$

n)都规定两个判别时间,即合格的下限时间 T_A 和不合格的上限时间 T_R,每次故障发生时,计算第 r 个故障的 n 个样品的总试验时间 T 为

$$T = \begin{cases} n \cdot t_r, & \text{有替换时} \\ \sum_{i=1}^{r} t_i + (n-r) \cdot t_r, & \text{无替换时} \end{cases} \tag{9.7}$$

则判断规则如下。

如果 $T \geqslant T_A$,则认为产品符合要求,接收这批产品,停止试验。

如果 $T \leqslant T_R$,则认为产品不符合要求,拒收这批产品,停止试验。

如果 $T_R < T < T_A$,则不能作出接收或拒收的决定,需继续试验,到下一个判决值时再作比较,直至可以判决,停止试验。

可见,序贯截尾统计试验方案是发生一次故障,就作出一次判断,决定是接收、拒收,还是继续做试验,它充分利用试验所提供的每一次故障信息,可以减少抽验量或试验时间。当然,做这种试验,操作、管理要麻烦一些。

2) 试验方案

GJB 899A—2009《可靠性鉴定和验收试验》提供了标准型序贯试验方案 1～方案 6,如表 9-5 所示。试验方案的判决标准见 GJB 899A—2009 的规定。

表 9-5　标准型序贯试验统计方案简表

方案号	决策风险/(%)				鉴别比 $d = \dfrac{\theta_0}{\theta_1}$	判决标准
	名义值		实际值			
	α	β	α'	β'		
1	10	10	11.1	12.0	1.5	参见 GJB 899A—2009
2	20	20	22.7	23.2	1.5	略
3	10	10	12.8	12.8	2.0	略
4	20	20	22.3	22.5	2.0	略
5	10	10	11.1	10.9	3.0	略
6	20	20	18.2	19.2	3.0	略

3) 试验方案的程序

序贯试验方案的程序如下。

(1) 使用方与生产方协商确定 α、β、θ_0、θ_1 值,鉴别比 d 取 1.5、2.0、3.0 之一,α、β 取 10%、20%(短时高风险试验方案取 30%)。

(2) 在 GJB 899A—2009 中查出相应的方案号和判决表。判决表中的时间以 θ_1 为单位,使用时将判决表中的时间乘以 θ_1,得到实际的判决时间 T_A 和 T_R。

（3）进行序贯可靠性试验。如果试验为可靠性验收试验，则每批产品至少有 2 台接受试验。样本量建议为批产品的 10％，但最多不超过 20 台。进行试验时，将受试产品的总试验时间 T、故障数 r 与相应的判决标准值进行比较，以判断试验是否继续或停止。

9.5　寿　命　试　验

9.5.1　寿命试验的目的与分类

1. 寿命试验的目的

寿命试验是验证产品在规定条件下，处于工作/使用状态或贮存状态时寿命的试验。寿命试验的目的：一是验证产品在规定条件下的使用寿命、贮存寿命是否达到规定的要求；二是发现产品中可能过早发生耗损的零部件，以确定影响产品寿命的根本原因和可能采取的纠正措施。

2. 寿命试验的分类

寿命试验按产品状态、试验施加应力强度、试验场所、试验结束方式、施加应力类型等分类，如图 9-4 所示。

1）按产品状态分类

按产品状态分类，寿命试验可分为工作/使用寿命试验和贮存寿命试验。

工作/使用寿命试验是产品在一定环境条件下加负荷，模拟使用状态的试验。其目的是验证产品首翻期或使用寿命指标。

贮存寿命试验是产品在规定的环境条件下，处于非工作状态的存放试验。存放的环境条件可以是室温、高温或潮湿环境等。它适用于那些出厂后并不立即投入使用，而是在某种环境下贮存的产品。虽然产品处于非工作状态，但由于受到贮存环境应力（温度、湿度等）的长期作用，产品某些特性参数会发生缓慢变化和退化，如维护不当最终会导致产品失效报废。

2）按试验施加应力强度分类

按试验施加应力强度分类，寿命试验分为正常应力寿命试验和加速寿命试验。正常应力寿命试验是模拟实际的使用应力条件，对产品进行寿命试验。加速寿命试验是为缩短试验时间，在不改变故障机理的条件下，用加大应力的方法进行寿命试验。

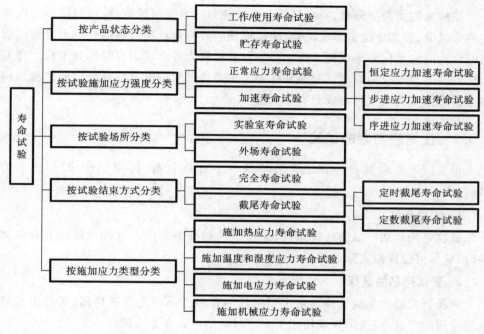

图 9-4　寿命试验的分类

3）按试验场所分类

按试验场所分类,寿命试验分为实验室寿命试验和外场寿命试验。实验室寿命试验是在实验室模拟实际使用的工作和环境条件下所进行的寿命试验。外场寿命试验是产品在实际使用的工作和环境条件下所进行的寿命试验。

外场寿命试验是最基本的寿命试验,因为它最能说明产品的寿命特征。但是外场寿命试验的场所范围太广,在收集有关数据和资料时,会遇到各种困难。为了弥补外场寿命试验的缺陷,实验室寿命试验将外场的重要应力条件搬到实验室内,并模拟这些应力条件进行寿命试验。

4）按试验结束方式分类

按试验结束方式分类,寿命试验分为完全寿命试验和截尾寿命试验。完全寿命试验是指试验进行到投试样品完全失效,得到的是完全样本的试验。截尾寿命试验可分为定时截尾寿命试验和定数截尾寿命试验。定数截尾寿命试验是指试验到预定的故障数就停止的试验,此时故障数是固定的,而试验停止时间是随机的。定时截尾寿命试验是指试验到预定的时间就停止的试验,此时停止时间是固定的,而试验中发生的故障数是随机的。

5）按施加应力类型分类

按施加应力类型分类,寿命试验分为施加热应力寿命试验、施加温度和湿度应力寿命试验、施加电应力寿命试验、施加机械应力寿命试验。施加热应力寿命试验有时称为高温老化寿命试验。施加温度和湿度应力寿命试验有时称为工作贮存寿命试验。施加电应力寿命试验通常称为工作寿命试验或电老化寿命试验。施加机械应力寿命试验通常称为疲劳寿命试验。

9.5.2　正常应力寿命试验

正常应力寿命试验是在正常环境条件下施加负荷,模拟工作/贮存状态的试验。

1. 试验条件

试验条件包括产品的环境条件、工作条件和维护条件。进行正常应力寿命试验时,应尽可能模拟实际的使用条件。

2. 受试产品的选择

对新研发的产品应选择具备定型条件的合格产品作为受试样品;对已定型或现场使用的产品,应选用现场使用了一定时间的产品作为受试产品。

3. 受试产品的数量

受试产品一般不应少于 2 个。

对于低价、批量大的产品,可根据寿命指标来估算试验数量。

4. 故障判据

对于可修复产品,凡是发生在耗损期内并导致产品翻修的耗损性故障为关联故障。对于不可修复产品,发生在耗损期内的耗损故障和偶然故障均为关联故障。

5. 试验时间和试验终止

（1）对于测定试验,试验时间要持续到超过要求的寿命值,或出现耗损故障,或到可以估计产品寿命趋势时终止。

（2）对于鉴定试验,试验时间要持续到要求的寿命时终止,如果产品在要求的寿命期内未出现耗损故障,则证明产品达到要求的寿命值;反之,则证明产品未达到要求的寿命值。

（3）对于验收试验,试验时间一般取产品首翻期或等于规定的总寿命。

（4）在受试产品没有出现故障的情况下,试验时的最长工作时间应是规定寿命的 1.5 倍。

（5）如果试验到某一时刻,受试产品全部出现关联故障,则终止试验。

（6）针对高可靠性、长寿命的产品可采用序贯截尾方法来减少试验时间。

6. 寿命估计

（1）如果受试产品寿命试验到 T 截止时，全部产品未发生耗损故障，则产品的首翻期或使用寿命 T_0 为

$$T_0 = \frac{T}{K} \tag{9.8}$$

式中：T 为每台受试产品试验时间；K 为经验修正系数，一般取 1.5。

（2）如果受试产品试验到 t_0 截止时，有 r 个关联故障发生，则产品的首翻期或使用寿命 T_{0r} 为

$$T_{0r} = \frac{\sum_{i=1}^{r} t_i + (n-r)t_0}{nK_0} \tag{9.9}$$

式中：t_i 为第 i 个受试产品发生关联故障的时间；n 为受试产品数量；r 为发生关联故障数；K_0 为经验修正系数，一般取 $K_0 \approx 1.5$。

（3）如果受试产品试验到 t_n 截止时，全部受试产品先后发生耗损故障，则产品的首翻期或使用寿命 T_{0n} 为

$$T_{0n} = \frac{\sum_{i=1}^{n} t_i}{nK_1} \tag{9.10}$$

式中：K_1 为经验修正系数，一般取 $K_1 > 1.5$。

9.5.3　加速寿命试验

对寿命特别长的产品来说，采用正常寿命试验方法不合适，因为它需要花费很长的试验时间。经过不断研究，在寿命试验基础上，找到了通过加大应力、缩短时间的加速寿命试验。运用加速寿命模型，可估计出产品在正常应力下的可靠性特征。

1. 加速寿命试验分类

加速寿命试验大致可分为以下三种。

（1）恒定应力加速寿命试验。它是将一定数量的样品分为几组，每组固定在一定的应力强度下进行寿命试验，要求各组选取的应力强度都高于正常工作条件下的应力强度。试验做到各组样品均有一定数量的产品发生故障为止。

（2）步进应力加速寿命试验。它是先选定一组应力强度，例如 $S_1, S_2, \cdots, S_k$，它们都高于正常工作应力强度 S_0。试验开始时，一定数量的样品在应力强度 S_1 下进行试验，经过一段时间，如 t_1 小时后，把应力强度提高到 S_2，未故障的产品在 S_2

应力强度下继续进行试验,如此继续下去,直到一定数量的产品发生故障为止。

(3) 序进应力加速寿命试验。产品不分组,应力不分档,应力等速升高,直到一定数量的故障发生为止,所施加的应力强度随时间等速上升。

在上述三种加速寿命试验方法中,恒定应力加速寿命试验最为成熟,应用最为广泛。下面主要介绍恒定应力加速寿命试验参数估计的基本假设和图估法。

2. 恒定应力加速寿命试验

1) 基本假设

加速寿命试验数据的统计分析是根据产品的寿命分布和产品的故障机理制定的,这些统计分析都是以一定的基本假设为前提的。对于威布尔分布和对数正态分布试验的基本假设如下。

(1) 分布相同。在正常工作应力和各组加速应力水平下的产品寿命是同一种分布(威布尔分布或对数正态分布)形式,只是其参数不同。

(2) 故障机理相同。在加速应力水平下的产品故障机理与正常工作应力水平下的产品故障机理是相同的。这在威布尔分布中表现为形状参数 m 不变,对数正态分布中是对数标准差 σ 不变,即由各组加速应力以及正常工作应力得到的失效数据拟合线在威布尔概率纸上基本是一族平行的直线。

(3) 符合加速寿命方程。可求得加速应力和相应寿命的关系。

对于威布尔分布,产品的特征寿命 η 与所加应力 S 的关系为

$$\ln\eta = a + b\varphi(S) \tag{9.11}$$

式中:a、b 为待估参数;$\varphi(S)$ 为应力 S 的某一已知函数。

式(9.11)通常称为加速寿命方程。

产品满足以上三项基本假设,就可进行恒定应力加速寿命试验。

2) 图估法

威布尔分布条件下的图估法步骤如下。

(1) 分别绘制不同加速应力的寿命分布所对应的直线。

(2) 利用威布尔概率纸上的每条直线,估计出相应加速应力的形状参数 m_i 和特征寿命 η_i。

(3) 由假设(2),取 k 个 m_i 的加权平均,作为正常应力 S_0 的形状参数 m_0 的估计值,即

$$\hat{m}_0 = \frac{n_1\hat{m}_2 + n_2\hat{m}_2 + \cdots + n_k\hat{m}_k}{n_1 + n_2 + \cdots + n_k} \tag{9.12}$$

式中:n_i 为第 i 个分组中投试的样品数。

(4) 由假设(3),在以 $\varphi(S)$ 为横坐标、$\ln\eta$ 为纵坐标的坐标平面上描点,根据 k 个点 $(\varphi(S_1), \ln\eta_1)$、$(\varphi(S_2), \ln\eta_2)$,$\cdots$,$(\varphi(S_k), \ln\eta_k)$ 配置一条直线,利用这条直线,

读出正常应力 S_0 所对应的特征寿命的对数值 $\ln \hat{\eta}$，取其反对数，即 η_0 的估计值 $\hat{\eta}_0$。

（5）在威布尔概率纸上作一直线 L_0，其参数分别为 $\hat{m}_0$ 和 $\hat{\eta}_0$。

（6）利用直线 L_0，在威布尔概率纸上对产品的各种可靠性特征量进行估计。

9.6　可靠性分析评价

可靠性分析评价是利用产品寿命周期各阶段特定试验的试验信息或使用信息，或综合利用与产品有关的各种定量信息与定性信息，利用概率统计的方法给出产品在某一特定条件下的可靠性特征量的估计值，评价产品是否满足规定的可靠性（固有可靠性）要求。定量信息一般为定量置信度下的产品可靠性参数，如 MT-BF、可靠度、可用度等的置信度下限估计值。

9.6.1　可靠性分析评价作用

可靠性分析评价贯穿于产品研制、试验、生产和使用的全过程，其作用如下。

（1）在论证立项阶段，进行同类产品的可靠性评价和数据分析，以便进行方案对比和选择。

（2）在工程研制阶段，利用研制各阶段的试验数据进行产品可靠性评价和数据分析，以验证试验的有效性，掌握产品可靠性增长的情况，并作为研制过程中转阶段的依据，同时找出设计的薄弱环节，提出故障纠正的策略和设计改进的措施。

（3）研制阶段结束，进入生产前，根据可靠性验证试验的结果，评价其可靠性水平是否达到设计要求，为产品状态鉴定、列装定型提供信息。

（4）在投入批生产后，根据验收试验的数据评价可靠性，检验其生产工艺水平能否保证产品所要求的可靠性，可靠性评价和数据分析是制定产品初始维修方案和初始备件的重要依据。

（5）使用过程中对产品可靠性进行分析和评价，为改进产品提供依据，使产品可靠性水平逐步达到设计目标值，同时为产品维修方案和后续备件清单制定提供依据。

9.6.2　可靠性分析评价流程

产品可靠性分析评价的流程如图 9-5 所示。

（1）明确产品可靠性要求，包括可靠性参数与指标。

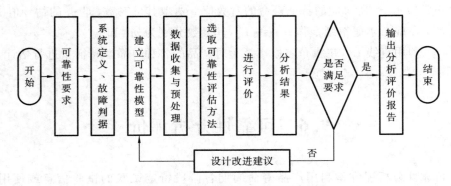

图 9-5　产品可靠性分析评价的流程

（2）明确产品的定义、组成、功能、任务剖面。

（3）建立产品在各种任务剖面下的可靠性框图和模型。

（4）明确产品的故障判据和故障统计原则。

（5）按可靠性要求和故障判据、故障统计原则进行试验数据的收集和整理。

（6）根据数据情况选取适合的评价方法，对系统的可靠性进行评价。

（7）对评价结果进行分析，并得出相应的结论和建议。

（8）完成分析评价报告。

9.6.3　可靠性分析评价方法

可靠性分析评价可分为单元级产品可靠性分析评价和系统级产品可靠性分析评价。

1. 单元级产品可靠性分析评价

单元级产品是相对于系统而言的，可以是部件、元件，也可以是单机。定量评价的主要方法如下。

1）借用相似产品的试验数据

被借用产品与本产品相似应满足条件：产品的结构状态、生产条件、功能与工作原理、任务剖面、试验条件等相似。满足这些条件的试验数据可以作为定量评价的补充样本。

2）尽量采用计量型试验代替成败型（计数型）试验

产品成败型试验仅获取离散型信息，信息量不丰满，因此为验证可靠性所需试验数量巨大，受到经费条件限制，变得不可行，实际试验数量不得不大大减少，不足以定量评价可靠性。为完成产品可靠性定量评价，必须首先找到最能反映产品工作正常的特征量，且是可检测的计量型变量，用计量型试验代替成败型试验，这是解决可靠性定量评价如何适应小样本条件限制的有效途径之一。

3）利用中断试验与无失效试验信息

产品可靠性试验都是抽样试验，当某些产品可靠性水平很高时，若要等到抽试的样品全部试到故障才终止，是等不及的，且工程上由于种种其他需要，往往期望不必试到故障，一般都试到规定任务条件的若干倍（例如 1.2、1.5、2 倍等）即停止试验，这种试验称为中断试验，如果全部的抽试件都未故障，则称它为无故障试验。这些试验也提供了一定的可靠性信息，如果加以利用，也可完成可靠性定量评价。

4）利用研制过程各阶段试验信息

通常产品的可靠性水平总是不能一步达标，这就需要在研制阶段开展可靠性增长工作，使原材料、元器件、设计、工艺等方面不断改进，可靠性增长，最终满足可靠性要求。

2. 系统级产品可靠性分析评价

系统级产品可靠性分析评价也称为"金字塔"式可靠性系统综合评价，根据产品的可靠性模型，利用组成产品的不同层次、不同类型的单元研制试验数据，对产品可靠性进行综合评价。

3. 定性评价

定性评价的主要途径列举如下。

（1）说明产品的原材料与元器件的选用是否严格遵循"优选目录"，超目录选用的原材料与元器件是否经过了严格的审批，据此评价产品基础可靠性能否得到保证。

（2）说明产品继承性情况、产品的设计与工艺是否尽可能采用成熟技术，评价产品的继承性对于可靠性的贡献。

（3）说明产品是否按照使用任务剖面进行了环境适应性设计（热设计与低温防护设计，防潮、防盐雾、防霉菌设计，电磁兼容设计等）、评价设计效果及对产品固有可靠性的影响。

（4）分析产品的功能设计、结构设计、密封设计等是否考虑裕度设计原则，功能裕度、密封裕度、结构承载裕度是否足够，并对产品固有可靠性保证情况作出评价。

（5）对于采用降额设计提高可靠性裕度的产品（电子及液压器件等），分析其降额参数、降额因子、降额等级的合理性，评价降额效果。

（6）说明产品是否进行了最坏情况分析，分析产品各组成单元或基本因素特性参数最大变化范围设计的合理性，评价产品处在最恶劣工作或环境条件下的健壮性。

（7）对于产品中某些单点环节、关键信号传递、切换装置等是否采用冗余设计，评价冗余方案的正确性、有效性。

（8）说明产品在方案设计阶段或工程研制阶段的初期是否进行了可靠性预计，分析可靠性预计中的基础数据选取、预计方法的合理性，为评价产品可靠性提供参考。

（9）产品在研制过程中是否同步开展 FMEA 或 FMECA，通过 FMEA 找到的故障模式有无遗漏，对于故障模式，特别是Ⅰ、Ⅱ类故障模式采取的针对性纠正或防止措施是否有效，根据 FMEA 或 FMECA 结果，评价产品可靠性是否满足要求。

（10）电子产品是否 100％经过环境应力筛选，分析筛选条件的合理性，评价筛选效果以及生产过程可靠性保证的有效性。

（11）说明产品研制过程中可靠性管理情况，主要有：是否建立并健全可靠性工作体系；是否认真制定、实施、监督可靠性工作计划；是否切实进行产品各研制阶段的可靠性设计评审，并对评审中遗留的问题进行跟踪解决。

9.7   可靠性试验的应用

9.7.1   环境应力筛选在雷达装备上的应用

本节主要介绍环境应力筛选在某高机动雷达上的应用，阐述环境应力筛选的类型、条件、模式、程序和试件要求。

1. 环境应力筛选的过程

1）制定环境应力筛选大纲

根据 GJB 1032A—2020《电子产品环境应力筛选方法》制定环境应力筛选大纲，明确雷达环境应力筛选的方式和不加电的模式；明确环境应力筛选的应力类型、试件应具备的条件、进行环境应力筛选的试件的范围和各级应力的筛选流程和详细要求。

2）雷达环境应力筛选的方式

鉴于高机动雷达的体积较大、电子系统处于车厢内机柜中的特点，为了获得实际需要的效果，环境应力筛选采用组件和分机（单元）的形式进行，并且选择过程不加电模式。

3）环境应力筛选的应力类型

采纳 GJB 1032A—2020《电子产品环境应力筛选方法》的推荐,环境应力筛选的应力类型选择最能有效激发缺陷的温度循环和随机振动。

4）环境应力筛选试件的要求

进行筛选的试件(如组件或分机)必须是经过初调试合格的,技术指标满足相关设计输入要求;试件内使用的元器件已经通过检验和环境应力筛选。

5）进行环境应力筛选试件的范围

规定雷达所有的组件(包括备件)和分机都进行一次环境应力筛选。

6）环境应力筛选的条件

（1）温度循环条件。筛选的高、低温度选择了雷达的高、低温贮存时的温度;高、低温保持时间参照试件的重量确定。温度变化速率取在整个温度变化幅度内温度变化速率的平均值:组件级为 T_1℃/min,分机级为 T_2℃/min。

（2）温度循环数。缺陷剔除阶段,温度循环数为:组件温度循环次数为 N_1 次,分机为 N_2 次;无故障检测阶段,温度循环次数均为 N_3 次。

（3）随机振动试验条件。施振方向原则上取为互相正交的 3 个方向,但当有数据证明某一方向的振动激励为主要缺陷暴露方向时,只选择该方向振动,一般印制板选择印制面的垂直方向,在装夹确有困难时,可以只采用安装方向。施加振动的时间:在缺陷剔除阶段为 S_1 min,在无故障检验阶段为 S_2 min。

（4）振动与温度循环组合方式。环境应力筛选采用振动—温度循环—振动的循环方式进行。

7）环境应力筛选流程

环境应力筛选的基本流程如图 9-6 所示。它由初始性能检测、缺陷剔除、无故障检验及最后性能检测组成。

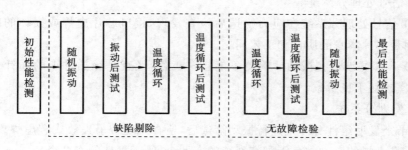

图 9-6　环境应力筛选的基本流程

其中,缺陷剔除的筛选流程包括两个步骤:通过应力筛选将缺陷加速激发为故障暴露出来;将暴露出来的故障剔除。无故障检验的筛选流程的作用是对缺陷剔除效果的验证,并考察是否存在重复性故障。

8）环境应力筛选故障处理方法

对各级筛选中发现的故障均进行分析,找出原因后加以排除、纠正,并按规定形成记录（应力筛选信息记录表）。若属于重复故障,则按《故障报告、分析和纠正措施系统控制程序》执行。

2. 环境应力筛选成果

该高机动雷达通过环境应力筛选发现并剔除了以下缺陷。

1）接收分系统

（1）接收机 15 V 低压电源在随机振动后,测试检查发现输出电压为 12 V 左右,对此进行检查,发现一变压器引脚虚焊。受振动应力的影响使输出引脚松动,引起输出不正常。重新焊接引脚,并用热溶胶将变压器的管脚封住后,重新进行振动筛选,未出现故障。

（2）5 V 稳压器在温度循环结束后检测,发现有部分电容开裂,经分析,该类型的电容是根据厂家的元件手册选择的,温度范围未标 -55 ℃ 的低温,造成故障的根本原因是器件选用错误。将此种电容全部更换为满足要求的电容,重新进行筛选后,结果正常。

（3）用于接收机中的片状电感 SMl 系列,在经过应力筛选后发现许多该系列的电感失效,原因是该片状电感存在质量问题,因此进行了设计更改,将 SMl 系列片状电感换成其他型号的电感。

（4）接收系统在随机振动后进行了检测,主要有以下问题:片状电阻、片状电容虚焊断裂;螺钉松脱;组件中模块的连接线松脱;射频连接器脱焊;自制线绕电感脱焊等。这些问题中有元器件失效、装配和工艺问题等。

2）信号处理分系统

（1）信号处理分系统在应力筛选后检查发现,接口芯片虚焊或损坏的略占多数,原因是芯片本身的质量和工艺问题。

（2）FIR 滤波器在振动后检测不能正常工作,经查是该插件上的插针松动造成与插座接触不良所致。

3）发射分系统

几十个发射组件分 3 批进行振动筛选后,检查发现管子失效或有虚焊现象;其中,管子有虚焊的有 12 个,管脚有裂缝的有 8 个,管子损坏的有 8 个。

将失效管子送至检测所检测,检测结果是管子内部有空洞,证明管子本身存在质量问题,对该型号管子进行换型更改。

4）监控分系统

监控系统的插件筛选后，出现个别集成电路失效。另外有些电容由于规格较大，加上电装上存在问题，筛选中导致电容引脚断裂。

5）终端分系统

终端系统筛选后检测发现 A 显工作不正常，其原因是某型号管子在经过高、低温循环后，高温性能下降，将其设计更改为其他型号的、满足要求的管子。

3. 故障分析与总结

对上述的故障进行了统计与分析，原因主要涉及设计、制造工艺和元器件方面的缺陷，其中，制造工艺方面的原因占大多数；并且，随机振动后出现的故障多于温度循环后出现的故障。

随机振动出现故障多的原因主要是该雷达尚处于生产早期阶段，设计和制造工艺上存在一些缺陷或不足，尤其是一些结构设计缺陷，它们多以重复故障的形式暴露出来。例如，大质量器件安装不当、螺栓易松动、连接线易松脱等。

温度循环筛选出的故障相对较少，其主要原因是元器件大都经过了老化筛选，保证了装机元器件的质量。温度循环中出现的故障现象主要有经过高、低温循环后，元器件高温性能下降、元器件早期失效和元器件选用不当等。

元器件的选用错误、结构设计不合理和制造工艺设计不当都属于设计方面的问题。由设计方面引入的缺陷对产品的本征可靠性造成了负面影响。如果在产品的研制期间就进行环境应力筛选，便可将设计方面的问题解决于产品批产之前，有利于提高产品可靠性的本征值；这样，批产时进行的环境应力筛选的目的仅仅是剔除由制造工艺引起的缺陷，使产品达到可靠性指标要求。

9.7.2　雷达装备可靠性鉴定试验示例

1. 可靠性鉴定试验实施计划

1）试验目的和条件

试验目的是在地面固定使用环境条件下，验证某型雷达可靠性指标满足最低可接收值 $\theta_1 \geqslant 200$ h 的要求。

试验样机在可靠性试验前具备如下条件。

（1）设备已完成可靠性鉴定试验前的环境试验和电磁兼容试验；完成整机可靠性预计，且预计值、寿命器件在有效期内；整机已经固化到规定的技术状态，出厂质量检验和军事代表检验合格。

（2）本次可靠性鉴定试验方案采用 GJB 899A—2009《可靠性鉴定和验收试验》中定时截尾统计试验方案 20-2，具体试验方案参数如表 9-6 所示。

表 9-6　试验方案参数

方案号	决策风险/(%)		鉴别比 $d=\dfrac{\theta_0}{\theta_1}$	试验时间 (θ_1 的倍数)	判决故障数	
	名义值				拒收 ($R_e \geqslant$)	接收 ($A_c \leqslant$)
	α	β				
20-2	20	20	3.63	2.99	2	1

2）统计试验方案

根据某型雷达可靠性最低可接收值 120 h 的要求,并考虑经费、时间和进度等因素,取试验参数 $\theta_1=200$ h,总试验时间 $T=2.99\times\theta_1=598$ h。

3）受试雷达装备的组成、性能测试项目及指标要求

受试雷达为某型雷达初样整机一套,包括天线、馈线、转台、收/发方舱、显控方舱等,性能测试项目及指标要求都经评审确认过。

4）试验应力

（1）电应力。

电应力为电压标称值的 ±10%,电应力变化范围如表 9-7 所示。

表 9-7　电应力变化范围

电 源 类 型	标称值/V	上限值/V	下限值/V
交流单相	220	242	198
交流三相	380	418	342

（2）温度应力。

温度应力控制容差在温度稳定后 $\leqslant\pm 2$ ℃,升温速率 $\leqslant 1$ ℃/min。温度应力变化范围如表 9-8 所示。

表 9-8　温度应力变化范围

设 备 位 置	高温贮存/℃	高温工作/℃	低温贮存/℃	低温工作/℃
舱内	+60	+40	−40	−10
舱外	+60	+50	−40	−40

（3）湿度应力。

舱内设备：+30 ℃,93%±3%,湿热贮存。

舱外设备：+35 ℃,93%±3%,湿热贮存。

（4）振动应力和碰撞应力。

由于是地面固定设备,振动和碰撞应力是在运输状态下发生的,故试验期间不施加振动应力和碰撞应力。

5）应力施加时间及顺序

雷达样机每天开机时间 16 h 为一个工作循环。其中:高温＋40 ℃施加时间为 100 h;湿度 90％ RH 施加时间为 50 h;常温＋20 ℃(用自然应力替代)施加时间为 448 h。

整个试验分两个阶段进行:第一阶段 200 h,在试验外场进行;第二阶段在雷达阵地现场进行。

6）故障判据、分类及审定

合格产品如果出现以下任一状态,则均判为故障。

(1) 规定的条件下,某一项或几项功能丧失。

(2) 规定的条件下,某一项或几项性能参数超出允许范围。

(3) 规定的条件下,出现影响设备功能的机械部件和结构件,或元件破裂、断裂、损坏。

(4) 产品进行了标定以外的调整或更换零部件。

7）试验基本规则

试验受试样机一台。如果有备份分机,参试可替换进行,但参试样机的试验时间不少于所有参试样机平均时间的二分之一,否则该套样机的试验时间无效。

8）试验样机的复原

可靠性试验后,将试验样机复原到产品标准规定的工作状态,更换有故障的零部件,同时还要更换使用寿命已超过一半的寿命器件。受试设备复原后,应通过正常的验收程序交付使用。

9）纠正措施的落实

对于试验中出现的关联故障经现场修复或采取临时改进措施后,应在试验结束后再进行深入的分析,确定故障机理并将已证实是有效的改进措施,经批准后落实到产品的图纸和技术资料中,为未来的可靠性增长奠定基础。

2. 可靠性鉴定试验程序

为了确保按照雷达装备鉴定试验大纲的要求实施可靠性鉴定试验,试验程序如下。

(1) 试验中各种应力施加、功能检查、电性能测试、预防性维护等项目均按"试验大纲"中的要求执行,任何一方不得擅自变动。

(2) 试验中做好各种原始数据记录,包括受试样机功能检查、性能测试记录、试验设备运行情况记录、试验日志等。

(3) 当受试样机状态出现异常或故障时,试验员应将故障现象、故障发现时间、测试条件详细记录在故障记录表中,并向试验小组组长报告。除非故障会危及受试样机的安全方可切断故障样机电源外，一般应让其继续试验以便对故障进行观察获得更多的故障信息。由试验小组决定是否采取排除故障措施、用备份件更换还是继续试验观察。

（4）故障发生后，应注意保护故障现场，并按"试验大纲"要求填写故障报告表。应对故障分析或排除故障过程所做的工作进行记录。

（5）试验期间为了寻找故障原因，允许样机带故障运行。在样机状态未恢复正常前，故障样机的试验时间不计入总有效试验时间，但应作好记录，以供进一步分析。在此期间出现的故障，除已确定为非关联故障以外，若不能确定是原有故障引起的从属故障，则应进行分类和记录，并作为与原有故障同时发生的多重关联故障处理。

（6）在试验中，当样机发生故障修复后或更换试验备件后，准备继续试验时，应由联合试验小组组织再次评审。经试验小组对样机技术状态确认，填写试验过程评审意见表后方可继续试验。

（7）为达到鉴定和摸清雷达可靠性的情况，受试样机的试验时间应达到试验大纲中规定的总试验时间后才能结束试验。

（8）试验结束后，应总结试验工作，提出故障分类意见并填写试验结束评审意见表，安排试验后故障纠正工作及其他相关工作，对遗留问题提出处理意见。

（9）试验结束后，应根据试验小组的报告和试验各项原始记录，编制试验报告。

3. 试验中的故障处理

根据试验中出现的故障，分析故障原因，给出相应的处理措施。

4. 试验结论

试验报告给出试验结论为：鉴定的雷达在规定的总有效时间内，关联责任故障数为 1 个（≤2），故本次可靠性鉴定试验做出接收判决，即雷达通过了 $\theta_1 = 200$ h 的可靠性鉴定试验。

思 考 题

1. 简述可靠性试验的目的。
2. 可靠性研制试验与可靠性增长试验有何区别？
3. 可靠性鉴定试验与验收试验有何区别？

4．统计试验方案按试验截尾方式分为哪些试验,有何区别?

5．简述可靠性强化试验与加速寿命试验的区别。

6．简述可靠性分析评价流程。

参 考 文 献

[1] 康建设,宋文渊,白永生,等. 装备可靠性工程[M]. 北京:国防工业出版社,2019.

[2] 姜同敏. 可靠性与寿命试验[M]. 北京:国防工业出版社,2012.

[3] 胡湘洪,高军,李劲. 可靠性试验[M]. 北京:电子工业出版社,2015.

[4] 宋保维. 系统可靠性设计与分析[M]. 西安:西北工业大学出版社,2008.

[5] 高社生,张玲霞. 可靠性理论与工程应用[M]. 北京:国防工业出版社,2002.

[6] 宋太亮,俞沼统,冯渊,等. GJB 450A《装备可靠性工作通用要求》实施指南[M]. 北京:总装备部电子信息基础部技术基础局,总装备部技术基础管理中心,2008.

[7] 中国人民解放军总装备部. GJB 899A—2009 可靠性鉴定和验收试验[S]. 北京:总装备部军标出版发行部,2009.

[8] 国防科学技术工业委员会. GJB 1032—1990 电子产品环境应力筛选方法[S]. 北京:国防科工委军标出版发行部,1990.

[9] 国防科学技术工业委员会. GJB 16—1984 地面炮瞄雷达可靠性试验方法[S]. 北京:国防科工委军标出版发行部,1984.

[10] 国防科学技术工业委员会. GJB 74.7—1985 军用地面雷达通用技术条件 可靠性试验方法[S]. 北京:国防科工委军标出版发行部,1985.

[11] 国防科学技术工业委员会. GJB 403.6—1987 舰载雷达通用技术条件 可靠性试验方法[S]. 北京:国防科工委军标出版发行部,1987.

[12] 全国电工电子产品可靠性与维修性标准化技术委员会. GB/T 34986—2017 产品加速试验方法法[S]. 北京:中国标准出版社,2017.

[13] 杨舰,林月萍. 某型岸用雷达可靠性鉴定试验[J]. 电子产品可靠性与环境试验,2001(01):14-19.

[14] 黄湘鹏,王明明,陆敏. 某系列雷达可靠性鉴定试验与分析[J]. 雷达与对抗,2009(03):12-15.

[15] 谢俊梅. 环境应力筛选在雷达上的应用[J]. 电子产品可靠性与环境试验,

2013,31(S1):46-49.

[16] 陈斯文,冯晓昂,仵宁宁,等.地面固定雷达组件可靠性加速试验方法[J].电子产品可靠性与环境试验,2021,39(01):12-14.

[17] 陈晓,陈颖.有源相控阵雷达收发组件可靠性验证方法研究[J].航空标准化与质量,2018(04):45-49.

[18] 杨鹏,毛睿杰,杨立,等.星载 T/R 组件加速寿命试验方法[J].空间控制技术与应用,2016,42(03):38-43.

[19] 王宏,王宇歆.可靠性仿真试验及其在雷达研制中的应用[J].现代雷达,2017,39(01):11-16,68.

[20] 王宏,陈晓.可靠性强化试验及其在雷达研制生产中的应用[J].现代雷达,2008(04):26-28,32.

[21] 朱永.电子设备可靠性增长试验方法及应用研究[J].电子产品可靠性与环境试验,2015,33(03):17-22.

[22] 孔耀,袁宏杰,王政,等.地面雷达可靠性加速试验方法研究[J].装备环境工程,2020,17(08):110-114.

[23] 汪凯蔚,张玄.电子设备可靠性试验发展综述[J].电子产品可靠性与环境试验,2021,39(S2):5-7.

[24] 张伟,陈立涛.某机载雷达微波组件综合环境应力筛选方法研究[J].环境技术,2017,35(02):63-65.

[25] 李大伟,阮旻智,尤焜.基于可靠性增长的武器系统可靠性鉴定试验方案研究[J].兵工学报,2017,38(09):1815-1821.

第10章

雷达装备可靠性评估方法

10.1 概　　述

10.1.1　雷达装备可靠性评估方法研究目的及意义

1. 研究目的

随着雷达装备技术的不断发展,现代化战争呈现出节奏快、对抗强、技术高的特点,雷达装备作为战争中首战必用的武器装备,在预警探测、情报保障等方面发挥着至关重要的作用。高可靠性的雷达装备对保障装备的装备完好性,顺利完成作战任务具有重要的影响。

首先,开展对雷达装备可靠性的研究是提高雷达装备可靠性水平、提升战斗力的必要手段。装备的可靠性直接影响着装备作用的发挥,尤其是雷达装备相对于普通军用装备来说,具有开机时间长、战备任务重的特点,既需要在平时担负战备任务,又需要在战时发挥战场预警这个重要作用,对于雷达装备来说,其连续无故障工作时间就显得格外重要,重视并开展对其可靠性的研究和评估,根据评估结果指导雷达装备的可靠性设计,对提升雷达装备的可靠性水平,增强部队战斗力有重要作用。

其次,开展对雷达装备可靠性的研究可以对雷达装备可靠性理论的发展起到推动作用。随着对雷达装备系统的不断深入研究,雷达装备的技术水平不断提高,迫切需要发展与之匹配的可靠性评估理论,来适应和解决雷达装备技术发展过程中提出的新问题,以适应雷达装备体系的发展和变化。

最后,开展对雷达装备可靠性研究是减少雷达装备寿命周期费用的重要途径。对雷达装备的可靠性进行研究和评估,并根据评估结果来提高雷达装备可靠性,可以节约雷达装备的维修保障费用、提高经济效益、减轻雷达装备技术保障工作负担、保证雷达装备正常使用。

总之,本章主要是在现有关于雷达装备可靠性评估理论的指导下,深入分析现阶段雷达装备可靠性评估的现实情况,深刻剖析现阶段雷达装备可靠性评估存在的现实问题,针对这类装备的鉴定定型阶段,选取合适的可靠性评估模型,针对不同的评估情况,对雷达装备可靠性方案进行研究和评估。本章进行的上述研究,可以基于研究结果为雷达装备的可靠性设计提供一定的理论依据,达到提高雷达装备固有可靠性、减少雷达装备寿命周期费用、提升部队战斗力的目的。

2. 研究意义

维修性作为雷达装备的重要基本属性之一,直接影响其作战效能的发挥,制约雷达装备空情保障能力,对雷达装备质量及战备完好性起着至关重要的作用。开展雷达装备维修性评估方法研究,是雷达装备试验鉴定领域的一大趋势,有利于推动雷达装备维修性评估理论的完善及评估实践的有效开展,在雷达装备的设计、采办、使用阶段都具有重要意义,主要体现在以下几个方面。

(1)为雷达装备维修性评估方法的研究提供理论创新。现阶段,关于装备维修性的研究很多,围绕雷达装备维修性要求进行评估的研究内容较少;对装备进行维修性评估时,主要对定性指标进行评价,或只针对单一定量指标进行评价,难以充分体现装备维修性水平;另外,也存在指标赋权方法单一、评估模型适用性不强等缺陷。鉴于以上诸多研究的不足之处,本课题针对雷达装备维修性在鉴定定型阶段的评估方法展开研究,为雷达装备采购和使用单位开展装备评估等相关工作提供可用方法。

(2)为雷达装备研制单位的维修性设计与分析提供理论依据。通过本课题提供的操作简易、便于应用的维修性评估方法,所得到的雷达装备维修性评估结果有助于及时发现维修性设计中存在的缺陷或不足,为后续优化、改进雷达装备维修性设计提供合理、可信的依据。

(3)为雷达装备使用单位开展维修性管理、实现维修性增长提供决策依据。运用本课题提供的评估方法对雷达装备维修性进行综合评估,得到的评估结果经分析后,可准确定位出雷达装备维修性中的设计缺陷及薄弱环节,使雷达装备使用单位能够根据评估结果,结合装备具体实际情况,重点加强装备维修性管理,更好实现维修性增长。同时,为雷达装备使用单位制定维修保障计划、维修方案等提供理论依据。

（4）为雷达装备采办部门的装备验收工作提供决策依据。在采办单位和使用单位参与接装时,需要对装备进行性能试验、作战试验和在役考核等若干阶段性的试验鉴定工作。在开展装备试验鉴定的工作中,运用本课题提出的评估方法得出雷达装备维修性一般结论,可为采办单位接收装备提供可靠参考。

10.1.2　装备可靠性评估研究现状

可靠性研究主要包括可靠性设计、可靠性分配、可靠性评估等方面,最早运用于电子产品领域。近年来,随着军事技术的不断发展和装备制造工艺的不断成熟,各国对大型复杂军事装备系统的可靠性研究也不断深入[5],尤其是在可靠性评估和试验方面进行了系统研究,取得了显著成效,产生了一系列新型研究方法。国外对可靠性工作的研究起步较早,早在第二次世界大战期间,就对其展开了研究[6],随着各国对军工产品可靠性要求的不断提高,各国陆续成立了专门针对军工产品可靠性研究的部门,促进了可靠性理论的充实和发展。1957 年 6 月,美国电子设备可靠性咨询委员会（AGREE）以发表《电子设备可靠性研究报告》的形式,在报告中较为详细地阐述和论证了可靠性研究的基础理论和研究方法,报告的发表极大地促进了可靠性研究工作的发展。从这时起,研究者广泛认可了将可靠性理论作为一门独立的学科[7]。

20 世纪 50 年代末,国外对可靠性技术的研究日益繁荣,相继颁布了 MIL-HD-BK-217、MIL-HDBK-781、MIL-HDBK-785 等一系列与可靠性研究相关的规范和标准,现如今大家所熟知的固有可靠性、使用可靠性等概念也是在这一时期被提出的[8]。20 世纪 60 年代后,大量关于可靠性研究的书籍逐渐出版,各国对可靠性的研究也逐步开展,美国主要针对航天方面机械故障引起的一系列问题对机械可靠性进行了研究[9],部分研究人员利用超载负荷对机械产品的可靠性进行试验验证,在随机动载荷状态下对机械结构和零件的可靠性进行研究,部分研究人员通过改变应力条件、进行仿真试验等方面入手对装备的可靠性进行了大量的研究[10]。1956 年,日本正式从美国引入了可靠性技术,重点对民用工业产品的可靠性进行了研究,制造并推广了一大批具有高可靠性的汽车、彩电、照相机、电冰箱等民用产品,使其在世界范围内畅销,取得了巨大的经济收益。苏联从可靠性理论和可靠性研究方法入手,培养了一批著名的统计学家和可靠性理论研究专家。20 世纪 70

年代后,随着电力系统、原子能系统、洲际导弹等武器装备的出现和装备性能的提升,对装备的可靠性提出了更高要求,基于全寿命周期的可靠性设计、可靠性试验、可靠性评估等理念逐步成型,对装备可靠性的研究愈渐成熟。20 世纪 80 年代后,对装备可靠性的研究范围更深、更广,对软件可靠性和机械可靠性的研究被提上了历史舞台。同时,装备可靠性及维修性的管理也逐渐制度化,尤其是美国国防部颁布的 DOD-D5000.40《可靠性及维修性》指令中,以国防部指令的形式对武器采办中的 R&M 管理进行了规定[11]。20 世纪 90 年代后,可靠性逐渐成为与性能、费用和时间同样重要的指标,失效物理等一系列方法也被广泛运用于可靠性研究,对可靠性研究的一些传统概念也得到了新的发展。1991 年,美国发布的指令 DI5000.2《国防采办管理政策和程序》中将可靠性定义为"一个系统及其部件在没有故障、退化或不要求保障系统的情况下执行功能的能力"[12],可靠性研究的理论体系得到了进一步充实。

21 世纪以后,可靠性研究的理论基础、技术体系和配套试验方法更加完善,可靠性研究向更广阔的方向发展,可靠性技术也逐渐在设备开发、设计、制造、试验、使用、运输等各个环节得到应用,可靠性研究逐渐成为产品设计、目标决策、故障维修和产品维修的重要工具[13]。尤其是随着人工智能、制造技术的高速发展,我们更需要精确评估装备可靠性,以此来提高装备可靠性水平。基于此要求,各国纷纷开始致力于发展提高产品可靠性的综合诊断技术、综合评估方式以及智能专家系统等可应用于精密复杂设备可靠性研究的理论和技术[14],来实现装备可靠性和经济性的共同优化,这一阶段技术的发展进一步带动了可靠性研究水平的提高和可靠性研究范围的拓展。

国内对产品可靠性的研究起步较晚,研究历史最早可以追溯到 20 世纪 50 年代,新中国成立后的第一个五年计划时期,电子工业部门就设立了研究产品可靠性试验的基地,但直至 20 世纪 60 年代,国家才正式系统地对可靠性工程进行研究,这一阶段也可以称为我国可靠性研究的起步阶段,我国对可靠性的研究首先从电子工业部门、航空[16]和航天等领域兴起。1964 年,在钱学森教授的大力倡导和支持下,国内开始了对系统可靠性理论的研究和实践,专家学者们根据钱教授提出的"变动统计学""小子样统计推断""系统可靠性综合"三个研究方向,在可靠性研究方面做了许多开创性工作,并取得了一定成果。20 世纪 70 年代,我国对装备可靠性的研究进入了兴起阶段,随着电子设备在科学技术、工业生产和公众日常生活中的广泛使用,对装备可靠性问题的研究变得愈发重要。基于消费者对一系列包括电视机在内的民用产品的高可靠性要求,国家加强了对元器件可靠性问题的研究。原国防科工委和原四机部结合《电子产品可靠性"七专"质量控制与反馈科学实验》计划,组织生产厂家开展以可靠性为重点的质量管理,提高了元器件的使用可靠性以及电视机的平均故障间隔时间[15]。20 世纪 80 年代至 90 年代,我国对装备可靠性的研究迈入了发展阶段,这一阶段,我国着重制定了一系列可靠性标准,我国可靠性研究向着标准化方向发展。20 世纪 80 年代,我国主要制定了与电子设备和军工产品可靠性有关的国家标准文件。对于电子产品来说,1998 年颁布的 GJB/Z 299B—1998《电子设备可靠性预计手册》、1988 年颁布的 GJB 546—1988《电子元器件可靠性保证大纲》,对电子产品可靠性研究起到了一定作用。对于军工产品来说,1987 年 5 月国务院和中央军委颁发的《军工产品质量管理条例》中,明确指出了在军工产品的研制工作中运用可靠性技术的必要性。GJB 368—1987《装备维修性通用规范》和 GJB 450—1988《装备研制与生产的可靠性通用大纲》这两份国家军用标准的制定,更是奠定了我国军用产品可靠性研究的基础[17],对可靠性的研究初步进入了标准化轨道。20 世纪 90 年代,随着原机械电子工业部提出要沿着"管起来—控制好—上水平"的发展模式开展可靠性工作,可靠性研究工作进入高潮。我国相继制定了包含 GJB 813—1990《可靠性模型的建立和可靠性预计》、GJB/Z 23—1991《可靠性和维修性工程报告编写一般要求》、GJB/Z 27—1992《电子设备可靠性热设计手册》、GJB 1686—1993《装备质量与可靠性信息管理要求》、GJB 1775—1993《装备质量与可靠性信息分类和编码通用要求》、GJB/Z 72—1995《可靠性维修性评审指南》、GJB/Z 77—1995《可靠性增长管理手册》、GJB/Z 102—1997《软件可靠性和安全性设计准则》的一系列与装备可靠性有关的国家标准、国家军用标准和专业标准,用以指导各部门对装备可靠性的研究,对软件可靠性的研究也成为这一时期的研究重点。

进入 21 世纪后,我国对可靠性理论和方法的研究不断深入,我国对可靠性的研究进入了高速发展阶段,不仅在研究方法和可靠性评估运用方面取得了一定进步,而且在标准的制定上逐步完善和规范,可靠性研究的技术体系和各类机构逐步确立,可靠性研究向着更深、更广的方向发展,尤其是面对飞速发展的高科技技术,可靠性研究呈现出智能化、一体化趋势。对可靠性的研究逐渐在机械[18]、航天[19-21]、电力[22-24]、交通[25-27]等领域有了广泛的应用。在对可靠性研究的过程中越来越多的研究人员认可了军工产品可靠性的重要地位,逐渐意识到加强对军工产品可靠性的研究在促进战斗力提升上有着重要的作用,在国家和军队政策的大力支持下,这一阶段的军用装备可靠性研究取得了大量的应用成果。陈宝雷等人着眼军用车辆的特点,建立了可靠性、维修性与保障性参数体系[28];赵健等人通过建立系统层次分析模型,对装甲装备基本可靠性指标进行了研究,为装备可靠性设计提供了依据[29];侯伟彦等人运用数理统计、概率论和超几何分布计算等方法建立了鱼雷装备可靠性抽样模型,为装备验收工作提供了科学依据[30];马振宇等人将 SVR(支持向量回归算法)应用到军用装备的软件可靠性预测模型中,提高了预测的准确率[31]。这一阶段对可靠性研究的主要思路是运用概率论、数理统计等数学方法对装备的可靠性进行分析,寻找并揭示产品可靠性状态与特征。可靠性评估的常用方法:可靠性框图[32]是一种根据所研究装备系统具有的结构和功能,按照系统的可靠性要求画出框图,并对框图进行研究分析的一种方法;故障树分析法[33-36](fault tree analysis,FTA)是一种以研究系统中最不希望发生的一个故障事件为顶事件,通过由上而下的层层推断分析所有可能造成该事件的原因,找出原因(底事件)与故障事件(顶事件)间的逻辑关系,用树状图表示出来,通过分析计算研究出底事件对顶事件产生影响的方式和途径,并计算出系统失效概率和底事件重要度的一种可靠性研究分析方法;故障模式、影响及危害分析[37-40](failure mode,effect and criticality analysis,FMECA)是采取系统分割的方法将系统分为若干个系统或者元件,并逐个分析其潜在的故障类型、发生故障的原因,以及故障对整个系统的影响,并对可能造成重大损失的故障类型进行危害影响分析,确定其概率和等级,找出系统中的薄弱环节,以便采取措施消除或者减轻系统故障影响,提高系统可靠性的一种研究方法;贝叶斯网络法[41-44](bayesian network method)是利用贝叶斯网络将图论与概率论相结合,直观表现因果关系的特点,利用其对两态、多态及动态系统进行可靠性建模分析的一种可靠性分析方法;蒙特卡罗法[45-46](monte carlo method)是利用随机抽样技术,对系统处于各种属性的概率进行模拟,对系统进行可靠性分析的一种方法,尤其适用于大型复杂可修复系统、小样本系统和不可修复系统;GO法[47-49]是一种图形化的可靠性分析方法,它以系统的每一个基本单元作为基础,合并所有可能发生的情况和系统部件之间的逻辑关系,根据标准操作符来简化模型,并通过分析系统构建模型,通过操作符描述设备之间的关系,最后对系统可靠性进行定量分析的一种研究方法。

10.1.3　雷达装备可靠性评估研究现状及存在的问题

雷达装备作为一种长期担负战备值班的军用设备,与其他装备相比,它具有连续执行任务时间长、平战一致的特点。雷达装备所担负的预警任务在战斗力提升方面有着重要的作用,近年来,专家学者对雷达装备可靠性这一重要特性的研究也逐渐深入。

在雷达装备可靠性评估指标的建立方面:文献[50]利用粗糙集方法研究了预警机雷达的可靠性评估指标体系,并采用主成分分析法对可靠性指标进行了约简处理,最后通过试验确定了指标的可靠性;文献[51]根据雷达装备可靠性定义,结合雷达组网性质,在建立了雷达网可靠性评估基本指标的同时,给出了指标计算公式;文献[52]详细分析并阐述了雷达系统的可靠性定义和关键性指标,给出了关键指标的量化公式。

在雷达装备可靠性评估方法选取方面：文献[53]根据可靠性分配程序，结合型号研制过程中常用的可靠分配方法，以某型机载相控阵雷达为例，逐级开展了雷达系统可靠性指标分配，并证明了该方法的可行性；文献[54]根据舰载雷达故障数据的记录特点，建立了任务可靠性模型，评估了不同任务剖面雷达的可靠性水平；文献[55]根据雷达装备的任务要求，利用基于系统失效模式及影响分析的可靠性评估方法，计算了装备的可靠性特征值 MTBF、MTBCF 和风险 R，提高了雷达装备的战备完好率，降低了雷达装备的后续保障费用；文献[56]将 FMECA 分析方法与神经网络相结合，采用 FMECA 对某型雷达系统进行了预测分析和定量分析，利用神经网络专家系统程序，提高了 FMECA 评估方法在雷达可靠性评估中的准确率；文献[57]选取了影响雷达装备基本可靠性的四种因素，采取加权分配法建立了可靠性模型，用以对某新型雷达的基本可靠性进行分配，为雷达装备可靠性设计提供了理论依据；文献[58]结合 GB/T 16260 中的软件可靠性度量指标，采取了一种基于改进 FAHP 和云模型的评价方法，对雷达装备软件可靠性评估进行了研究；文献[59]采用故障树建模与贝叶斯网络相结合的方法对雷达装备的伺服系统进行了可靠性分析与研究，并利用模型确定了造成雷达伺服系统随动失败发生的概率和促使事件发生的关键因素，为提高雷达伺服系统可靠性提供了一定的科学依据；文献[60]引入模糊集合分解定理，将退化试验中获得的雷达装备电路板试验数据进行模糊处理，为雷达装备的电路板可靠性建立了预测模型，提高了雷达电子装备的战场保障能力；文献[61]根据灰色可靠性统计分析法，估计出设备的维修率和故障率，运用多品质效用函数评估出设备的侦察能力，利用 WSEIAC 评估模型，对激光雷达侦察的效能进行了评估，为提高其可靠性找到了依据；文献[62]通过构建新的联合似然函数，改进了序化关系模型，一定程度上解决了大型相控阵雷达装备试验数据较少，评估结果置信度较低的问题。

综上所述，从已公开发表的文献来看，雷达装备可靠性评估工作已经取得了一定进展，但由于现阶段的雷达装备存在着技术发展快、在役型号多、数据采集较为困难等问题，对于雷达装备可靠性评估方面的研究还有以下问题需要解决。

(1) 雷达装备可靠性评估指标体系的研究和建立还不够全面。当前，对雷达装备可靠性指标的建立不够全面，对指标进行科学选取的研究较少。大部分文献在建立可靠性指标时仅考虑了可靠性基本参数和常见的可量化指标，缺少定性与定量指标相结合、能够全面囊括雷达装备可靠性内涵的指标体系，还可以进一步提高指标体系建立的合理性、科学性、准确性、适用性。

(2) 在雷达装备可靠性指标权重确定方面的研究较少。文献中，对雷达装备可靠性评估指标的权重研究大都采取了单一的赋权方法，尤其是层次分析法等主观赋权方法使用较多,指标的权重值缺乏客观性,对客观数据利用较少,赋权的准确性有待进一步提高。

(3)对雷达装备鉴定定型阶段可靠性评估的研究较少。装备试验鉴定体系进行重塑后,武器装备试验鉴定的阶段也由基地试验、部队试验和部队试用,转变为性能试验、作战试验、在役考核。现阶段对雷达装备可靠性的研究和评估大都集中在雷达装备的使用阶段,对鉴定定型阶段的雷达装备可靠性评估较少,针对以上情况,开展对鉴定定型阶段的雷达装备可靠性研究评估具有一定的现实意义。

10.2　雷达装备可靠性评估指标体系

10.2.1　评估指标体系确定的原则

雷达装备可靠性评估是许多专家研究的重点问题,更是关系到我军战斗力提升的关键因素之一。构建雷达装备可靠性评估指标,不是为了囊括所有可靠性相关指标而对其进行的物理堆砌,更不是毫无原则地抽取部分指标。我们要做的,是根据雷达这一装备的特点,结合一定的指标体系构建原则,建立一种既能准确进行评估,又足够简单、清晰的评估指标体系。根据上述分析,本章在构建雷达装备可靠性评估体系的过程中,主要遵循以下原则。

(1)目的性。在构建可靠性评估指标体系时,要注意选取的评价指标应该对实现可靠性评估目的或提高可靠性具有明确的目的。具体来说,就是选取的指标应该能够准确、系统地刻画出雷达装备的系统特征,能够真实、客观地反映出雷达装备可靠性的现实水平,体现评估的目的。

(2)科学性。对雷达装备进行可靠性评估是一个环环相扣的精密过程,而评估指标体系的构建对评估结果有着不可忽视的作用。因此,我们要遵循科学性原则来对评估指标体系进行构建。具体说来,就是不仅要明确各个可靠性指标的定义及其科学内涵,使每个指标都有迹可循、有理可依,确保构建过程科学和严谨,也要注意各个指标之间的相关性和层次性,构建出准确、清晰的分层次指标模型。

(3)系统性。雷达装备是一种较为复杂的大型系统,选取可靠性指标时应该根据其系统特点,保证各指标之间的逻辑关系和层次性,即指标体系可以自上而下、从宏观到微观层层递进,形成一个不可分割的评价指标体系,这样构建出的指标体系可以更客观、真实地反映出评估对象的可靠性水平。

（4）完备性。对可靠性指标进行选取时,应该尽可能地考虑到影响雷达装备可靠性的全部指标因素,所建立的可靠性指标体系应该是尽可能全面的,选取的可靠性评价指标应尽可能完备,不缺项、不漏项。

（5）独立性。选取可靠性评估指标时,不可避免地会出现指标内涵相似或重叠的问题,在构建评估指标体系的过程中应该选取最优的指标,避免指标间的相互干扰,确保各指标相互独立,减少指标之间的相互交叉或包含。

（6）可操作性。在构建可靠性评估指标体系的过程中,需要注意选取的底层指标尽量是具体、可量化的。对于不能够进行量化的指标,也应该利用科学的语言对其进行描述,以此来保证整个评估系统的可运行及可操作。

10.2.2　评估指标体系建立的流程

雷达装备可靠性评估指标的构建贯穿雷达装备可靠性评估的全过程,既是开展装备可靠性评估的坚实基础,也是雷达装备可靠性评估中的重要环节,很大程度上决定着评估结果。评估指标体系的构建,既不是简单的指标堆积,也不是随意的主观选择,既需要通过反复推敲来确保指标体系的合理性,又需要通过细细琢磨来确保指标体系的准确性。雷达装备可靠性评估指标体系构建流程如图 10-1 所示。

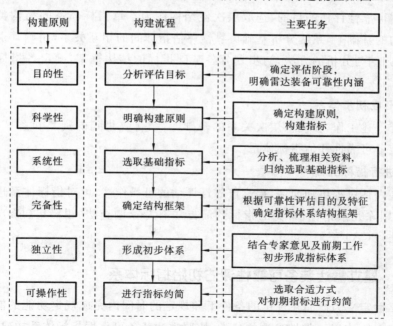

图 10-1　雷达装备可靠性评估指标体系构建流程

1. 分析评估目标

构建雷达装备可靠性评价指标体系的首要任务是确定评估的具体阶段,并分析评估的主要目标。本章主要针对的评估阶段和对象是鉴定定型阶段的雷达装备,在实际操作中,需要根据鉴定定型阶段雷达装备可靠性的具体特点,对该阶段评估方案的可靠性水平进行确定。

2. 明确构建原则

评估指标体系的构建不是单纯的指标叠加,为了保证其准确科学,需要具备相应的指标构建原则对其予以规范。在构建指标体系时明确构建原则,更有助于我们建立出合理、可行的指标体系,以便于在评估过程中准确、真实地反映出雷达装备可靠性的实际状态,并对其做出客观评估。

3. 选取基础指标

通过阅读文献、咨询专家、收集资料等方式,根据雷达装备可靠性的基本定义和内涵,选取能够全面描述雷达装备可靠性现实情况的基础指标,尽量做到具体、准确,不遗漏、不重复、无重叠,应该结合收集到的资料,结合各方观点,对所选取的指标进行反复论证和综合考量,用以确定可靠性指标体系中的基础指标。

4. 确定结构框架

根据可靠性评估的目的,选取层次性结构作为本章指标体系的结构类型。在确定结构的基础上,系统分析基础可靠性评估指标间的相互关系,明确其隶属关系后,通过归纳与分析的方法,初步划分各基础指标的结构框架,确定各指标的结构层级。

5. 形成初步体系

综合上述工作,在确立层次关系的基础上,结合收集到的资料和意见,初步形成雷达装备可靠性评估指标体系。

6. 进行指标约简

为使评估过程更加简便,提高可靠性评估的可操作性,可对指标体系进一步约简,用以剔除冗余指标,常见的指标约简方法有专家调查法、粗糙集(RS)法、主成分分析法(PCA)等。

10.2.3 建立雷达装备可靠性评估初始指标体系

可靠性定义为产品在规定的条件下和规定的时间内完成规定功能的能力。结合国军标[63,64]中对可靠性参数的分类,按照雷达装备可靠性指标体系构建流程,我们将雷达装备可靠性评估指标划分为基本可靠性参数、任务可靠性参数、耐久性参数、可靠性设计参数、软件可靠性参数 5 类,其评估初始指标体系如图 10-2 所示。

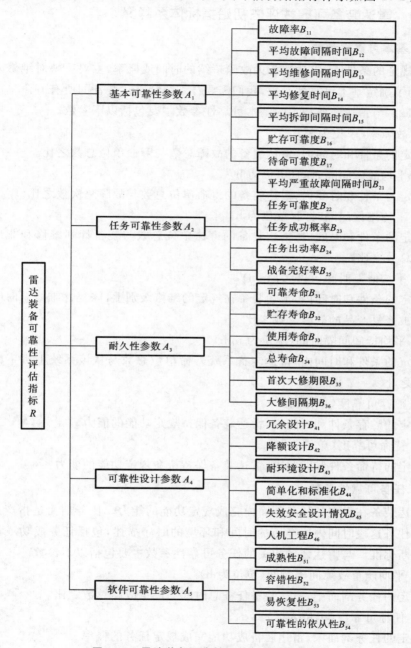

图 10-2　雷达装备可靠性评估初始指标体系

10.2.4　雷达装备可靠性评估初始指标体系释义

1. 基本可靠性参数

在规定的条件下,雷达装备无故障持续的时间或概率,主要反映对维修人力的要求,为了确定基本可靠性参数,我们需要详细统计雷达装备的所有寿命单位中的所有故障。与雷达装备相关的基本可靠性参数主要包括以下参数。

1) 故障率(单位为%)

规定的条件和时间内,雷达装备的故障总数与寿命单位总数之比。

2) 平均故障间隔时间(单位为 h)

规定的条件和时间内,雷达装备的寿命单位总数与故障总次数之比。

3) 平均维修间隔时间(单位为 h)

规定的条件和时间内,雷达装备的寿命单位总数与装备计划维修和非计划维修事件总数之比。

4) 平均修复时间(单位为 min)

规定的条件和时间内,雷达装备在规定的维修级别上,修复性维修总时间与该级别上被修复产品的故障总数之比。

5) 平均拆卸间隔时间(单位为 min)

规定的条件和时间内,雷达装备系统寿命单位总数与从该系统上拆下的产品总次数之比。

6) 贮存可靠度(单位为%)

规定的贮存条件和时间内,雷达装备保持规定功能的能力。

7) 待命可靠度(单位为%)

规定的待命条件和时间内,雷达装备保持待命规定功能的能力。

2. 任务可靠性参数

雷达装备在规定的任务剖面内完成规定功能的能力。任务剖面是指产品在完成规定任务这段时间内所经历的时间和环境的时序描述,包括任务成功或严重故障的判断标准。与雷达装备相关的任务可靠性参数主要包括以下参数。

1) 平均严重故障间隔时间(单位为 h)

规定的任务剖面中,雷达装备任务总时间与严重故障总数之比。

2) 任务可靠度(单位为%)

规定的任务剖面中,雷达装备成功地完成规定任务的概率。

3) 任务成功概率(单位为%)

规定的任务剖面内,雷达装备能完成规定任务的概率。

4）任务出动率（单位为％）

指定区域范围内，指定成建制的雷达装备使用单位，执行作战任务实际出动的装备与指定区域范围、指定成建制装备使用单位内装备实有总数的比值。

5）战备完好率（单位为％）

当接到命令需要雷达装备参与作战任务时，装备状态完好、能够随时执行规定作战任务的概率。

3. 耐久性参数

雷达装备在规定的使用、贮存与维修条件下，达到极限状态之前，完成规定功能的能力，一般用寿命度量。极限状态是指耗损（如疲劳、磨损、腐蚀等）使产品从技术上或从经济上考虑，都不宜再继续使用，而必须大修或报废的状态。与雷达装备相关的耐久性参数主要包括以下参数。

1）可靠寿命（单位为年）

雷达装备给定可靠度对应的寿命单位数。

2）贮存寿命（单位为年）

雷达装备在规定的贮存条件下能够满足规定要求的贮存期限。

3）使用寿命（单位为年）

雷达装备使用到从技术或者经济上考虑都不适合继续使用，必须对其进行大修或者报废时的寿命单位数。

4）总寿命（单位为年）

规定条件下，雷达装备从开始使用到规定报废的工作时间或日历持续时间。

5）首次大修期限（单位为年）

规定条件下，雷达装备从开始使用到首次大修时的寿命单位数，也可以称为首次翻修期限。翻修是指把雷达装备分解为零部件，对其进行检查、清洗，随后通过修复或者替换故障部件的方式恢复装备的寿命，使装备等于或者接近首次翻修期的修理。

6）大修间隔期（单位为年）

规定条件下，雷达装备相继两次大修间的寿命单位数。

4. 可靠性设计参数

雷达装备设计可靠性是指在雷达装备的研究和设计中，技术人员采取相应措施使装备达到可靠性指标的一系列设计准则，是在设计时就赋予雷达装备的固有特性，如果可靠性设计优良，那么就会生产设计出符合战斗力要求的高可靠性、低寿命周期费用的雷达装备。与雷达装备可靠性设计相关的参数主要包括以下参数。

1）冗余设计

雷达装备的冗余设计是指为了提高雷达装备的可靠性,使其完成规定功能,在进行可靠性设计时,增补一些工作单元或后备单元,采取额外冗余的方式弥补系统故障所造成的影响。进行冗余设计后的雷达装备,即使其中某些单元发生故障,整个系统也可以正常完成任务,这类被增补的系统称为贮备系统,冗余设计对装备可靠性的提高具有不可忽视的作用。

2）降额设计

雷达装备降额设计是通过有意识地使装备元件或零件的工作应力小于额定值,或者提高零件承载能力安全裕度的方式,来达到延缓元件或零件的参数退化、降低故障率、提高装备使用可靠性目的的一种设计。

3）耐环境设计

雷达装备的耐环境设计是通过对耐久性试验、寿命试验、环境试验等各种可靠性试验手段获取数据,来提高雷达装备在寿命周期内、在各种使用环境下的可靠性程度。

4）简单化和标准化设计（单位为％）

雷达装备的简单化和标准化设计是通过尽可能地采用功能简单和已经成熟或标准化的零件和技术减少装备零件数,从而达到降低零部件发生故障的概率,提高雷达装备的系统可靠性的目的。

5）失效安全设计情况

雷达装备的失效安全设计是指当雷达装备系统的一部分发生故障时,依靠雷达装备的自身结构确保系统、设备安全的设计。举例来说,雷达装备中的机械结构就可以设计为当部分发生疲劳裂纹等损伤时,可以将此类损伤对装备功能的影响控制在最小范围内,确保问题被检查出来前,结构中发生的都是非致命性破坏。

6）人机工程设计

人机工程设计也可称为人因工程、人的操作可靠性设计。雷达装备操作人员的操作失误是复杂系统可靠性与安全性的重要威胁,在对其进行设计时,一是要注意人的生理因素、心理因素、训练因素等人员自身原因,二是要注意系统向人传递信息时的可靠性（如雷达指示、显示装置的设计）,以此来保证人向系统传达指令或直接操作的高可靠性。

5. 软件可靠性参数

雷达装备软件可靠性参数是衡量装备在规定的条件和时间内,软件不引起系统故障能力的参数,软件可靠性与软件存在的差错（缺陷）和系统输入及使用有关。与雷达装备软件可靠性相关的参数主要包括以下参数。

1）成熟性

雷达装备软件外部成熟性度量是指由于装备软件本身存在的故障而导致的软件失效的可能程度。

2）容错性

雷达装备软件容错性度量是指在装备发生运行故障或违反规定接口的情况下，装备软件维持规定性能水平的能力的程度。

3）易恢复性

雷达装备软件易恢复性指在装备失效的情况下，装备系统中的软件仍能够建立适当性能水平并恢复受影响的数据和功能的能力。

4）可靠性的依从性

雷达装备软件可靠性的依从性是指在装备系统中，带有依从问题的功能或事件的数目，问题是指软件产品不遵循与可靠性有关的标准、约定或法规。

10.3　基于 Delphi-TOPSIS 法的雷达装备可靠性评估指标体系约简

图 10-2 所示的指标体系是一个较为全面的指标体系，虽然已经进行了初步筛选，剔除了较多冗余指标，但由于对雷达装备可靠性进行评估是一个较为复杂的过程，庞大的指标体系会增加评估的难度。综上，为简化评估过程，剔除作用较小的指标，本节中，我们将采取 Delphi 法对该指标体系进一步进行约简，并用 AHP-TOPSIS 法对约简后的指标体系的准确性进行检验。

10.3.1　Delphi 法

德尔菲（Delphi）法也可以称为专家调查法，概括来说，这是一种主观定性研究的方法，该方法可以系统、有效地收集专家意见，可以用于对数据进行处理，也可以应用在评价指标建立和筛选的过程中，有着很强的通用性和适应性[65-70]。用 Delphi 法获取专家意见，并将其运用于指标约简的具体步骤如下。

（1）通过文献阅读、查阅资料、征求意见等方法建立初始指标体系。

（2）对单个指标的重要度进行计算。邀请 m 位经验丰富、权威性高的专家，对 p 个评估指标 $A_1,A_2,A_3,\cdots,A_p$ 进行评估。其中，第 k 个专家按照指标对目标的影响大小排序为 $M_1^{(k)},M_2^{(k)},M_3^{(k)},\cdots,M_p^{(k)}$，则定义指标 $A_j(j=1,2,3,\cdots,p)$ 的单个

指标重要度为 $M_j^{(k)}(j=1,2,3,\cdots,p)$。

（3）计算单个指标的总重要度。设 m 位专家对评估指标 A_j 分别给出的重要度为 $M_j^{(1)},M_j^{(2)},M_j^{(3)},\cdots,M_j^{(m)}$，则指标 $A_j(j=1,2,3,\cdots,p)$ 的总重要度为

$$x_j = \sum_{k=1}^{m} M_j^{(k)} \quad (j=1,2,3,\cdots,p) \tag{10.1}$$

（4）对总重要度进行归一化处理并对其进行排序。利用公式 $w_j = x_j / \sum_{j=1}^{n} x_j$ 对专家的总重要度 $x_1,x_2,x_3,\cdots,x_n$ 进行归一化处理，得到 p 个评估指标的归一化排序向量 $w_1,w_2,w_3,\cdots,w_n$。

（5）对专家意见进行一致性检验。C.I. 被称为一致性系数，其越接近于 1，专家的意见越趋向一致。

$$\text{C.I.} = 12S/[m^2(p^3-p)] \tag{10.2}$$

其中：$S = \sum_{j=1}^{p} x_j^2 - \left(\sum_{j=1}^{p} x_j\right)^2/p$。

（6）按照贡献率对指标进行筛选。将 p 个评估指标 $A_1,A_2,A_3,\cdots,A_p$ 按照归一化后的重要度 $w_1,w_2,w_3,\cdots,w_n$ 从大到小的顺序进行排序，记为 $N_1,N_2,N_3,\cdots,N_p$，并设 $N=\sum_{i=1}^{r} N_i$，求使 $N=\sum_{i=1}^{r} N_i \geqslant \alpha$ 最小的 r。其中，α 又称为重要性系数，本章中取 $\alpha=0.95$，最终，选取前 r 项指标为约简后的评估指标。

10.3.2 AHP 法

层次分析法（AHP）是一种利用线性代数中矩阵特征值的思想，并采用定性分析和定量分析相结合的方法，对各个影响因素进行赋权的分析方法[71-78]。运用 AHP 法确定雷达装备可靠性指标权重的步骤如下。

（1）建立对雷达装备可靠性影响因素的递进层次结构模型。

（2）构造判断矩阵。比例标度的含义如表 10-1 所示。

表 10-1　比例标度的含义

比例标度 K	重 要 程 度
1	a_i 与 a_j 有相同的重要性
3	a_i 比 a_j 稍微重要
5	a_i 比 a_j 明显重要
7	a_i 比 a_j 强烈重要
9	a_i 比 a_j 极度重要
2,4,6,8	介于上述两判断的中间值

假设评估对象 A 受某指标层 n 个因素 $\{a_1, a_2, \cdots, a_n\}$ 的影响,按照 $1\sim9$ 标度法,将 a_i 和 a_j($i\neq j$)对评估对象 A 的相对重要程度用数字表现出来,分别记为 a_{ij} 和 a_{ji},根据判断矩阵的构造,可以知道 a_{ij} 和 a_{ji} 应该满足:$a_{ij}>0$,$a_{ji}>0$,$a_{ij}=1/a_{ji}$,$a_{ii}=1$($i\neq j$),得到由相对属性构成的判断矩阵 $A=(a_{ij})_{n\times n}$。

（3）计算各因素权重。各因素权重系数即为判断矩阵的特征向量 w,得

$$Aw=\lambda_{max}w \tag{10.3}$$

本章主要采用方根法计算各个指标的权重系数,其具体就是:将判断矩阵 $A=(a_{ij})_{n\times n}$ 的每一行数值相乘,得 M_i 为

$$M_i = \prod_{j=1}^{n} a_{ij} \quad (i=1,2,\cdots,n) \tag{10.4}$$

对 M_i 开 n 次方根,可得 $\widetilde{w}_i$ 为

$$\widetilde{w}_i = \sqrt[n]{M_i} \quad (i=1,2,\cdots,n) \tag{10.5}$$

对向量 $W=(\widetilde{w}_1, \widetilde{w}_2, \cdots, \widetilde{w}_n)^{\mathrm{T}}$ 进行归一化处理,可得

$$w_i = \frac{\widetilde{w}_i}{\sum\limits_{i=1}^{n} \widetilde{w}_i} \quad (i=1,2,\cdots,n) \tag{10.6}$$

得到的矩阵 $W=(w_1, w_2, \cdots, w_n)^{\mathrm{T}}$ 即为判断矩阵的特征向量,同时也是各指标的权重系数。

计算判断矩阵的最大特征值 λ_{max} 为

$$\lambda_{max} = \sum_{i=1}^{n} \frac{(AW)_i}{n w_i} = \frac{1}{n} \sum_{i=1}^{n} \frac{(BW)_i}{w_i} = \frac{1}{n} \sum_{i=1}^{n} \frac{\sum\limits_{j=1}^{n} a_{ij} w_j}{w_i} \tag{10.7}$$

式中:$(AW)_i$ 为 AW 的第 i 个分量。

（4）进行判断矩阵的一致性检验。平均随机一致性指标 RI 取值表如表 10-2 所示。

表 10-2　平均随机一致性指标 RI 取值表

判断矩阵阶数(n)	2	3	4	5	6	7	8	9
RI	0	0.58	0.90	1.12	1.24	1.32	1.41	1.45

一致性指标 CI 为

$$CI = \frac{\lambda_{max} - n}{n-1} \tag{10.8}$$

一致性比率 CR 为

$$CR = \frac{CI}{RI} \tag{10.9}$$

式中:RI 为平均随机一致性指标,当 CR 越小时,判断矩阵的一致性就越好,当 CR <0.1 时,可以认为判断矩阵的差异在允许范围内,具有一致性。

10.3.3　TOPSIS 法

逼近于理想值的排序方法(Technique for Order Preference by Similarity to an Ideal Solution,TOPSIS)是一种根据评价对象与正负理想解的接近程度,对评价对象进行排序,从而对其进行评估的一种方法[79-87],其具体步骤如下。

(1)求规范化决策矩阵。设多属性决策问题的决策矩阵 $\boldsymbol{Y}=(y_{ij})_{m\times n}$,则规范化决策矩阵为 $\boldsymbol{Z}=(z_{ij})_{m\times n}$,其中

$$z_{ij}=\frac{y_{ij}}{\sqrt{\sum_{i=1}^{m}y_{ij}^2}},\quad i=1,2,\cdots,m;\quad j=1,2,\cdots,n \tag{10.10}$$

(2)建立加权规范矩阵 $\boldsymbol{X}=(x_{ij})_{m\times n}$。已知各属性的权重向量 $\boldsymbol{W}=(w_1,w_2,\cdots,w_n)^{\mathrm{T}}$,则

$$x_{ij}=w_j\cdot z_{ij},\quad i=1,2,\cdots,m;\quad j=1,2,\cdots,n \tag{10.11}$$

(3)计算理想解 $\boldsymbol{x}^*$ 和负理想解 $\boldsymbol{x}^0$ 具体数值。假设理想解 $\boldsymbol{x}^*$ 和负理想解 $\boldsymbol{x}^0$ 的第 j 个属性值分别为 x_j^* 和 x_j^0,则

$$x_j^*=\begin{cases}\max_i x_{ij},j \text{ 为效益型属性}\\ \min_i x_{ij},j \text{ 为成本型属性}\end{cases},\quad j=1,2,\cdots,n \tag{10.12}$$

$$x_j^0=\begin{cases}\max_i x_{ij},j \text{ 为成本型属性}\\ \min_i x_{ij},j \text{ 为效益型属性}\end{cases},\quad j=1,2,\cdots,n \tag{10.13}$$

(4)计算各方案到正、负理想解的欧式距离。其中,方案 x_i 到理想解的距离 d_i^* 为

$$d_i^*=\sqrt{\sum_{j=1}^{n}(x_{ij}-x_j^*)^2},\quad i=1,2,\cdots,m \tag{10.14}$$

方案 x_i 到负理想解的距离 d_i^0 为

$$d_i^0=\sqrt{\sum_{j=1}^{n}(x_{ij}-x_j^0)^2},\quad i=1,2,\cdots,m \tag{10.15}$$

(5)计算各方案的排队指标值(或综合评估指数)。依据方案 x_i 的排队指标值 c_i 由大到小排列来决定各方案的优劣次序。

$$c_i=\frac{d_i^0}{d_i^0+d_i^*},\quad i=1,2,\cdots,m \tag{10.16}$$

10.3.4　雷达装备可靠性评估指标体系约简实例

邀请 10 位从事雷达装备可靠性评估的专家,对一级指标 A_1 基本可靠性参数下属的 7 个指标 $B_{11},B_{12},B_{13},\cdots,B_{17}$ 进行评估,得到各个指标的单个重要度如表 10-3 所示。对各个指标的单个指标的贡献率进行累计,得出当 $r=5$ 时,$N = \sum\limits_{i=1}^{5} N_i = 0.9507 > 0.95$,证明前 5 项指标的累计贡献率大于 95%。因此,根据 Delphi 法选取前 5 项指标为约简后的指标,剔除指标 B_{15},B_{17}。

表 10-3　A_1 基本可靠性参数下属的 7 个指标的单个重要度

	M_{11}	M_{12}	M_{13}	M_{14}	M_{15}	M_{16}	M_{17}
专家 1	56	95	26	16	5	16	4
专家 2	52	93	23	13	4	13	2
专家 3	59	93	28	18	5	18	8
专家 4	51	96	24	16	6	21	5
专家 5	53	98	27	15	3	19	5
专家 6	50	97	29	14	5	26	5
专家 7	55	95	25	17	7	18	9
专家 8	57	95	23	20	9	15	8
专家 9	55	94	28	13	3	22	6
专家 10	56	98	24	16	2	18	10
总重要度	544	954	257	158	49	186	60
归一化后重要度	0.2464	0.4321	0.1164	0.0716	0.0222	0.0842	0.0272
排序序号	2	1	3	4	7	5	6

同理,对一级指标 A_2 任务可靠性参数下属的 5 个指标 $B_{21},B_{22},\cdots,B_{25}$ 进行评估,得到各个指标的单个重要度如表 10-4 所示。对各个指标的单个指标的贡献率进行累计,得出当 $r=3$ 时,$N = \sum\limits_{i=1}^{3} N_i = 0.9509 > 0.95$,证明前 3 项指标的累计贡献率大于 95%。因此,根据 Delphi 法选取前 5 项指标为约简后的指标,剔除指

标 B_{23}，B_{24}。

表 10-4　A_2 任务可靠性参数下属的 5 个指标的单个重要度

	M_{21}	M_{22}	M_{23}	M_{24}	M_{25}
专家 1	88	97	9	3	49
专家 2	81	95	8	4	43
专家 3	82	98	6	4	37
专家 4	89	99	7	5	39
专家 5	89	98	6	4	41
专家 6	86	96	8	3	44
专家 7	87	97	9	4	42
专家 8	86	95	8	3	39
专家 9	83	98	9	4	37
专家 10	81	97	6	4	36
总重要度	852	970	76	39	407
归一化后重要度	0.3635	0.4138	0.0324	0.0166	0.1736
排序序号	2	1	4	5	3

对一级指标 A_3 耐久性参数下属的 6 个指标 B_{31}，B_{32}，$\cdots$，B_{36} 进行评估，得到各个指标的单个重要度如表 10-5 所示。对各个指标的单个指标的贡献率进行累计，得出当 $r=5$ 时，$N=\sum\limits_{i=1}^{5}N_i=0.9754>0.95$，证明前 5 项指标的累计贡献率大于 95%。因此，根据 Delphi 法选取前 5 项指标为约简后的指标，剔除指标 B_{36}。

表 10-5　A_3 耐久性参数下属的 6 个指标的单个重要度

	M_{31}	M_{32}	M_{33}	M_{34}	M_{35}	M_{36}
专家 1	43	23	95	58	96	8
专家 2	42	26	93	56	95	9
专家 3	39	22	94	52	97	6
专家 4	43	19	93	57	94	7
专家 5	46	21	92	54	98	6

	M_{31}	M_{32}	M_{33}	M_{34}	M_{35}	M_{36}
专家 6	38	18	89	59	96	8
专家 7	36	27	93	57	98	12
专家 8	33	21	91	56	95	7
专家 9	32	20	88	52	94	6
专家 10	35	22	90	53	96	8
总重要度	387	219	918	554	959	77
归一化后重要度	0.1243	0.0703	0.2948	0.1780	0.3080	0.0247
排序序号	4	5	2	3	1	6

对一级指标 A_4 可靠性设计参数下属的 6 个指标 $B_{41},B_{42},\cdots,B_{46}$ 进行评估,得到各个指标的单个重要度如表 10-6 所示。对各个指标的单个指标的贡献率进行累计,得出只有当 $r=6$ 时,$N=\sum\limits_{i=1}^{6}N_i=0.9999>0.95$,即只有 6 项指标都存在时,指标的累计贡献率才能大于 0.95。因此,根据 Delphi 法对 A_4 所属的二级指标全部保留,不予以剔除。

表 10-6　A_4 可靠性设计参数下属的 6 个指标的单个重要度

	M_{41}	M_{42}	M_{43}	M_{44}	M_{45}	M_{46}
专家 1	96	56	92	30	32	31
专家 2	97	54	93	28	38	27
专家 3	99	55	96	26	36	26
专家 4	98	48	93	27	33	33
专家 5	97	53	92	31	41	28
专家 6	98	56	94	36	37	29
专家 7	99	52	93	30	32	29
专家 8	97	51	89	39	34	31
专家 9	99	50	92	29	35	30
专家 10	96	53	90	32	37	28

	M_{41}	M_{42}	M_{43}	M_{44}	M_{45}	M_{46}
总重要度	976	528	924	308	355	292
归一化后重要度	0.2885	0.1561	0.2731	0.0910	0.1049	0.0863
排序序号	1	3	2	5	4	6

对一级指标 A_5 可靠性设计参数下属的 4 个指标 B_{51}，B_{52}，…，B_{54} 进行评估，得到各个指标的单个重要度如表 10-7 所示。对各个指标的单个指标的贡献率进行累计，得出只有当 $r=4$ 时，$N = \sum_{i=1}^{6} N_i = 1.000 > 0.95$，即只有 4 项指标都存在时，指标的累计贡献率才能大于 0.95。因此，根据 Delphi 法对 A_5 所属的二级指标全部保留不予以剔除。

表 10-7　A_5 可靠性设计参数下属的 4 个指标的单个重要度

	M_{51}	M_{52}	M_{53}	M_{54}
专家 1	98	36	56	26
专家 2	99	38	58	29
专家 3	97	33	56	25
专家 4	98	39	57	23
专家 5	97	34	53	28
专家 6	96	36	49	27
专家 7	99	31	52	26
专家 8	96	35	53	24
专家 9	98	37	56	29
专家 10	97	32	50	31
总重要度	975	351	540	268
归一化后重要度	0.4569	0.1645	0.2530	0.1256
排序序号	1	3	2	4

通过上述方法,求得约简后的雷达装备可靠性评估指标体系如图 10-3 所示。

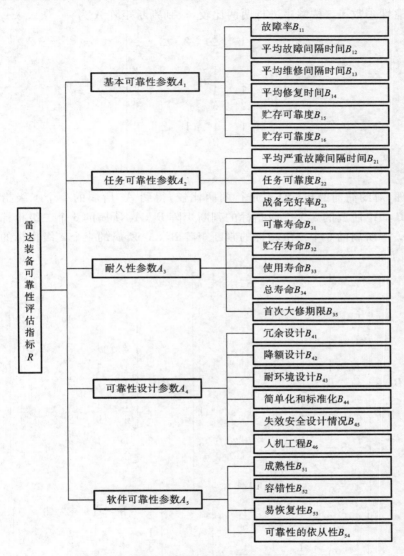

图 10-3　约简后的雷达装备可靠性评估指标体系

10.3.5　AHP 法对约简前后的指标进行赋权

本章采取 AHP 法对约简前后的指标进行赋权,由于约简前后的一级指标并无太大改动,首先邀请专家分别根据比例标度法,对图 10-1 和图 10-2 中的一级指

标基本可靠性参数 A_1、任务可靠性参数 A_2、耐久性参数 A_3、可靠性设计参数 A_4、软件可靠性参数 A_5，按顺序进行两两比较，得到判断矩阵 A 为

$$
A = \begin{bmatrix}
1 & \dfrac{1}{5} & 2 & 3 & \dfrac{1}{2} \\[2mm]
5 & 1 & 6 & 9 & 3 \\[2mm]
\dfrac{1}{2} & \dfrac{1}{6} & 1 & 2 & \dfrac{1}{3} \\[2mm]
\dfrac{1}{3} & \dfrac{1}{9} & \dfrac{1}{2} & 1 & \dfrac{1}{5} \\[2mm]
2 & \dfrac{1}{3} & 3 & 5 & 1
\end{bmatrix}
$$

同理，对约简前的指标体系进行两两比较，得到 A_1 所属的 7 个二级指标的判断矩阵 B_1，A_2 所属的 5 个二级指标的判断矩阵 B_2，A_3 所属的 6 个二级指标的判断矩阵 B_3，A_4 所属的 6 个二级指标的判断矩阵 B_4，A_5 所属的 4 个二级指标的判断矩阵 B_5 如下：

$$
B_1 = \begin{bmatrix}
1 & \dfrac{1}{2} & 2 & 4 & 6 & 5 & 7 \\[2mm]
2 & 1 & 4 & 6 & 8 & 7 & 9 \\[2mm]
\dfrac{1}{2} & \dfrac{1}{4} & 1 & 2 & 4 & 3 & 5 \\[2mm]
\dfrac{1}{4} & \dfrac{1}{6} & \dfrac{1}{2} & 1 & 2 & 1 & 3 \\[2mm]
\dfrac{1}{6} & \dfrac{1}{8} & \dfrac{1}{4} & \dfrac{1}{2} & 1 & 1 & 1 \\[2mm]
\dfrac{1}{5} & \dfrac{1}{7} & \dfrac{1}{3} & 1 & 1 & 1 & 2 \\[2mm]
\dfrac{1}{7} & \dfrac{1}{9} & \dfrac{1}{5} & \dfrac{1}{3} & 1 & \dfrac{1}{2} & 1
\end{bmatrix}
\qquad
B_2 = \begin{bmatrix}
1 & \dfrac{1}{3} & 4 & 6 & 2 \\[2mm]
3 & 1 & 7 & 9 & 5 \\[2mm]
\dfrac{1}{4} & \dfrac{1}{7} & 1 & 2 & \dfrac{1}{2} \\[2mm]
\dfrac{1}{6} & \dfrac{1}{9} & \dfrac{1}{2} & 1 & \dfrac{1}{4} \\[2mm]
\dfrac{1}{2} & \dfrac{1}{5} & 2 & 4 & 1
\end{bmatrix}
$$

$$
B_3 = \begin{bmatrix}
1 & 2 & \dfrac{1}{4} & \dfrac{1}{2} & \dfrac{1}{5} & 4 \\[2mm]
\dfrac{1}{2} & 1 & \dfrac{1}{6} & \dfrac{1}{4} & \dfrac{1}{7} & 2 \\[2mm]
4 & 6 & 1 & 2 & 1 & 8 \\[2mm]
2 & 4 & \dfrac{1}{2} & 1 & \dfrac{1}{3} & 6 \\[2mm]
5 & 7 & 1 & 3 & 1 & 9 \\[2mm]
\dfrac{1}{4} & \dfrac{1}{2} & \dfrac{1}{8} & \dfrac{1}{6} & \dfrac{1}{9} & 1
\end{bmatrix}
\qquad
B_4 = \begin{bmatrix}
1 & 3 & 1 & 8 & 6 & 9 \\[2mm]
\dfrac{1}{3} & 1 & \dfrac{1}{2} & 5 & 3 & 6 \\[2mm]
1 & 2 & 1 & 7 & 5 & 8 \\[2mm]
\dfrac{1}{8} & \dfrac{1}{5} & \dfrac{1}{7} & 1 & \dfrac{1}{2} & 1 \\[2mm]
\dfrac{1}{6} & \dfrac{1}{3} & \dfrac{1}{5} & 2 & 1 & 3 \\[2mm]
\dfrac{1}{9} & \dfrac{1}{6} & \dfrac{1}{8} & 1 & \dfrac{1}{3} & 1
\end{bmatrix}
$$

$$\boldsymbol{B}_5 = \begin{bmatrix} 1 & 4 & 2 & 7 \\ \dfrac{1}{4} & 1 & \dfrac{1}{2} & 3 \\ \dfrac{1}{2} & 2 & 1 & 5 \\ \dfrac{1}{7} & \dfrac{1}{3} & \dfrac{1}{5} & 1 \end{bmatrix}$$

同理,对约简前的指标体系进行两两比较,得到 A_1 所属的 5 个二级指标的判断矩阵 $\boldsymbol{B}''_1$,A_2 所属的 3 个二级指标的判断矩阵 $\boldsymbol{B}''_2$,A_3 所属的 5 个二级指标的判断矩阵 $\boldsymbol{B}''_3$,A_4 所属的 6 个二级指标的判断矩阵 $\boldsymbol{B}''_4$,A_5 所属的 4 个二级指标的判断矩阵 $\boldsymbol{B}''_5$ 如下:

$$\boldsymbol{B}''_1 = \begin{bmatrix} 1 & \dfrac{1}{2} & 2 & 4 & 5 \\ 2 & 1 & 4 & 6 & 7 \\ \dfrac{1}{2} & \dfrac{1}{4} & 1 & 2 & 3 \\ \dfrac{1}{4} & \dfrac{1}{6} & \dfrac{1}{2} & 1 & 1 \\ \dfrac{1}{5} & \dfrac{1}{7} & \dfrac{1}{3} & 1 & 1 \end{bmatrix} \quad \boldsymbol{B}''_2 = \begin{bmatrix} 1 & \dfrac{1}{3} & 2 \\ 3 & 1 & 5 \\ \dfrac{1}{2} & \dfrac{1}{5} & 1 \end{bmatrix} \quad \boldsymbol{B}''_3 = \begin{bmatrix} 1 & 2 & \dfrac{1}{3} & 1 & \dfrac{1}{4} \\ \dfrac{1}{2} & 1 & \dfrac{1}{5} & \dfrac{1}{3} & \dfrac{1}{6} \\ 3 & 4 & 1 & \dfrac{1}{2} & \dfrac{1}{6} \\ 1 & 3 & \dfrac{1}{2} & 1 & \dfrac{1}{3} \\ 4 & 6 & 1 & 3 & 1 \end{bmatrix}$$

$$\boldsymbol{B}''_4 = \begin{bmatrix} 1 & 3 & 1 & 8 & 6 & 9 \\ \dfrac{1}{3} & 1 & \dfrac{1}{2} & 5 & 3 & 6 \\ 1 & 2 & 1 & 7 & 5 & 8 \\ \dfrac{1}{8} & \dfrac{1}{5} & \dfrac{1}{7} & 1 & \dfrac{1}{2} & 1 \\ \dfrac{1}{6} & \dfrac{1}{3} & \dfrac{1}{5} & 2 & 1 & 3 \\ \dfrac{1}{9} & \dfrac{1}{6} & \dfrac{1}{8} & 1 & \dfrac{1}{3} & 1 \end{bmatrix} \quad \boldsymbol{B}''_5 = \begin{bmatrix} 1 & 4 & 2 & 7 \\ \dfrac{1}{4} & 1 & \dfrac{1}{2} & 3 \\ \dfrac{1}{2} & 2 & 1 & 5 \\ \dfrac{1}{7} & \dfrac{1}{3} & \dfrac{1}{5} & 1 \end{bmatrix}$$

运用式(10.3)~式(10.9)对其进行计算,并在验证一致性后,得到约简前后的指标权重如下。

约简前指标权重:$\boldsymbol{W}_f = (\,0.0312,0.0513,0.0177,0.0090,0.0052,0.0068,$
$0.0041,0.1235,0.2836,0.03632,0.02141,0.0679,0.0068,0.0038,0.0240,$
$0.0126,0.0282,0.0023,0.0167,0.0079,0.0143,0.0017,0.0032,0.0015,0.1128,$
$0.0322,0.0612,0.0129)$。

约简前指标权重:$\boldsymbol{W}_b = ($ 0. 0333, 0. 0589, 0. 0174, 0. 0085, 0. 0073, 0. 1223,
0. 3456, 0. 0650, 0. 0088, 0. 0044, 0. 0239, 0. 0110, 0. 0297, 0. 0167, 0. 0079, 0. 0143,
0. 0017, 0. 0032, 0. 0015, 0. 1128, 0. 0322, 0. 0612, 0. 0129)。

10.3.6 利用 TOPSIS 法对指标约简前后的方案进行评估

以某型雷达装备在鉴定定型阶段提出的 a、b、c 方案为例,基于约简前后的指标,分别采用 AHP-TOPSIS 法对其进行评估。根据第一节构建的约简前雷达装备可靠性评估指标体系,对雷达装备物理样机进行可靠性试验,并收集试验数据,得到如表 10-8 所示的各方案雷达装备可靠性评估指标值。

其中指标 B_{11}、B_{12}、B_{13}、B_{14}、B_{15}、B_{16}、B_{17}、B_{21}、B_{22}、B_{23}、B_{24}、B_{25}、B_{31}、B_{32}、B_{33}、B_{34}、B_{35}、B_{36}、B_{44} 为定量指标,其值可以通过样机试验统计得出,B_{41}、B_{42}、B_{43}、B_{45}、B_{46}、B_{51}、B_{52}、B_{53}、B_{54} 指标为定性指标,其值为专家打分的均值,1~5 分别代表该指标得分极差、较差、中等、较好和极好。

指标 B_{12}、B_{13}、B_{15}、B_{16}、B_{17}、B_{21}、B_{22}、B_{23}、B_{24}、B_{25}、B_{31}、B_{32}、B_{33}、B_{34}、B_{35}、B_{36}、B_{41}、B_{42}、B_{43}、B_{44}、B_{45}、B_{46}、B_{51}、B_{52}、B_{53}、B_{54} 为效益型指标,指标 B_{11}、B_{14} 为成本型指标。

表 10-8 各方案雷达装备可靠性评估指标值

	B_{11}	B_{12}	B_{13}	B_{14}	B_{15}	B_{16}	B_{17}	B_{21}	B_{22}	B_{23}
a	0.085	1078	1643	49	19896	98.9	99.8	3156	99.5	99.9
b	0.080	1092	1789	40	19869	99.0	99.7	3533	99.8	99.9
c	0.090	1067	1492	43	19952	98.7	99.8	3398	99.0	99.9
	B_{24}	B_{25}	B_{31}	B_{32}	B_{33}	B_{34}	B_{35}	B_{36}	B_{41}	
a	98.7	98.0	19.84	10.00	19.80	20	9.9	10	4	
b	98.8	98.5	19.97	9.94	19.78	20	9.7	10	4	
c	98.8	97.8	19.80	9.97	19.63	20	9.8	10	3	
	B_{42}	B_{43}	B_{44}	B_{45}	B_{46}	B_{51}	B_{52}	B_{53}	B_{54}	
a	5	4	87	5	3	4	5	5	4	
b	4	5	88	4	4	3	4	4	5	
c	4	5	85	5	3	3	5	3	4	

首先利用采集到的数据及约简前的指标对方案 a、b、c 进行评估,根据式 (10.12)、式(10.13)可得到正理想解 $\boldsymbol{X}_f^*$ 和负理想解 $\boldsymbol{X}_f^o$:

$$X_{f^*} = (0.0169, 0.0299, 0.0111, 0.0047, 0.0030, 0.0039, 0.0024, 0.0748,$$
$$0.1643, 0.0210, 0.0124, 0.0394, 0.0039, 0.0022, 0.0139, 0.0073,$$
$$0.0164, 0.0013, 0.0104, 0.0052, 0.0088, 0.0010, 0.0019, 0.0010,$$
$$0.0774, 0.0198, 0.0433, 0.0085)$$

$$X_{f^0} = (0.0191, 0.0293, 0.0093, 0.0058, 0.0030, 0.0039, 0.0024, 0.0669,$$
$$0.1630, 0.0210, 0.0124, 0.0391, 0.0039, 0.0022, 0.0138, 0.0073,$$
$$0.0161, 0.0013, 0.0078, 0.0042, 0.0070, 0.0010, 0.0016, 0.0008,$$
$$0.0580, 0.0159, 0.0260, 0.0068)$$

根据式(10.14)、式(10.15)计算各方案与理想解和负理想解的欧氏距离 d_f^* 和 d_f^0 为

$$d_{f^*} = (0.0086, 0.0216, 0.0265)$$
$$d_{f^0} = (0.0265, 0.0128, 0.0068)$$

根据式(10.16)计算各方案的排队指标值 C_f 为

$$C_f = (0.7555, 0.3715, 0.2033)$$

根据排队指标值 C_f 的大小,可以确定各方案的排序为

$$a > b > c$$

接着对约简指标后的方案进行评估排序,得到约简后的正理想解 X_{b^*} 和负理想解 X_{b^0} 为

$$X_{b^*} = (0.0181, 0.0344, 0.0109, 0.0044, 0.0042, 0.0741, 0.2003, 0.0377,$$
$$0.0051, 0.0025, 0.0138, 0.0064, 0.0173, 0.0104, 0.0052, 0.0088,$$
$$0.0010, 0.0020, 0.0010, 0.0774, 0.0198, 0.0433, 0.0085)$$

$$X_{b^0} = (0.0203, 0.0336, 0.0091, 0.0054, 0.0042, 0.0662, 0.1987, 0.0374,$$
$$0.0051, 0.0025, 0.0137, 0.0064, 0.0170, 0.0078, 0.0042, 0.0070,$$
$$0.0010, 0.0016, 0.0008, 0.0580, 0.0159, 0.0260, 0.0068)$$

各方案与理想解和负理想解的欧式距离 d_b^* 和 d_b^0 为

$$d_{b^*} = (0.0085, 0.0216, 0.0265)$$
$$d_{b^0} = (0.0265, 0.0128, 0.0067)$$

计算各方案的排队指标值 C_f 为

$$C_f = (0.7569, 0.3716, 0.2021)$$

根据排队指标值 C_f 的大小,可以确定各方案的排序为

$$a > b > c$$

根据上述计算结果可以看出,指标约简前后的方案排序相同,指标约简对评估

结果的影响较小,通过 Delphi 法进行指标约简,可以有效简化评估计算,使雷达装备可靠性评估更加便捷、简单。

10.4 雷达装备可靠性评估指标体系综合赋权方法

10.4.1 赋权的原则及方法

1. 赋权原则

在对雷达装备可靠性指标进行赋权时,为了评估结果的科学性和准确性,在选取赋权方法,进行实际赋权过程时,一般遵循以下原则。

(1)客观性。在计算可靠性指标权重时,要保证确立的权重符合自身客观实际,所确立的权重需要客观地反映其指标对评估的贡献度,可以得到评估过程中参与者的认可,是一个相对来说符合客观规律的数值。

(2)可比性。由于确立指标体系权重是为了下一步的评估做准备,所以同层级的指标所确立的指标权重需要具有可比性,可以通过数值反映出指标贡献的大小。

(3)区间性。确立的指标权重应该在一个合理的区间里,权重具有区间性,一般是[0,1]区间之内的某个数字。同层级的指标权重相加一般为 1,在实际过程中,也可利用指标权重的区间性对确立的指标进行检验。

2. 赋权方法

在确立装备可靠性评估指标体系权重的过程中,选取合适的赋权方法至关重要,赋权方法一直是专家学者重点研究的问题。现如今,主流的赋权方法可以分主观赋权法、客观赋权法及组合赋权法三大类。

主观赋权法主要邀请在该领域具有一定经验的专家,根据自身阅历及所掌握的知识,对各个指标的重要性进行判断,这种赋权方法优点是评估步骤较为简单,可以较好地反映参与者的意愿,缺点是过于依赖专家的经验和主观态度,随意性较高,邀请不同的专家所得到的结果可能存在较大差异,常见的主观赋权法有层次分析法、专家调查法、优序图法等。客观赋权法主要利用收集的客观数据,通过分析各个指标之间的相关性,确定指标权重,这种赋权方法的优点是赋权的结果真实、客观地反映了各个指标之间的关系,随意性较低,缺点是收集数据的过程较为烦琐,部分装备还存在收集数据时间跨度长、样本数据少的问题,常见的客观赋权法主要包括熵权法、变异系数法、主成分分析法等。组合赋权法是指将主、客观赋权法结合起来,对指标进行组合赋权的方法,这样得出的结果相对于单一赋权方法来说,一般准确性较高,近年来,受到了研究者的广泛认可。

10.4.2 基于 IAHP-熵权法的雷达装备可靠性评估指标赋权方法

层次分析法(AHP)广泛应用于决策问题中,区间层次分析法(interval analytic hierarchy process,IAHP)是层次分析法的拓展变形[88-93],雷达装备可靠性指标体系中存在冗余设计、人机工程、成熟性等定性指标,它们在评价过程中的精确度较差,模糊性较强,评估时,难以对其进行准确的判断,通过使用区间数的方法,可以尽可能准确地还原专家在打分时的模糊性和不确定性,能够有效解决专家对定性指标的重要程度无法精准评价的问题。

熵是一种来源于热力学的概念,其本身可以用来度量系统的无序程度,将其运用于指标权重计算和确定时,主要是利用指标之间的差异对其进行客观赋权[94-100]。当评价指标值相差越大时,其信息熵就越小,该指标携带的信息量就越大,在客观赋权时,就可以对其赋予较大的权重,反之,则对其赋予较小的赋权。运用熵权法进行赋权时,可以最大程度对客观数据进行分析,准确性较高。

IAHP 是一种被广泛应用的主观赋权方法,熵权法是一种客观赋权方法,将两种方法求得的权重进行结合,可使雷达装备可靠性指标权重更加准确、合理。

10.4.2.1 基于 IAHP 的主观权重计算

运用 IAHP 法确定雷达装备可靠性指标权重的步骤如下。

(1) 建立对雷达装备可靠性影响因素的递进层次结构模型,即雷达装备可靠性评估模型。

(2) 构造区间数判断矩阵。

评估对象 R 受某指标层 n 个因素 $\{a_1, a_2, \cdots, a_n\}$ 的影响,根据表 10-1 所示的 $1 \sim 9$ 标度法将两个互异的因素 a_i 和 $a_j (i \neq j)$ 对评估对象 R 的相对重要性进行比较,用区间数 $\overline{a}_{ij} = [a_{ij}^L, a_{ij}^U]$ 表示,得到区间数判断矩阵 $\mathbf{A} = (a_{ij})_{n \times n} = [\mathbf{A}^-, \mathbf{A}^+]$。其中,$\mathbf{A}^- = (a_{ij}^-)_{n \times n}$,$\mathbf{A}^+ = (a_{ij}^+)_{n \times n}$。

(3) 计算各因素区间权重向量。

求解矩阵 $\mathbf{A}^-$ 及矩阵 $\mathbf{A}^+$ 的 $\lambda_{\max}$ 及其相应的归一化特征向量 $\mathbf{x}_k^-$ 和 $\mathbf{x}_k^+$:

$$x_k^- = \frac{1}{\sum\limits_{j=1}^{n} a_{ij}^-} a_{ij}^-, \quad x_k^+ = \frac{1}{\sum\limits_{j=1}^{n} a_{ij}^+} a_{ij}^+ \tag{10.17}$$

根据矩阵 $\boldsymbol{A}^-$ 及矩阵 $\boldsymbol{A}^+$，计算对应的系数 α 和 β：

$$\alpha = \left[\sum_{j=1}^{n}\left(1 \Big/ \sum_{i=1}^{n} a_{ij}^+\right)\right]^{1/2}, \quad \beta = \left[\sum_{j=1}^{n}\left(1 \Big/ \sum_{i=1}^{n} a_{ij}^-\right)\right]^{1/2} \tag{10.18}$$

其中，各因素的区间权重向量为 $\boldsymbol{w}_k = [w_k^-, w_k^+] = [\alpha x_k^-, \beta x_k^+]$。

（4）将区间权重向量转化为确定数值。

由于所有的区间权重是由同一专家组所给出的，因此，我们近似地认为每个指标权重的上、下限对目标权重的偏差是恒定的。

$e = \dfrac{d_k^-}{d_k^+}, \forall k \in \{1, 2, \cdots, n\}, d_k^- = w_k^* - w_k^-, d_k^+ = w_k^+ - w_k^*$，其中，$e$ 为常数，则权重为

$$e = \frac{d_k^-}{d_k^+} = \frac{\sum\limits_{r=1}^{n} d_k^-}{\sum\limits_{r=1}^{n} d_k^+} = \frac{1 - \sum\limits_{r=1}^{n} w_r^-}{\sum\limits_{r=1}^{n} w_r^+ - 1} \tag{10.19}$$

$$w_k^* = w_k^- + \frac{e}{e+1}(w_k^+ - w_k^-)$$

$$= w_k^- + \frac{1 - \sum\limits_{k=1}^{n} w_k^-}{\sum\limits_{k=1}^{n} w_k^+ - \sum\limits_{k=1}^{n} w_k^-}(w_k^+ - w_k^-) \tag{10.20}$$

（5）进行一致性检验。可以由以下等式是否成立来判断区间判断矩阵是否具有一致性：

$$\max_r (a_{ir}^- a_{rj}^-) \leqslant \min_r (a_{ir}^+ a_{rj}^+), \quad \forall i, j, r = 1, 2, \cdots, n \tag{10.21}$$

$$\max_r (a_{ir}^- a_{rj}^-) \leqslant \min_r (a_{ir}^+ a_{rj}^+) \Leftrightarrow \max_r \left(\frac{1}{a_{ir}^+ a_{rj}^+}\right) \leqslant \min_r \left(\frac{1}{a_{ir}^- a_{rj}^-}\right)$$

$$\Leftrightarrow \max_r (a_{jr}^- a_{ri}^-) \leqslant \min_r (a_{jr}^+ a_{ri}^+) \tag{10.22}$$

只需矩阵的上三角或下三角元素满足式（10.21）和式（10.22），就可判断该区间数判断矩阵具有一致性。

（6）计算各个指标权重，得到 w_k。

10.4.2.2　基于熵权法的客观权重计算

运用熵权法确定指标权重的步骤如下：

（1）对数据进行标准化处理。设矩阵 $\boldsymbol{X}=(x_{ij})_{n\times m}(i=1,2,\cdots,n;j=1,2,\cdots,m)$ 为由 n 个被评估对象、m 个评价指标构成的原始数据矩阵。对不同类型的数据按照如下公式实施标准化处理：

$$\begin{cases} y_{ij}=\dfrac{x_{ij}-\min x_{ij}}{\max x_{ij}-\min x_{ij}}, & \text{增益型指标} \\[3mm] y_{ij}=\dfrac{\max x_{ij}-x_{ij}}{\max x_{ij}-\min x_{ij}}, & \text{成本型指标} \end{cases} \tag{10.23}$$

得到矩阵 $\boldsymbol{Y}=(y_{ij})_{n\times m}$，其中，$y_{ij}$ 为第 j 个评价指标在第 i 个评价对象上的标准化处理后数值，且 $y_{ij}\in[0,1]$。

（2）对判断矩阵进行归一化，即

$$R'=(y'_{ij})_{n\times m}=y_{ij}\Big/\sum_{i=1}^{m}y_{ij},\quad (i=1,2,\cdots,n;j=1,2,\cdots,m) \tag{10.24}$$

（3）计算出各评价指标的熵值，即

$$H_j=-\frac{1}{\ln m}\sum_{i=1}^{m}y'_{ij}\ln(y'_{ij}),\quad (i=1,2,\cdots,n;j=1,2,\cdots,m) \tag{10.25}$$

当 $y'_{ij}=0$ 时，需要按照 $y''_{ij}=\dfrac{1+y_{ij}}{\sum\limits_{i=1}^{m}(1+y_{ij})}$ 对其进修正，各指标客观权重系数为

$$w_i=\frac{1-H_j}{m-\sum\limits_{j=1}^{m}H_j} \tag{10.26}$$

10.4.2.3　基于 IAHP-熵权法的组合权重计算

本章采用最小二乘法优化组合权重模型，对 IAHP 和熵权法求得的主、客观权重 w_k、w_i 进行耦合，得到权重 w 为

$$\min F(w)=\sum_{i=1}^{n}\sum_{j=1}^{m}\{[(w-w_k)b_{ij}]^2+[(w-w_i)b_{ij}]^2\} \tag{10.27}$$

约束条件为

$$\sum_{j=1}^{m}w=1,w\geqslant 0\quad (j=1,2,\cdots,m) \tag{10.28}$$

用拉格朗日法求解该模型，即可得到综合权重 w。

10.4.3 雷达装备可靠性评估指标赋权实例分析

10.4.3.1 运用 IAHP 法确定评估指标主观权重

邀请专家采用 1～9 标度法对图 10-3 中的雷达装备可靠性评估一级指标 A_1，A_2，A_3，A_4，A_5 按顺序进行两两比较，得到判断矩阵 A：

$$A = \begin{bmatrix} [1,1] & \left[\frac{1}{5},\frac{1}{3}\right] & [1,2] & [2,4] & \left[\frac{1}{2},1\right] \\ [3,5] & [1,1] & [4,7] & [5,9] & [2,3] \\ \left[\frac{1}{2},1\right] & \left[\frac{1}{7},\frac{1}{4}\right] & [1,1] & [1,2] & \left[\frac{1}{4},\frac{1}{2}\right] \\ \left[\frac{1}{4},\frac{1}{2}\right] & \left[\frac{1}{9},\frac{1}{5}\right] & \left[\frac{1}{2},1\right] & [1,1] & \left[\frac{1}{6},\frac{1}{3}\right] \\ [1,2] & \left[\frac{1}{3},\frac{1}{2}\right] & [2,4] & [3,6] & [1,1] \end{bmatrix}$$

同理，得出 A_1 所属的 5 个二级指标所对应的判断矩阵 B_1，A_2 所属的 3 个二级指标所对应的判断矩阵 B_2，A_3 所属的 5 个二级指标所对应的判断矩阵 B_3，A_4 所属的 6 个二级指标所对应的判断矩阵 B_4，A_5 所属的 4 个二级指标所对应的判断矩阵 B_5：

$$B_1 = \begin{bmatrix} [1,1] & \left[\frac{1}{2},1\right] & [2,3] & [3,5] & [4,7] \\ [1,2] & [1,1] & [3,5] & [4,7] & [5,9] \\ \left[\frac{1}{3},\frac{1}{2}\right] & \left[\frac{1}{5},\frac{1}{3}\right] & [1,1] & [1,2] & [2,4] \\ \left[\frac{1}{5},\frac{1}{3}\right] & \left[\frac{1}{7},\frac{1}{4}\right] & \left[\frac{1}{2},1\right] & [1,1] & [1,2] \\ \left[\frac{1}{7},\frac{1}{4}\right] & \left[\frac{1}{9},\frac{1}{5}\right] & \left[\frac{1}{4},\frac{1}{2}\right] & \left[\frac{1}{2},1\right] & [1,1] \end{bmatrix}$$

$$B_2 = \begin{bmatrix} [1,1] & \left[\frac{1}{4},\frac{1}{2}\right] & [1,2] \\ [2,4] & [1,1] & [3,6] \\ \left[\frac{1}{2},1\right] & \left[\frac{1}{6},\frac{1}{3}\right] & [1,1] \end{bmatrix}$$

$$\boldsymbol{B}_3=\begin{bmatrix} [1,1] & [1,2] & \left[\frac{1}{5},\frac{1}{3}\right] & \left[\frac{1}{3},\frac{1}{2}\right] & \left[\frac{1}{7},\frac{1}{4}\right] \\ \left[\frac{1}{2},1\right] & [1,1] & \left[\frac{1}{7},\frac{1}{4}\right] & \left[\frac{1}{5},\frac{1}{3}\right] & \left[\frac{1}{9},\frac{1}{5}\right] \\ [3,5] & [4,7] & [1,1] & [1,2] & \left[\frac{1}{2},1\right] \\ [2,3] & [3,5] & \left[\frac{1}{2},1\right] & [1,1] & \left[\frac{1}{4},\frac{1}{2}\right] \\ [4,7] & [5,9] & [1,2] & [2,4] & [1,1] \end{bmatrix}$$

$$\boldsymbol{B}_4=\begin{bmatrix} [1,1] & [2,4] & [1,2] & [4,7] & [3,6] & [5,9] \\ \left[\frac{1}{4},\frac{1}{2}\right] & [1,1] & \left[\frac{1}{2},1\right] & [2,3] & [1,2] & [3,5] \\ \left[\frac{1}{2},1\right] & [1,2] & [1,1] & [3,5] & [2,4] & [4,7] \\ \left[\frac{1}{7},\frac{1}{4}\right] & \left[\frac{1}{3},\frac{1}{2}\right] & \left[\frac{1}{5},\frac{1}{3}\right] & [1,1] & [1,2] & [1,2] \\ \left[\frac{1}{6},\frac{1}{3}\right] & \left[\frac{1}{2},1\right] & \left[\frac{1}{4},\frac{1}{2}\right] & \left[\frac{1}{2},1\right] & [1,1] & [2,3] \\ \left[\frac{1}{9},\frac{1}{5}\right] & \left[\frac{1}{5},\frac{1}{3}\right] & \left[\frac{1}{7},\frac{1}{4}\right] & \left[\frac{1}{2},1\right] & \left[\frac{1}{3},\frac{1}{2}\right] & [1,1] \end{bmatrix}$$

$$\boldsymbol{B}_5=\begin{bmatrix} [1,1] & [3,5] & [1,2] & [5,8] \\ \left[\frac{1}{5},\frac{1}{3}\right] & [1,1] & \left[\frac{1}{3},\frac{1}{2}\right] & [2,3] \\ \left[\frac{1}{2},1\right] & [2,3] & [1,1] & [4,6] \\ \left[\frac{1}{8},\frac{1}{5}\right] & \left[\frac{1}{3},\frac{1}{2}\right] & \left[\frac{1}{6},\frac{1}{4}\right] & [1,1] \end{bmatrix}$$

计算出各指标的精确值权重,并对其进行一致性检验,求得雷达装备可靠性 5 个一级指标权重 $w_{k_1}=(0.1383,0.4882,0.0963,0.0762,0.2011)$,23 个二级指标权重 $w_k=(0.0432,0.0567,0.0183,0.0117,0.0084,0.1057,0.3083,0.0742,$ $0.0108,0.0095,0.0253,0.0254,0.0253,0.0255,0.0134,0.0189,0.0063,0.0078,$ $0.0042,0.0897,0.0309,0.0664,0.0139)$。

10.4.3.2　运用熵权法计算客观权重

根据式(10.24)对雷达装备可靠性原始数据矩阵进行处理,得到归一化后的矩阵:

$$
R' = \begin{bmatrix}
0.6647 & 0.0020 & 0.9960 \\
0.9960 & 0.3333 & 0.0020 \\
0.6647 & 0.9960 & 0.0020 \\
0.4990 & 0.9960 & 0.0020 \\
0.0020 & 0.6647 & 0.9960 \\
0.9960 & 0.4990 & 0.0020 \\
0.9960 & 0.4990 & 0.0020 \\
0.0020 & 0.9960 & 0.0020 \\
0.2008 & 0.9960 & 0.0020 \\
0.9960 & 0.5984 & 0.0020 \\
0.0020 & 0.7475 & 0.9960 \\
0.3333 & 0.9960 & 0.0020 \\
0.9960 & 0.4990 & 0.0020 \\
0.4990 & 0.9960 & 0.0020 \\
0.6647 & 0.0020 & 0.9960 \\
0.0020 & 0.6647 & 0.9960 \\
0.9960 & 0.6647 & 0.0020 \\
0.0020 & 0.9960 & 0.0020 \\
0.4990 & 0.0020 & 0.9960 \\
0.9960 & 0.6647 & 0.0020 \\
0.0020 & 0.9960 & 0.0020 \\
0.9960 & 0.3333 & 0.0020 \\
0.0020 & 0.9960 & 0.0020
\end{bmatrix}^{T}
$$

利用式(10.25)、式(10.26)计算各指标基于熵权法相对雷达装备可靠性的客观权重值 $w_i=$ (0.0322, 0.0405, 0.0322, 0.0349, 0.0321, 0.0349, 0.0349, 0.0826, 0.0489, 0.0330, 0.0314, 0.0405, 0.0349, 0.0349, 0.0322, 0.0323, 0.0321, 0.0826, 0.0349, 0.0322, 0.0826, 0.0405, 0.0826)。

10.4.3.3 计算评估指标组合权重

根据式(10.27)、式(10.28)得到各指标相对雷达装备可靠性的综合权重值 w = (0.0377, 0.0486, 0.0253, 0.0233, 0.0203, 0.0703, 0.1716, 0.0784, 0.0299, 0.0212, 0.0284, 0.0329, 0.0301, 0.0302, 0.0228, 0.0256, 0.0192, 0.0452, 0.0196, 0.0610, 0.0568, 0.0534, 0.0482)。

三种方法所确定的权重值对比折线图如图 10-4 所示。

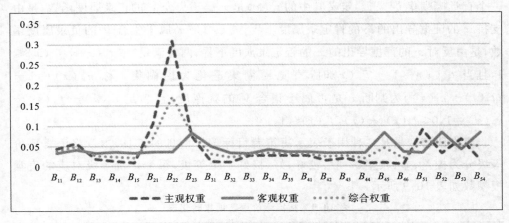

图 10-4 三种方法所确定的权重值对比折线图

结合雷达装备可靠性评估指标体系,对比图 10-4 中的主观权重 w_k、客观权重 w_i 以及综合权重 w,可以看出,不同赋权方法得到的"平均严重故障间隔时间""任务可靠度""简单化和标准化""失效安全设计情况""成熟性""可靠性的依从性"这 6 个指标的权重值差别较大。其中,"平均严重故障间隔时间""任务可靠度"两个指标的主观权重较重,这主要是因为专家在进行比较时,只注意了指标的重要性,忽略了技术成熟性等因素、雷达装备故障率较低的现实情况,从而赋予了这两个指标较大的主观权重;另外,通过数据计算出的"简单化和标准化""失效安全设计情况""成熟性""可靠性的依从性"的客观权重较高,可以表明在雷达装备设计阶段制定的设计参数和雷达装备软件成熟性情况对雷达装备可靠性也存在较大影响,与专家的主观印象,存在一定偏差。

10.5 基于直觉模糊集和 VIKOR 法及灰靶模型的雷达装备可靠性评估模型及其应用

10.5.1 基于直觉模糊集和 VIKOR 法的雷达装备可靠性评估模型及其应用

1. 直觉模糊集基本理论

设 X 为一个非空普通集合,$V = \{ (x, [t_v(x), 1 - f_v(x)]) \mid x \in X \}$ 为 X 上的

一个直觉模糊集[101-104]。定义其中的 $t_v(x)$ 是 x 属于集合 V 的正隶属度函数,是由支持 x 的证据导出的 x 的肯定隶属度下界;$f_v(x)$ 是 x 属于集合 V 的负隶属度函数,是由反对 x 的证据导出的 x 的否定隶属度下界,两者满足 $0 \leqslant t_v(x) + f_v(x) \leqslant 1$,且当 $t_v(x) = 1 - f_v(x)$ 时,直觉模糊集退化为模糊集。称 $\pi_v(x) = 1 - (t_v(x) + f_v(x))$ 为判断 x 是否属于集合 V 的犹豫度,且满足 $t_v(x) + f_v(x) + \pi_v(x) = 1, 0 \leqslant t_v(x), \pi_v(x), f_v(x) \leqslant 1$。

模糊语言变量是一种用于表示决策者目标偏好信息的工具,本章将语言评价等级分为极差、差、较差、一般、较好、好、极好 7 个等级,每个评价等级对应的直觉模糊数如表 10-9 所示。

表 10-9 指标评价语言词集转化表

语言词集	标记形式	直觉模糊数
极好	VG	[0.85,0.10]
好	G	[0.75,0.15]
较好	MG	[0.65,0.25]
一般	M	[0.50,0.40]
较差	MP	[0.35,0.55]
差	P	[0.25,0.65]
极差	VP	[0.15,0.80]

2. VIKOR 法基本理论

多准则妥协解排序(VIKOR)法[105-110]是由 Opricovic 教授和 Tzeng 教授共同提出的一种针对复杂系统的基于理想解的多属性决策方法。该方法的基本原理是首先确定复杂系统的正理想解(positive ideal solution,PIS)和负理想解(negative ideal solution,NIS),随后根据评价对象与理想解的距离大小进行排序,在可接受优势和决策过程的稳定条件下求得所有解中最为接近最优解的可行解,该方法能够使评价更加合理化,是最优与最劣两种属性间彼此让步的结果。

在存在 2 个效益性评价指标的情况下,VIKOR 法的妥协解可根据图 10-5 说明。

如图 10-5 所示,z_1^+ 和 z_2^+ 分别为 2 个指标的正理想解,但是其均不在可行解区域内,所以需要选定最接近正理想解的非劣解 Z^c 作为妥协解,妥协量可表示为

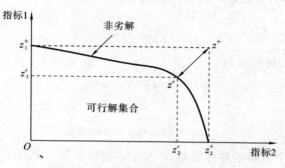

图 10-5　VIKOR 法的妥协解说明

Δz_1 和 Δz_2。其中，$\Delta z_1 = z_1^+ - z_1^c$，$\Delta z_2 = z_2^+ - z_2^c$。在计算中，我们一般采用 Lp-met-ric 聚合函数计算被评价对象与理想解的距离，即

$$L_{pi} = \left(\sum_{j=1}^{m} \left[\omega_j * D(z_j^+ - z_{ij})/D(z_j^+ - z_j^-) \right]^p \right)^{1/p}, \quad 1 \leqslant p \leqslant \infty, j = 1, 2, \cdots, m$$

式中：m 表示参加比较的对象的个数；p 表示评价指标的个数；X_i 代表第 i 个评价对象；D 代表测度，表示评价对象的得分 X_i 与理想解的距离；$z_j{}^+$、$z_j{}^-$ 分别表示第 j 个评价指标的正、负理想值；z_{ij} 代表专家在第 j 个评价指标下对评价对象的评估值。

3. 基于直觉模糊集和 VIKOR 法的雷达装备可靠性评估模型

建立基于直觉模糊集和 VIKOR 法的雷达装备可靠性评估模型，具体步骤如下。

（1）邀请 K 名专家按照表 10-9 所示的评价指语言词集分别对 M 个雷达装备可靠性方案的 N 个指标进行评价。设 $p^{k''}_{ij} = [p^{k''}_{ijl}, p^{k''}_{iju}](k=1,2,\cdots,K)$ 表示第 k 名专家对第 i 个雷达装备可靠性方案中的第 j 个指标的评价。

（2）集成 K 名专家的评价结果。设 $p^{k''}_{ij}$ 的集成评价值 p''_{ij} 为

$$p''_{ij} = \sum_{k=1}^{K} h_k p^{k''}_{ij} \tag{10.29}$$

式中：$h_k = K/1$。根据集成评价值 p''_{ij} 得到评价决策矩阵 $\boldsymbol{A}$：

$$\boldsymbol{A} = \begin{bmatrix} p''_{11} & p''_{12} & \cdots & p''_{1N} \\ p''_{21} & p''_{22} & \cdots & p''_{2N} \\ \vdots & \vdots & & \vdots \\ p''_{M1} & p''_{M2} & \cdots & p''_{MN} \end{bmatrix}$$

317

（3）确定正、负理想解。根据评价决策矩阵确定方案的正理想解 p^+ 和负理想解 p^-。

$$p^+ = \{ p_j^+ \mid 1 \leqslant j \leqslant N \}$$

其中指标 B_j 的正理想解为

$$p_j^+ = [\max_i p_{ijl}, \max_i p_{iju}] \tag{10.30}$$

负理想解

$$p_j^- = [\min_i p_{ijl}, \min_i p_{iju}] \tag{10.31}$$

（4）计算各个方案的群体效益 S_i 和个体遗憾值 R_i。其中，w_j 是指第 j 项指标对于评估的权重；S_i 表示第 i 个方案的群体效应，其数值越小，表明群体效应越大；R_i 表示个体的遗憾值，其数值越小，表明个体遗憾越小。

$$S_i = \sum_{j=1}^{N} w_j (p_j^+ - p''_{ij})/(p_j^+ - p_j^-) \tag{10.32}$$

$$R_i = \max[w_j (p_j^+ - p''_{ij})/(p_j^+ - p_j^-)] \tag{10.33}$$

式中：$(p_j^+ - p''_{ij})(p_j^+ - p_j^-)$ 表示两个直觉模糊数的差。在计算时，将直觉模糊数进行反模糊化处理，将其转换为精确值后再进行计算，计算步骤如下。

针对直觉模糊数

$$x = [t_x, 1 - f_x], \quad \mathrm{Def}(x) = (t_x + 1 - f_x)/2 \tag{10.34}$$

（5）计算各个方案的综合指标 Q_i，即

$$Q_i = v(S_i - S^*)/(S^- - S^*) + (1 - v)(R_i - R^*)/(R^- - R^*) \tag{10.35}$$

式中：$S^* = \min S_i$；$S^- = \max S_i$；$R^* = \min R_i$；$R^- = \max R_i$；v 表示决策机制的系数，$v \geqslant 0.5$ 表示以最大群体效应占比较大的方式选择方案，$v = 0.5$ 可以最大化群体的效应，并且使个体遗憾最小化，$v < 0.5$ 表示以最小个体遗憾占比较大的方式制定策略。本章设定 $v = 0.5$。

（6）将求得的 Q_i、S_i 和 R_i 按照从小到大的顺序进行排序，获得不同方案的排序序列。

（7）确定妥协解。按照如下规则，确定妥协解。

① 如果满足以下两个条件，则方案 M^1 为最优的妥协解。

M^1 代表按照 Q_i 排序时，排在首位的方案。

条件 1 $Q(M^1) - Q(M^2) \geqslant 1/(M-1)$。其中，$M$ 表示被评价的方案数量。该条件意味着排序相邻的两个方案之间的 Q_i 之差必须大于 $1/(M-1)$，才可以证明排名靠前的方案比排名靠后的方案具有显著优势。

条件 2 根据 Q_i 数值排序后，排序第一的方案的 S_i 和 R_i 的值依然比排序第

二的方案的 S_i 和 R_i 的值大,存在多个方案时,需要依次比较各个方案之间是否符合条件。

② 若上述两个条件只有一个不满足,则可得到一组妥协解。

若满足条件 1,不满足条件 2,则 M^1 和 M^2 都是妥协解。

若不满足条件 1,计算 $Q(M^x)-Q(M^{x-1})<1/(M-1)$ 得到最大 x,则 $M^1,M^2,\cdots,M^x$ 均接近理想方案。

4. 基于直觉模糊集和 VIKOR 法的雷达装备可靠性评估模型实例应用

以某型雷达装备在鉴定定型阶段提出的 a,b,c 三种方案进行可靠性评估为例,采用基于直觉模糊和 VIKOR 法的评估模型对其进行评估。根据第 2 章约简后的雷达装备可靠性评估指标体系,对雷达装备物理样机进行可靠性试验,收集试验数据,得到表 10-10 所示的各方案雷达装备可靠性评估指标。

其中指标 B_{11}、B_{12}、B_{13}、B_{14}、B_{15}、B_{21}、B_{22}、B_{23}、B_{31}、B_{32}、B_{33}、B_{34}、B_{35}、B_{44} 为定量指标,其值通过样机试验统计得出,B_{41}、B_{42}、B_{43}、B_{45}、B_{46}、B_{51}、B_{52}、B_{53}、B_{54} 指标为定性指标,其值为专家打分的均值,1~5 分别代表该指标得分极差、较差、中等、较好和极好。

表 10-10　各方案雷达装备可靠性评估指标

	B_{11}	B_{12}	B_{13}	B_{14}	B_{15}	B_{21}	B_{22}	B_{23}	B_{31}	B_{32}	B_{33}	B_{34}
a	0.085	1078	1643	49	98.9	3156	99.5	98.0	19.84	10.00	19.80	20
b	0.080	1092	1789	40	99.0	3533	99.8	98.5	19.97	9.94	19.78	20
c	0.090	1067	1492	43	98.7	3398	99.0	97.8	19.80	9.97	19.63	20

	B_{35}	B_{41}	B_{42}	B_{43}	B_{44}	B_{45}	B_{46}	B_{51}	B_{52}	B_{53}	B_{54}
a	9.9	4	5	4	87	5	3	4	5	5	4
b	9.7	4	4	4	88	4	4	3	4	4	5
c	9.8	3	4	5	85	5	3	3	5	3	4

邀请 5 名从事雷达装备可靠性研究的专家按照表 10-9 所示的指标评价语言词集对收集到的各方案雷达装备可靠性评估指标值进行评价,并将专家的语言词集转化为相应的直觉模糊数,已知 $h_k=0.2$,根据式(10.29)集成专家的评价结果,得到评价决策矩阵 A:

$$\mathbf{A}^{\mathrm{T}} = \begin{bmatrix} [0.69,0.21] & [0.73,0.18] & [0.56,0.34] \\ [0.69,0.21] & [0.81,0.12] & [0.56,0.34] \\ [0.59,0.31] & [0.71,0.19] & [0.47,0.43] \\ [0.77,0.14] & [0.67,0.23] & [0.73,0.18] \\ [0.77,0.14] & [0.85,0.10] & [0.75,0.15] \\ [0.62,0.28] & [0.81,0.12] & [0.71,0.19] \\ [0.77,0.14] & [0.81,0.12] & [0.69,0.21] \\ [0.73,0.17] & [0.83,0.11] & [0.69,0.21] \\ [0.75,0.15] & [0.77,0.14] & [0.73,0.17] \\ [0.85,0.10] & [0.77,0.14] & [0.81,0.12] \\ [0.81,0.12] & [0.75,0.15] & [0.73,0.17] \\ [0.85,0.10] & [0.85,0.10] & [0.85,0.10] \\ [0.81,0.12] & [0.69,0.21] & [0.75,0.16] \\ [0.73,0.17] & [0.73,0.17] & [0.69,0.21] \\ [0.85,0.10] & [0.75,0.15] & [0.75,0.15] \\ [0.75,0.15] & [0.85,0.10] & [0.85,0.10] \\ [0.79,0.13] & [0.81,0.12] & [0.75,0.15] \\ [0.85,0.10] & [0.77,0.14] & [0.85,0.10] \\ [0.62,0.28] & [0.73,0.17] & [0.62,0.28] \\ [0.63,0.27] & [0.53,0.37] & [0.53,0.37] \\ [0.85,0.10] & [0.75,0.15] & [0.85,0.10] \\ [0.85,0.10] & [0.73,0.17] & [0.67,0.23] \\ [0.71,0.19] & [0.85,0.10] & [0.71,0.19] \end{bmatrix}$$

根据式(10.30)、式(10.31)求得正理想解 p^+ 和负理想解 p^- 的值如下：

$p^+ = ([0.73,0.34],[0.81,0.34],[0.71,0.43],[0.77,0.23],[0.85,0.15],$
$[0.81,0.28],[0.81,0.21],[0.83,0.21],[0.77,0.17],[0.85,0.14],$
$[0.81,0.17],[0.85,0.10],[0.81,0.21],[0.73,0.21],[0.85,0.15],$
$[0.85,0.15],[0.81,0.15],[0.85,0.14],[0.73,0.28],[0.63,0.28],$
$[0.85,0.15],[0.85,0.23],[0.85,0.19])$

$p^- = ([0.56,0.18],[0.56,0.12],[0.47,0.19],[0.67,0.14],[0.75,0.10],$
$[0.62,0.12],[0.69,0.12],[0.69,0.11],[0.73,0.14],[0.77,0.10],$
$[0.73,0.12],[0.85,0.10],[0.69,0.12],[0.69,0.17],[0.75,0.10],$
$[0.75,0.10],[0.75,0.12],[0.77,0.10],[0.62,0.17],[0.53,0.27],$
$[0.75,0.10],[0.67,0.10],[0.71,0.10])$

计算时，指标 B_{34} 存在各个方案指标评价值一致的情况，则令群体效应和个体遗憾值为 0，即该指标与正、负理想解距离均为 0。结合直觉模糊 VIKOR 法，结合本章 10.3 节中求得的指标权重，根据式（10.32）～式（10.35）得到 S_i，R_i，Q_i，将其排序后得到表 10-11。

表 10-11　基于 VIKOR 法的可靠性方案评估数据

	S_i	排序	R_i	排序	Q_i	排序
a	0.5101	2	0.0899	2	0.3495	2
b	0.5090	1	0.0735	1	0	1
c	0.5446	3	0.0981	3	1	3

按照妥协解确定规则进行考察，求得 $Q_2 - Q_1 = 0.3495 < 1/(3-1)$，不满足条件 1，计算 $Q(M^x) - Q(M^{x-1}) < 1/(M-1)$ 的最大 x 为 2，则初步筛选出排序为第一位和第二位的方案 a、b 都接近理想方案。

10.5.2　基于灰靶模型的雷达装备可靠性评估模型及其应用

1. 灰靶模型原理

灰色系统理论是一种针对不确定信息问题进行研究和评估的方法[111-113]，该方法由邓聚龙教授首先提出，尤其适用于信息不确定、不完整的评估情况。其中，"灰色"对应的是由于认知渠道有限，决策水平存在差异而造成的信息不确定情况，此类系统一般称为"灰色系统"，具有灰色特征。灰色系统理论可以对已掌握的信息进行分析、转化处理，从中提炼出具有价值的信息，以此对系统进行描述和评估。

灰靶是指在定性分析的基础上，给满意解的分布给予规定的范围。灰靶理论（grey target theory）是灰色系统理论中一种基于小样本的评价方法[114-118]，主要用来处理模式序列，其主要思想是在一定条件下设定一个灰靶，并且将序列组中的最优序列作为靶心，把其他序列和靶心比较，确定各个序列接近靶心的程度，以此对各序列进行排序，离靶心越近的序列，理论上为最优序列。在实际运用的过程中，灰靶理论可以通过最大程度保证客观数据来减少原始信息的丢失，灰靶模型在评估方法上具有简单、方便、实用性和应用性强的特点，经常用于多指标决策和不确定性问题的解决，具有很高的实用性。

本章主要引入了灰靶模型的基本原理和特点，提出一种基于灰靶模型的雷达装备可靠性评估方法，通过将理想方案作为靶心的方式，分析各个方案距离靶心的接近程度，对雷达装备可靠性评估方案进行了排序。

2. 灰靶模型评估步骤

运用灰靶模型对雷达装备可靠性方案进行评估的具体步骤如下。

（1）构造样本矩阵。对于有 m 个评价方案、n 个评价指标的评价体系来说，用

C_{ij}表示第i个评价方案中的第j个指标信息$(1 \leqslant i \leqslant m, 1 \leqslant j \leqslant n)$，设定参考序列$S_0$为靶心，其中$S_0 = (C_{01}, C_{02}, \cdots, C_{0n})$。

（2）对数据进行标准化处理后，构建决策矩阵。区别于在$[0,1]$之间进行数据标准化的操作，本章通过$[-1,1]$变化算子对数据进行标准化处理，有效避免了量纲差异造成的指标权重偏移问题，增加了评估的准确性。

效益型指标标准化公式为

$$r_{ij} = \frac{C_{ij} - Z_j}{\max(\max\{C_j\} - Z_j, Z_j - \max\{C_j\})} \tag{10.36}$$

成本型指标标准化公式为

$$r_{ij} = \frac{Z_j - C_{ij}}{\max(\max\{C_j\} - Z_j, Z_j - \max\{C_j\})} \tag{10.37}$$

得到的标准化决策矩阵为$\boldsymbol{S} = \{r_{ij}\}(i = 1, 2, \cdots, m; j = 1, 2, \cdots, n)$。

（3）计算各方案的靶心距d_i。选取各方中的各指标最优数据为靶心S_0，求得各方案的靶心距为

$$d_i = |S_i - S_0| = \sqrt{w_1 (r_{i1} - r_{01})^2 + w_2 (r_{i2} - r_{02})^2 + \cdots + w_n (r_{in} - r_{0n})^2} \tag{10.38}$$

式中：w为主、客观赋权法通过耦合后得到的最终权重集。其中d_i越小，则方案离靶心越近，方案的评价的等级越高，反之，则方案的评价等级越低。

3. 基于灰靶模型的雷达装备可靠性评估模型实例应用

以10.5节数据为例，根据式(10.36)、式(10.37)对效益性指标和成本型指标进行标准化处理，其中，指标B_{11}、B_{14}为成本型指标，其余均为效益性指标，得到标准化决策矩阵$\boldsymbol{S}$。求得各方案的靶心距$d = (1.0747, 1.2626, 1.7554)$，可以看出$d_1 < d_2 < d_3$，得到3个方案排序为$a > b > c$。实例表明，运用改进 IAHP-灰靶雷达装备可靠性综合评价模型，可以对研制阶段的雷达装备可靠性进行方案排序，并且可以得到各方案相对于理想方案的距离，可为雷达装备研制方的后续改进提供一定依据。

本节主要结合 VIKOR 法及灰靶模型，提出了两种适用于雷达装备研制初期对可靠性方案进行评估的方法，两种方法都可以对雷达装备可靠性方案进行排序，但也存在一些不同之处。基于直觉模糊 VIKOR 法的雷达装备可靠性评估模型，尤其适用于在雷达装备鉴定定型阶段初期需要从多个方案中筛选出理想方案的情况，优点是利用直觉模糊集合，保留了专家在评估时的犹豫度，挺高了评估结果的准确度，缺点是采用 VIKOR 法的过程中可能出现存在多个妥协解的情况，尤其是当方案差别较小时，无法进行精准排序。

基于灰靶模型的雷达装备可靠性评估模型是利用各方案相对于靶心（理想方案）的距离来对各方案的优劣性进行排序，优点是可以根据靶心距准确地对各个方案进行排序，缺点是评估过程较为简单，考虑的影响因素不够全面，容易降低评估

的精度,在需要对雷达装备可靠性评估方案进行具体排序时,可以选择。

$$
S^{\mathrm{T}} =
\begin{bmatrix}
0 & 1 & -1 \\
-0.08 & 1 & -0.92 \\
0.01 & 1 & -1.01 \\
-1 & 0.8 & 0.2 \\
0.25 & 1 & -1.25 \\
-1 & 1 & -0.21 \\
0.18 & 1 & -1 \\
-0.25 & 1 & -0.75 \\
-0.3 & 1 & -0.7 \\
1 & -1 & 0.01 \\
1 & 0.52 & -1 \\
1 & 1 & -1 \\
1 & -1 & 0 \\
1 & 1 & -1 \\
1 & -0.5 & -0.5 \\
-1 & 1 & 1 \\
0.25 & 1 & -1 \\
1 & -1 & -1 \\
-0.5 & 1 & -0.5 \\
1 & -0.5 & -0.5 \\
1 & -1 & 1 \\
1 & 0 & -1 \\
-0.5 & 1 & -0.5
\end{bmatrix}
$$

10.6　基于 Vague 集的雷达装备可靠性评估模型及其应用

10.6.1　Vague 集基本定义

设 U 为一个论域,u 表示其中的任一元素,A 为 U 中的一个 Vague 集。在计算过程中,可以用真隶属函数 t_A 和假隶属函数 t_A 来表示集合 A。具体来说,$t_A(u)$ 被称为隶属度下界,是从支持 u 的证据导出的,$f_A(u)$ 被称为否定隶属度下界,是从反对 u 的证据导出的,$\pi_A(\mu)=1-t_A(\pi)-f_A(\mu)$ 也可以称为"不确定部分"或"u 相对于 A 的犹豫度"。$\pi_A(\mu)$ 的值越大,则 u 相对于 A 的未知信息越多。对于 Vague 集 A 来说,闭区间 $[t_A(u),1-f_A(u)]$ 就是 A 在 u 点的 Vague 值。综上所述,$t_A(u)$ 和 $f_A(u)$ 也可以将区间 $[0,1]$ 中的实数与 U 中的每个元素联系起来,即 $t_A:U\rightarrow[0,1]$,$f_A:U\rightarrow[0,1]$,且 $0\leqslant t_A(\mu)+f_A(\mu)\leqslant1$。Vague 集以区间形式代替传统的点值来表示隶属程度,可以有效表示专家的犹豫程度。

10.6.2　基于 Vague 集的雷达装备可靠性评估模型

(1) 确立雷达装备可靠性评估等级的评语集。为使评估结果更为准确,本章将雷达装备可靠性评估等级划分为 5 级,即 $V=\{$优秀,良好,一般,较差,极差$\}$,邀请专家通过上述评语集表达评价意见。

(2) 确定雷达装备可靠性评估指标的具体权重。本章运用的是 10.4 节中 IAHP 法求得的数据。

(3) 建立评价矩阵。假设 $V_k(k=1,2,3,4,5)$ 是评价指标 B_i 的二级指标 B_{ij} 的抉择评价集,则评价指标集 B 及 V 之间的 Vague 集评价矩阵 R_i 为

$$R_i=\begin{bmatrix} r_{i11} & r_{i12} & r_{i13} & r_{i14} & r_{i15} \\ r_{i21} & r_{i22} & r_{i23} & r_{i24} & r_{i25} \\ \vdots & \vdots & \vdots & \vdots & \vdots \\ r_{in1} & r_{in2} & r_{in3} & r_{in4} & r_{in5} \end{bmatrix}$$

我们用 $r_{ijk}=[t_{ijk},1-f_{ijk}]$ 表示二级指标 B_{ij} 关于评价集的对应评价,t_{ijk}、$1-f_{ijk}$ 的数值是由对专家评价结果进行归一化处理得到的。

假设共邀请 10 位专家对雷达装备可靠性的评估指标进行评价,为了准确、真实地表达专家在评价时的犹豫度,在专家根据评语集进行选择时,我们允许专家选择放弃评价。若 1 人选择优秀,2 人选择良好,4 人选择一般,2 人选择较差,1 人放弃评价,则 $r_{11}=(r_{111},r_{112},r_{113},r_{114},r_{115})=([0.1,0.2],[0.2,0.3],[0.4,0.5],[0.2,0.3],[0.0,0.1])$,其他指标的评语集可按此确定。

(4) 对各指标进行综合评价。根据各指标权重 w_k 和建立的 Vague 集评价矩阵 R,对各指标 B_{ij} 进行综合评价

$$V_i=W_k\otimes R \tag{10.39}$$

式中:V_i 为评语集 V 上的等级 Vague 集子集,"$\otimes$"为 Vague 集矩阵相乘的运算符号,其运算规则如下。

数乘运算：

$$k \otimes A = [kt_A, k(1-f_A)], \quad k \in (0,1) \tag{10.40}$$

乘法运算：

$$A \otimes B = [t_A t_B, (1-f_A)(1-f_B)] \tag{10.41}$$

有限和运算：

$$A \oplus B = [\min\{1, t_A + t_B\}, \min\{1, (1-f_A)+(1-f_B)\}] \tag{10.42}$$

b_{ik} 表示等级 V_k 对综合评价所得等级 Vague 集 B_i 的评价值，根据上述 Vague 集计算规则，其值为

$$b_{ik} = \left[\min\left\{1, \sum_{j=1}^{n} W_{ij} t_{Rijk}\right\}, \min\left\{1, \sum_{j=1}^{n} W_{ij}(1-f_{Rijk})\right\}\right] \tag{10.43}$$

（5）计算综合评价结果。若指标 $A_i = \{A_1, A_2, A_3, A_4, A_5\}$ 的权重向量为 $\boldsymbol{W}$，则 A_i 基于 Vague 集的模糊评价矩阵为

$$\boldsymbol{P} = \boldsymbol{W} \otimes \boldsymbol{R} \tag{10.44}$$

得到 Vague 集评价向量 $\boldsymbol{P} = (p_1, p_2, p_3, p_4, p_5)$，其中 $p_i = [t_{pi}, 1-f_{pi}]$，Vague 集的排序规则如下：设 $a = [a^-, a^+]$，$b = [b^-, b^+]$，若 $[a^-, a^+]/2 \leqslant [b^-, b^+]/2$，则 $a \leqslant b$。按照最大隶属度原则确定综合评价结果，确定雷达装备可靠性评价等级。

10.6.3 基于 Vague 集的雷达装备可靠性评估模型的应用

因评估过程中需要用到各层级指标对上一层级指标的具体权重数值，故本章选取 10.4 节中 IAHP 法求出的权重 w_{k_1}、w_k 进行具体计算，以 10.5 节中三种可靠性方案的数据为例，邀请 10 名专家根据各方案的指标值，按照满意程度，依次给出 Vague 集值。其中，a、b、c 三种方案的 Vague 值评价数据分别如表 10-12、表 10-13、表 10-14 所示。

表 10-12 专家对方案 a 各指标的 Vague 值评语

准则层	指标层	优秀	良好	一般	较差	极差
	B_{11}	[0.10,0.20]	[0.40,0.50]	[0.40,0.50]	[0.00,0.10]	[0.00,0.10]
	B_{12}	[0.20,0.30]	[0.50,0.60]	[0.20,0.30]	[0.00,0.10]	[0.00,0.10]
A_1	B_{13}	[0.40,0.50]	[0.30,0.40]	[0.20,0.30]	[0.10,0.20]	
	B_{14}	[0.20,0.40]	[0.30,0.50]	[0.20,0.40]	[0.10,0.30]	[0.00,0.20]
	B_{15}	[0.30,0.40]	[0.20,0.30]	[0.40,0.50]	[0.00,0.10]	
	B_{21}	[0.00,0.20]	[0.40,0.60]	[0.20,0.40]	[0.20,0.40]	[0.00,0.20]
A_2	B_{22}	[0.30,0.40]	[0.30,0.40]	[0.30,0.40]	[0.00,0.10]	
	B_{23}	[0.60,0.70]	[0.30,0.40]	[0.00,0.10]	[0.00,0.10]	[0.00,0.10]

准则层	指标层	优秀	良好	一般	较差	极差
	B_{31}	[0.00,0.30]	[0.30,0.60]	[0.40,0.70]	[0.00,0.30]	[0.00,0.30]
	B_{32}	[0.00,0.20]	[0.40,0.60]	[0.40,0.60]	[0.00,0.20]	[0.00,0.20]
A_3	B_{33}	[0.20,0.50]	[0.30,0.60]	[0.20,0.50]	[0.00,0.30]	[0.00,0.30]
	B_{34}	[0.40,0.50]	[0.30,0.40]	[0.20,0.30]	[0.00,0.10]	[0.00,0.10]
	B_{35}	[0.40,0.60]	[0.30,0.50]	[0.10,0.30]	[0.00,0.20]	[0.00,0.20]
	B_{41}	[0.30,0.40]	[0.40,0.60]	[0.20,0.30]	[0.00,0.10]	[0.00,0.10]
	B_{42}	[0.70,0.80]	[0.20,0.30]	[0.00,0.10]	[0.00,0.10]	[0.00,0.10]
A_4	B_{43}	[0.30,0.40]	[0.30,0.40]	[0.30,0.40]	[0.00,0.10]	[0.00,0.10]
	B_{44}	[0.10,0.20]	[0.50,0.60]	[0.30,0.40]	[0.00,0.10]	[0.00,0.10]
	B_{45}	[0.60,0.70]	[0.30,0.40]	[0.00,0.10]	[0.00,0.10]	[0.00,0.10]
	B_{46}	[0.00,0.10]	[0.30,0.40]	[0.40,0.50]	[0.20,0.30]	[0.00,0.10]
	B_{51}	[0.00,0.10]	[0.50,0.60]	[0.30,0.40]	[0.10,0.20]	[0.00,0.10]
A_5	B_{52}	[0.70,0.90]	[0.10,0.30]	[0.00,0.20]	[0.00,0.20]	[0.00,0.20]
	B_{53}	[0.60,0.70]	[0.30,0.40]	[0.00,0.10]	[0.00,0.10]	[0.00,0.10]
	B_{54}	[0.40,0.50]	[0.40,0.50]	[0.10,0.20]	[0.00,0.10]	[0.00,0.10]

表 10-13　专家对方案 b 各指标的 Vague 值评语

准则层	指标层	优秀	良好	一般	较差	极差
	B_{11}	[0.50,0.60]	[0.30,0.40]	[0.10,0.20]	[0.00,0.10]	[0.00,0.10]
	B_{12}	[0.50,0.60]	[0.30,0.40]	[0.10,0.20]	[0.00,0.10]	[0.00,0.10]
A_1	B_{13}	[0.60,0.80]	[0.20,0.40]	[0.00,0.20]	[0.00,0.20]	[0.00,0.20]
	B_{14}	[0.50,0.60]	[0.30,0.40]	[0.10,0.20]	[0.00,0.10]	[0.00,0.10]
	B_{15}	[0.40,0.60]	[0.40,0.60]	[0.00,0.20]	[0.00,0.20]	[0.00,0.20]
	B_{21}	[0.30,0.40]	[0.40,0.50]	[0.20,0.30]	[0.00,0.10]	[0.00,0.10]
A_2	B_{22}	[0.60,0.70]	[0.30,0.40]	[0.00,0.10]	[0.00,0.10]	[0.00,0.10]
	B_{23}	[0.70,0.80]	[0.20,0.30]	[0.00,0.10]	[0.00,0.10]	[0.00,0.10]
	B_{31}	[0.10,0.30]	[0.30,0.50]	[0.40,0.60]	[0.00,0.20]	[0.00,0.20]
	B_{32}	[0.00,0.30]	[0.30,0.60]	[0.40,0.70]	[0.00,0.30]	[0.00,0.30]
A_3	B_{33}	[0.20,0.40]	[0.30,0.50]	[0.30,0.50]	[0.00,0.20]	[0.00,0.20]
	B_{34}	[0.40,0.50]	[0.30,0.40]	[0.20,0.30]	[0.00,0.10]	[0.00,0.10]
	B_{35}	[0.20,0.50]	[0.20,0.50]	[0.30,0.60]	[0.00,0.30]	[0.00,0.30]

续表

准则层	指标层	优秀	良好	一般	较差	极差
	B_{41}	[0.30,0.40]	[0.40,0.50]	[0.20,0.30]	[0.00,0.10]	[0.00,0.10]
	B_{42}	[0.40,0.50]	[0.40,0.50]	[0.10,0.20]	[0.00,0.10]	[0.00,0.10]
A_4	B_{43}	[0.60,0.70]	[0.30,0.40]	[0.00,0.10]	[0.00,0.10]	[0.00,0.10]
	B_{44}	[0.20,0.30]	[0.50,0.60]	[0.20,0.30]	[0.00,0.10]	[0.00,0.10]
	B_{45}	[0.20,0.30]	[0.60,0.70]	[0.10,0.20]	[0.00,0.10]	[0.00,0.10]
	B_{46}	[0.10,0.20]	[0.50,0.60]	[0.30,0.40]	[0.00,0.10]	[0.00,0.10]
	B_{51}	[0.00,0.10]	[0.30,0.40]	[0.30,0.40]	[0.30,0.40]	[0.00,0.10]
A_5	B_{52}	[0.30,0.60]	[0.10,0.40]	[0.30,0.60]	[0.00,0.30]	[0.00,0.30]
	B_{53}	[0.30,0.40]	[0.30,0.40]	[0.30,0.40]	[0.00,0.10]	[0.00,0.10]
	B_{54}	[0.80,0.90]	[0.10,0.20]	[0.00,0.10]	[0.00,0.10]	[0.00,0.10]

表 10-14　专家对方案 c 各指标的 Vague 值评语

准则层	指标层	优秀	良好	一般	较差	极差
	B_{11}	[0.10,0.20]	[0.40,0.50]	[0.40,0.50]	[0.00,0.10]	[0.00,0.10]
	B_{12}	[0.20,0.30]	[0.40,0.50]	[0.30,0.40]	[0.00,0.10]	[0.00,0.10]
A_1	B_{13}	[0.10,0.20]	[0.40,0.50]	[0.40,0.50]	[0.00,0.10]	[0.00,0.10]
	B_{14}	[0.40,0.50]	[0.20,0.30]	[0.30,0.40]	[0.00,0.10]	[0.00,0.10]
	B_{15}	[0.30,0.50]	[0.10,0.30]	[0.40,0.60]	[0.00,0.20]	[0.00,0.20]
	B_{21}	[0.10,0.20]	[0.40,0.50]	[0.40,0.50]	[0.00,0.10]	[0.00,0.10]
A_2	B_{22}	[0.00,0.30]	[0.20,0.50]	[0.30,0.60]	[0.20,0.50]	[0.00,0.30]
	B_{23}	[0.30,0.40]	[0.30,0.40]	[0.30,0.40]	[0.00,0.10]	[0.00,0.10]
	B_{31}	[0.00,0.30]	[0.20,0.50]	[0.50,0.80]	[0.00,0.30]	[0.00,0.30]
	B_{32}	[0.00,0.20]	[0.30,0.50]	[0.50,0.70]	[0.00,0.20]	[0.00,0.20]
A_3	B_{33}	[0.20,0.60]	[0.20,0.60]	[0.20,0.60]	[0.00,0.40]	[0.00,0.40]
	B_{34}	[0.40,0.50]	[0.30,0.40]	[0.20,0.30]	[0.00,0.10]	[0.00,0.10]
	B_{35}	[0.30,0.60]	[0.20,0.50]	[0.20,0.50]	[0.00,0.30]	[0.00,0.30]
	B_{41}	[0.10,0.20]	[0.30,0.40]	[0.30,0.40]	[0.20,0.30]	[0.00,0.10]
	B_{42}	[0.40,0.50]	[0.40,0.50]	[0.10,0.20]	[0.00,0.10]	[0.00,0.10]
A_4	B_{43}	[0.60,0.70]	[0.30,0.40]	[0.00,0.10]	[0.00,0.10]	[0.00,0.10]
	B_{44}	[0.10,0.30]	[0.40,0.60]	[0.30,0.50]	[0.00,0.20]	[0.00,0.20]
	B_{45}	[0.60,0.70]	[0.30,0.40]	[0.00,0.10]	[0.00,0.10]	[0.00,0.10]
	B_{46}	[0.00,0.10]	[0.30,0.40]	[0.40,0.50]	[0.20,0.30]	[0.00,0.10]

准则层	指标层	优秀	良好	一般	较差	极差
A_5	B_{51}	[0.00,0.10]	[0.30,0.40]	[0.30,0.40]	[0.30,0.40]	[0.00,0.10]
	B_{52}	[0.70,0.90]	[0.10,0.30]	[0.00,0.20]	[0.00,0.20]	[0.00,0.20]
	B_{53}	[0.10,0.20]	[0.30,0.40]	[0.50,0.60]	[0.10,0.20]	[0.00,0.10]
	B_{54}	[0.40,0.50]	[0.40,0.50]	[0.10,0.20]	[0.00,0.10]	[0.00,0.10]

根据式(10.39)将 W_{k_1} 分别与表 10-12、表 10-13、表 10-14 中的 Vague 集评价矩阵 $\boldsymbol{R}_i$ 相乘,按照式(10.40)~式(10.42)的运算规则,可以分别求出 a、b、c 三个方案对应的一级指标对其所属二级指标的 Vague 集评语(见表 10-15、表 10-16、表 10-17)。

表 10-15　方案 a 一级指标的 Vague 集评语

准则层	优秀	良好	一般	较差	极差
A_1	[0.201,0.310]	[0.407,0.516]	[0.275,0.383]	[0.022,0.130]	[0.000,0.109]
A_2	[0.281,0.402]	[0.322,0.443]	[0.233,0.354]	[0.043,0.165]	[0.000,0.122]
A_3	[0.263,0.474]	[0.310,0.521]	[0.216,0.427]	[0.000,0.211]	[0.000,0.211]
A_4	[0.368,0.468]	[0.332,0.432]	[0.188,0.288]	[0.011,0.111]	[0.000,0.100]
A_5	[0.334,0.449]	[0.365,0.481]	[0.141,0.256]	[0.045,0.160]	[0.000,0.115]

表 10-16　方案 b 一级指标的 Vague 集评语

准则层	优秀	良好	一般	较差	极差
A_1	[0.507,0.627]	[0.293,0.412]	[0.081,0.200]	[0.000,0.120]	[0.000,0.120]
A_2	[0.550,0.650]	[0.307,0.407]	[0.043,0.143]	[0.043,0.100]	[0.000,0.100]
A_3	[0.222,0.432]	[0.274,0.484]	[0.295,0.504]	[0.000,0.210]	[0.000,0.210]
A_4	[0.363,0.463]	[0.409,0.510]	[0.128,0.228]	[0.000,0.100]	[0.000,0.100]
A_5	[0.201,0.332]	[0.255,0.386]	[0.279,0.410]	[0.134,0.265]	[0.000,0.131]

表 10-17　方案 c 一级指标的 Vague 集评语

准则层	优秀	良好	一般	较差	极差
A_1	[0.179,0.285]	[0.365,0.471]	[0.351,0.457]	[0.000,0.106]	[0.000,0.106]
A_2	[0.067,0.294]	[0.258,0.485]	[0.322,0.548]	[0.126,0.353]	[0.000,0.226]
A_3	[0.237,0.500]	[0.236,0.500]	[0.263,0.527]	[0.000,0.264]	[0.000,0.264]
A_4	[0.323,0.431]	[0.326,0.434]	[0.165,0.273]	[0.078,0.186]	[0.000,0.108]
A_5	[0.169,0.284]	[0.276,0.392]	[0.306,0.421]	[0.167,0.282]	[0.000,0.115]

根据上述表格,结合式(10.44),分别求得方案 a、b、c 的评价值为

$$P_a = ([0.286,0.411],[0.342,0.468],[0.215,0.340],[0.034,0.160],$$
$$[0.000,0.126])$$

$P_b = ([0.428, 0.548], [0.300, 0.419], [0.127, 0.246], [0.048, 0.147],$
$[0.000, 0.120])$

$P_c = ([0.139, 0.321], [0.280, 0.462], [0.305, 0.487], [0.101, 0.283],$
$[0.000, 0.182])$

根据 Vague 的排序规则可以得出,方案 a 的隶属度从小到大排序为:极差＜较差＜一般＜优秀＜良好。方案 b 的隶属度从小到大排序为:极差＜较差＜一般＜良好＜优秀。方案 c 的隶属度从小到大排序为:极差＜较差＜优秀＜良好＜一般。三个方案分别对应的良好、优秀、一般的隶属度最大,根据最大隶属度原则,可以得到,三个方案的评价等级分别为:方案 a 良好,方案 b 优秀,方案 c 一般。

本节主要利用 Vague 集较传统模糊集更为灵活的特点,提出了基于 Vague 集的雷达装备可靠性评估方法,通过实例证明,该方法可以对雷达装备的可靠性方案进行等级评定,可为研制方对鉴定定型阶段雷达装备可靠性等级评定提供一定的理论依据。

10.7　本 章 小 结

本章第 10.2 节确立了适用于鉴定定型阶段雷达装备整机的可靠性评估指标体系。针对现阶段雷达装备可靠性指标研究中定性指标与定量指标结合不够密切、可靠性指标建立不够全面的问题。通过查阅资料、收集专家意见等方法,按照雷达装备可靠性要求及特点,从雷达装备基本可靠性参数、任务可靠性参数、耐久性参数、可靠性设计参数、软件可靠性参数等一级指标出发,建立了雷达装备可靠性评估初始指标体系。

本章第 10.3 节利用 Delphi 法,根据各个指标的重要度对初始指标体系进行了约简,并利用 AHP-TOPSIS 法对约简前后的同一方案可靠性进行评估,证明了约简后指标体系的可行性,最终构建了雷达装备可靠性评估指标体系。

本章第 10.4 节提出了基于区间层次分析法(IAHP)与熵权法相结合的雷达装备可靠性评估指标组合赋权方法。在确立雷达装备可靠性评估指标赋权原则和分析现阶段主流赋权方法的基础上,选取可以更好分析评估专家评估期间犹豫度的区间层次分析法和对客观数据进行准确处理的熵权法对雷达装备可靠性评估体系中的指标进行了组合赋权,利用最小二乘法,优化了主、客观赋权法的结果,得到了组合权重,根据灵敏度分析,确认了组合赋权方法的优势,提高了各指标权重值的科学性和可信度。

　　本章第 10.5 节针对雷达装备可靠性方案进行初步筛选评估的情况,构建了基于直觉模糊 VIKOR 法和基于灰靶模型的雷达装备可靠性评估模型。利用直觉模糊集合,保留了专家在评估时的犹豫度,挺高了评估结果的准确度,但当方案较为接近时,有可能出现存在多个妥协解的情况,尤其适用于对雷达装备可靠性方案进行初步筛选排序的情况。基于灰靶模型的雷达装备可靠性评估模型主要用于对雷达装备可靠性方案进行排序的情况,利用各方案相对于靶心(理想方案)的距离来对各方案的优劣性进行排序,通过实例验证,该模型可以准确地对可靠性方案进行排序,得到稳定的方案排序结果,为后续决策工作提供一定的理论依据,具有现实意义。

　　本章第 10.6 节提出了基于 Vague 集的雷达装备可靠性评估模型。该方案尤其适用于对雷达装备可靠性方案进行评级的情况,主要利用 Vague 集较传统模糊集更为灵活的特点,对专家的评估信息进行处理,得到各雷达装备可靠性方案的具体评级情况。通过实例证明,验证了该模型的可行性,为研制方对鉴定定型阶段雷达装备可靠性等级评定提供理论依据。

思 考 题

　　1. 简述雷达装备可靠性评估指标体系建立的流程。

　　2. 阐述雷达装备可靠性评估组合赋权方法。

　　3. 雷达装备可靠性评估模型可应用于哪些场景?

　　4. 说明雷达装备可靠性评估指标如何约简更为科学。

　　5. 阐述基于直觉模糊 VIKOR 法、基于灰靶模型、基于 Vague 集的雷达装备可靠性评估模型的区别。

参 考 文 献

[1] 中国人民解放军总装备部. GJB 4429—2002　军用雷达术语[S]. 北京:国家军用标准出版发行部,2002.

[2] 郦能敬,王被德,沈齐. 对空情报雷达总体论证[M]. 北京:国防工业出版社,2008.

[3] 中央军委装备发展部. GJB 451B—2021 装备通用质量特性术语[S]. 北京:国家军用标准出版发行部,2021.

[4]　曾声奎.可靠性设计与分析[M].北京:国防工业出版社,2011.

[5]　邵恒.复杂装备可靠性试验设计规划模型研究[D].南京:南京航空航天大学,2018.

[6]　赵宇.可靠性数据分析[M].北京:国防工业出版社,2011.

[7]　王少萍.工程可靠性[M].北京:北京航空航天大学出版社,2000.

[8]　Rausand M.系统可靠性理论:模型、统计方法及应用[M].2版.郭强,王秋芳,刘树林,译.北京:国防工业出版社,2010.

[9]　张晓南,卢晓勇,杨俊峰,等.军用工程机械可靠性设计理论与方法[M].北京:国防工业出版社,2014.

[10]　张勇.舰载电子设备可靠性鉴定试验与评估[D].南京:南京理工大学,2018.

[11]　王华伟,高军.复杂系统可靠性分析与评估[M].北京:科学出版社,2013.

[12]　陈云翔.可靠性与维修性工程[M].北京:国防工业出版社,2007.

[13]　Hugh Z Li, Mumbi Mundia-Howe, Matthew D Reeder, et al. Constraining natural gas pipeline emissions in San Juan Basin using mobile sampling[J]. Science of the Total Environment, 2020,11:716.

[14]　Karch Lukas, Skvarekova Erika, Kawicki Artur. Environmental and geological impact assessment within a project of the North-South Gas Interconnections in Central Eastern Europe[J]. Acta Montanistica Slovaca, 2018, 23(1): 26-38.

[15]　程五一,李季.系统可靠性理论及其应用[M].北京:航空航天大学出版社,2012.

[16]　任占勇.航空装备任务可靠性设计与验证技术[M].北京:航空工业出版社,2018.

[17]　任丽娜.考虑维修的数控机床服役阶段可靠性建模与评估[D].兰州:兰州理工大学,2016.

[18]　欧阳杰,俞思源.一种基于机械可靠性的安全设计方法[J].机电工程技术,2022,51(07):207-209,230.

[19]　周诗扬.航天电源控制系统关键模块的可靠性分析方法研究[D].成都:电子科技大学,2021.

[20]　王玉珍,康志远.航天电子元器件可靠性设计与分析[J].科技创新导报,2018,15(09):13-14.

[21]　王国辉,李文钊,刘轻骑,等.航天可靠性工程技术体系及关键技术研究[J].宇航总体技术,2020,4(04):1-6.

[22]　史清.输变电设施可靠性预测模型与方法的研究[D].上海:上海交通大学,2018.

331

[23] 郭屹全.基于贝叶斯网络法的电力系统可靠性评估[D].成都:西华大学,2015.

[24] 叶航超.支持向量机在电力系统可靠性分析中的应用研究[D].杭州:浙江大学,2013.

[25] 高鹏,魏利华,程学庆,等.重庆市多制式轨道交通换乘时间可靠性研究[J].综合运输,2020,42(06):76-81.

[26] 张涛.基于城市轨道交通可靠性的路径客流分配研究[D].北京:北京交通大学,2019.

[27] 于丹丹.基于可靠性的城市轨道交通车辆架修模式优化及方法研究[D].南京:南京理工大学,2017.

[28] 陈宝雷,宫丽,康虎,等.军用车辆可靠性、维修性与保障性参数体系的建立[J].军事交通学院学报,2020,22(9):36-39.

[29] 赵健,张亮,李吞然,等.基于系统工程方法的装甲装备可靠性指标分配[J].兵工学报,2022,43(S1):196-202.

[30] 侯伟彦,黄波,叶俊杰.基于可靠性的鱼雷装备抽样检验方案研究[J].数字海洋与水下攻防,2021,4(05):386-390.

[31] 马振宇,张威,吴纬,等.基于SVR的军用装备软件可靠性模型研究[J].微电子学与计算机,2018,35(07):72-77.

[32] 陈志诚,齐欢,魏军,等.基于可靠性框图的可靠性建模研究[J].工程设计学报,2011,18(6):407-411.

[33] 周宁,马建伟,胡博,等.基于故障树分析的电力变压器可靠性跟踪方法[J].电力系统保护与控制,2012,40(19):72-77.

[34] 杨婷.基于故障树的KSN系统可靠性建模[J].微型电脑应用,2021,37(10):81-84.

[35] 宋晓波,安光乐.基于故障树方法的重型汽车横梁连接铆钉断裂问题分析及改进措施[J].汽车与驾驶维修(维修版),2021(Z1):46-47.

[36] 郭先锋,张家鹏.故障树法排除某型直升机组合导航系统故障[J].民航学报,2021,5(05):79-80,100.

[37] 赵新舟.故障模式、影响及危害性分析在机动式雷达结构设计中的应用[J].机械设计与制造工程,2022,51(07):119-125.

[38] 徐斌,潘卫军,罗玉明,等.机场远程塔台系统故障模式影响及危害性分析[J].舰船电子工程,2022,42(02):115-119.

[39] 杨金鹏,连光耀,李会杰.温度载荷条件下的新装备故障模式影响及危害性分析[J].中国测试,2019,45(08):156-160.

[40] 王新.故障模式影响及危害性分析在导航雷达系统中的应用[J].信息化研

究,2015,41(03):53-58.

[41] 刘骁旸,张鹤.贝叶斯网络在配电网可靠性评估中的应用[J].船电技术,2021,41(09):47-49,53.

[42] 胡彦龙.多维动态贝叶斯网络及其推钢机液压系统可靠性分析应用[D].秦皇岛:燕山大学,2021.

[43] 杨晨曦,高立艾,唐巍.基于贝叶斯网络时序模拟的气电耦合系统可靠性评估[J].电气传动,2021,51(11):75-80.

[44] 韩凤霞,王红军,邱城.基于模糊贝叶斯网络的生产线系统可靠性评价[J].制造技术与机床,2020(09):45-49.

[45] 胡明用,胡云波,李金库,等.基于蒙特卡罗法的斜齿轮随机啮合效率可靠性分析[J].机械传动,2021,45(06):127-131.

[46] 刘晓航,贺金川,郑山锁,等.基于拟蒙特卡罗法的电力系统抗震可靠性研究[J].华中科技大学学报(自然科学版),2020,48(09):119-125.

[47] 张乐平,周尚礼,谢文旺,等.基于 GO 法与贝叶斯网络的智能电能表可靠性预计方法研究[J].电测与仪表,2021,58(10):177-184.

[48] 岳明阳,郑伟,尹丰,等.水下采油树控制回路贝叶斯-GO 法可靠性分析[J].中国海洋平台,2022,37(02):22-27.

[49] 赵云云,李海燕,靳守杰,等.基于 GO 法的广州某地铁同相牵引供电系统可靠性分析[J].城市轨道交通研究,2021,24(06):162-165.

[50] 安磊,夏海宝,原慧.预警机雷达在打击链体系中可靠性评估[J].计算机测量与控制,2013,21(06):1562-1564.

[51] 刘翔,梁幼鸣,严金东.雷达网可靠性指标分析[J].现代电子技术,2006(01):32-33.

[52] 乐战英.雷达的可靠性指标研究[J].雷达与对抗,2006(04):65-68.

[53] 彭兆春,李小萍.可靠性分配在机载相控阵雷达研制中的应用[J].电子产品可靠性与环境试验,2021,39(03):58-63.

[54] 陈斯文,吕梦琴.基于任务剖面的舰载雷达任务可靠性评估[J].现代雷达,2021,43(04):70-76.

[55] 宋晓翠,黄炜,樊莉芳.基于系统 FMEA 的可靠性评估在雷达综合保障中的应用[J].电子质量,2019(10):27-33.

[56] 杨宜林,王德功,常硕.基于 FMECA 和神经网络专家系统的某型雷达可靠性分析[J].装备制造技术,2010(06):23-24.

[57] 刘晨.基于加权分配法的某新型雷达基本可靠性分配[J].电子世界,2019(11):56-57.

[58] 杨英虎,刘庆华.基于改进 FAHP 法和云模型的雷达装备软件可靠性评价[J].电子技术与软件工程,2021(03):62-64.

[59] 徐非骏,王贺.基于贝叶斯网络雷达伺服系统故障树分析[J].雷达科学与技术,2019,17(05):564-568,574.

[60] 刘晓攀,蔡金燕,吴世浩,等.基于模糊退化数据的雷达电路板可靠性预测[J].电光与控制,2017,24(04):76-79.

[61] 宋朝河.基于灰色可靠性分析的效能评估模型在雷达侦察中的应用[J].江汉大学学报(自然科学版),2009,37(02):18-21.

[62] 张道尚,卢雷,李广俊.大型相控阵雷达可靠性评估方法[J].现代雷达,2015,37(03):8-10,54.

[63] 中央军委装备发展部.GJB 451A—2005   可靠性维修性保障性术语[S].北京:国家军用标准出版发行部,2002.

[64] 中华人民共和国国家质量监督检验检疫总局,中国国家标准化管理委员会.GB/T 16260—2006 软件工程产品质量[S].北京:中国标准出版社出版发行,2006.

[65] 田雪姣,鲍新中,杨大飞,等.基于熵权-TOPSIS-德尔菲法的核心技术识别研究—以芯片产业技术为例[J].情报杂志,2022,41(08):69-74,86.

[66] 杨思佳,陈佳音,陈健.基于德尔菲法构建中国医务人员职业紧张风险管理指标体系[J].环境与职业医学,2022,39(07):815-820.

[67] 于丽敏,兰邹然,黄芳,等.基于 Delphi 和 AHP 的羊布鲁菌病预警指标体系研究[J].山东农业工程学院学报,2022,39(12):21-25.

[68] Alharbi Majed G, Khalifa Hamiden Abd El Wahed. Enhanced Fuzzy Delphi Method in Forecastin Decision-Making[J]. Advances in Fuzzy Systems, 2021.

[69] 戴慧敏,卜军,姜萌,等.应用德尔菲法建立慢性心力衰竭的社区筛查与转诊流程及评估指标体系[J].中华全科医师杂志,2022,21(04):324-330.

[70] Siti Hafsah Zulkarnain, Muhammad Najib Razali. The Delphi method to identify attributes for a valuation approach for residential property exposed to flood risk[J]. Property Management, 2021, 40(1): 62-82.

[71] 王海宁,王正莹,慕子煜,等.基于层次分析法的 EPC 总承包物资采购评标权重选取[J].电力勘测设计,2022(06):1-5.

[72] Reshma T Vilasan, Vijay S Kapse. Evaluation of the prediction capability of AHP and F-AHP methods in flood susceptibility mapping of Ernakulam district(India)[J]. Natural Hazards, 2022, 112(2): 1767-1793.

[73] Shuai Yu, Hanghang Ding, Yifan Zeng. Evaluating water-yield property of karst aquifer based on the AHP and CV[J]. Scientific Reports, 2022, 12

(1)：3308-3308.

[74] 罗菁,张逸楠.基于改进 Grey-AHP 的察打一体无人机作战效能评估方法 [J].空天防御,2022,5(02):1-7.

[75] I Kim,Kim S,Choi S,et al. Identifying Key Elements for Establishing Sustainable Conventions and Exhibitions：Use of the Delphi and AHP Approaches[J]. Sustainability,2022,14(3):1678.

[76] 戚振强,韦彩益.基于 AHP-可拓测度模型的全过程工程咨询成熟度评价研究 [J].工程管理学报,2022,36(02):35-40.

[77] 黄鹏鹏,魏春珊,郑雅琳.基于 SLP 和 AHP 的输液器组装车间布局优化及仿 真[J].制造业自动化,2022,44(04):17-21.

[78] 徐恩宇,李希建,薛峰.AHP-GT 耦合模型下煤与瓦斯突出危险性评价[J].煤 矿安全,2022,53(04):172-177.

[79] 张许英龙,张显权,程子廉.AHP-TOPSIS-GRA 法在办公座椅设计方案评价 中的应用[J].林业工程学报,2022,7(04):181-186.

[80] 陕永杰,魏绍康,苗圆,等.基于 PSR-TOPSIS 模型的"晋陕豫黄河金三角"地 区土地生态安全评价[J].生态经济,2022,38(07):205-211.

[81] 宋永军,李亚杰.基于 TOPSIS 的装备使用阶段质量评估算法[J].失效分析 与预防,2022,17(01):32-36.

[82] Wangwang Yu,Xinwang Liu. Behavioral Risky Multiple Attribute Decision Making with Interval Type-2 Fuzzy Ranking Method and TOPSIS Method [J]. International Journal of Information Technology & Decision Making, 2022,21(02):665-705.

[83] N L Negari,A Riski,A Pradjaningsih,et al. Decision-making using fuzzy TOPSIS for selecting beginner UMKM that receive business funding[J]. Journal of Physics：Conference Series,2022,2157(1).

[84] 王雄伟,陈春良,曹艳华,等.基于改进 TOPSIS 法的装备维修任务优先级确 定方法[J].计算机测量与控制,2018,26(04):108-111,142.

[85] Chen Kaixu,Sun Yule,Huang Jinming. Research on raw material ordering and transportation decision of production enterprises based on TOPSIS and analytic hierarchy process[J]. Information Systems and Economics,2021,2 (1):40-44.

[86] 刘凌刚,耿俊豹,魏曙寰,等.基于灰色关联 TOPSIS 法的舰船装备维修方案 决策[J].火力与指挥控制,2018,43(05):54-57,62.

[87] 徐达,李闯,李洋,等.基于 TOPSIS 的装备维修性定性指标综合评价研究

[J].航天控制,2014,32(05):92-96.

[88] Laihong Du, Hua Chen, Yadong Fang. Research of ergonomic comprehensive evaluation for suit production operation based on hybrid method with IAHP and gray entropy[J]. EURASIP Journal on Advances in Signal Processing, 2021.

[89] 彭怀午,李安桂,王鑫,等.基于 IAHP-变异系数法的分布式能源系统评价体系[J].西安建筑科技大学学报(自然科学版),2020,52(04):572-578.

[90] Yan Wang, Hua Wang, Ming Ze Li. Aerospace Testing Process Evaluation Based on the IAHP[J]. Applied Mechanics and Materials, 2014, 3207(556-562): 2852-2856.

[91] Xiaoping Li. Study on the Evaluation Criterions and Methods for the Supermarket Food Suppliers Based on IAHP[J]. International Journal of Business and Management, 2009, 4(4):149

[92] 崔玉娟,察豪.改进 IAHP-CIM 模型的雷达组网探测能力评估方法[J].国防科技大学学报,2017,39(03):158-164.

[93] Qun li, Chenyang, Peng. Comprehensive Benefit Evaluation of the Power Distribution Network Planning Project Based on Improved IAHP and Multi-Level Extension Assessment Method[J]. Sustainability, 2016, 8(8): 796.

[94] Junru Zhao,Jundong Tian,Fanxiang Meng,et al. Safety assessment method for storage tank farm based on the combination of structure entropy weight method and cloud model[J]. Journal of Loss Prevention in the Process Industries, 2022, 75:8-11.

[95] Hua-Wen Wu,En-qun Li,Yuan-yun Sun, et al. Research on the operation safety evaluation of urban rail stations based on the improved TOPSIS method and entropy weight method[J]. Journal of Rail Transport Planning & Management, 2021, 20:1-15.

[96] 王晓东,王权,陈拓,等.基于灰色关联分析和熵权法的双色注塑多目标参数优化[J].中国塑料,2022,36(07):115-120.

[97] 宫华,张勇,许可,等.改进遗传算法的地对空防御武器系统多目标优化[J].兵器装备工程学报,2022,43(07):87-95.

[98] 朱常安,胡文华,郭宝峰,等.基于熵权法和组合隶属函数的雷达质量评估方法研究[J].计算机测量与控制,2022,30(06):302-307.

[99] Minglei Ren,Yingfei Liu,Xiaodi Fu, et al. The changeable degree assessment of designed flood protection condition for designed unit of inter-basin

water transfer project based on the entropy weight method and fuzzy comprehensive evaluation model[J]. IOP Conference Series：Earth and Environmental Science，2021.

[100] Jianghong Feng, Zongrong Gong. Integrated linguistic entropy weight method and multi-objective programming model for supplier selection and order allocation in a circular economy：A case study[J]. Journal of Cleaner Production，2020，277：122597.

[101] 郭璇.基于直觉模糊集的无线网络传输层安全态势要素识别方法[J].自动化与仪器仪表,2022(07):54-57,61.

[102] 陈致远,沈堤,余付平,等.基于直觉模糊集和证据理论的空中目标综合识别[J].航空兵器,2022,29(01):58-66.

[103] Yige Xue, Yong Deng, Harish Garg. Uncertain database retrieval with measure-Based belief function attribute values under intuitionistic fuzzy set [J]. Information Sciences, 2021, 546：436-447.

[104] Hoang Nguyen. A Generalized p-Norm Knowledge-Based Score Function for an Interval-Valued Intuitionistic Fuzzy Set in Decision Making[J]. IEEE Transactions on Fuzzy Systems，2020，28(3)：409-423.

[105] Jiekun Song, Zeguo He, Lina Jiang, et al. Research on Hybrid Multi-Attribute Three-Way Group Decision Making Based on Improved VIKOR Model[J]. Mathematics，2022，10(15)：2783.

[106] 宋瑞敏,董璐.基于模糊 FMEA-VIKOR 的人工智能企业知识产权质押融资风险预警[J].模糊系统与数学,2021,35(05):106-117.

[107] Jian Wu, Yuting Jin, Mi Zhou, et al. A group consensus decision making based sustainable supplier selection method by combing DEMATEL and VIKOR [J]. Journal of Intelligent & Fuzzy Systems, 2022, 42(3)：2595-2613.

[108] Surange Vinod G, Bokade Sanjay U, Singh Abhishek Kumar. Integrated entropy- VIKOR approach for ranking risks in indian automotive manufacturing industries[J]. Materials Today：Proceedings, 2022, 52(P3)：1143-1146.

[109] 伍小沙,田世祥,袁梅,等.基于主客观赋权 VIKOR 法的煤矿智能化评价研究[J].矿业研究与开发,2021,41(04):165-169.

[110] 李强,汪永超,侯力,等.基于改进的 FAHP-CRITIC 和 VIKOR 法的专用机床优选方法[J].组合机床与自动化加工技术,2020(11):135-138,143.

[111] 张喜刚.基于灰色系统理论的现代物流企业职业健康安全管理体系绩效评

价[J].工业安全与环保,2022,48(06):51-54.

[112] 石丽娟,孙钦明.灰色系统理论下复杂网络可靠性度量挖掘方法[J].计算机仿真,2021,38(02):287-290,325.

[113] 张晓敏,李辉,刘海南,等.基于灰色系统理论的陕西省地质灾害趋势预测[J].中国地质灾害与防治学报,2018,29(05):7-12.

[114] Jinshan Ma, Xiaolin Ma, Jinmeng Yue, et al. Kullback-Leibler Distance Based Generalized Grey Target Decision Method With Index and Weight Both Containing Mixed Attribute Values[J]. IEEE ACCESS, 2020, 8: 162847-162854.

[115] Xinlong Zhou, Guang Zhang, Yinghua Song, et al. Evaluation of rock burst intensity based on annular grey target decision-making model with variable weight[J]. Arabian Journal of Geosciences, 2019, 12(2):43.

[116] Sandang Guo, Ye Li, Fenyi Dong, et al. Multi-attribute Grey Target Decision-making Based on "Kernel" and Double Degree of Greyness[J]. JOURNAL OF GREY SYSTEM, 2019, 31(2):27-36.

[117] 朱兆梁,沈建京,郭晓峰,等.基于复杂网络-灰靶理论的网络空间攻防方案评估[J].火力与指挥控制,2022,47(04):90-95,103.

[118] 朱权洁,张尔辉,李青松,等.基于熵权法和灰靶理论的突出危险性评价方法及其应用[J].安全与环境学报,2020,20(04):1205-1212.

[119] 陈秋琼,洪俊,徐华志.基于组合赋权法和Vague集理论的预警卫星探测效能评估[J].探测与控制学报,2022,44(04):104-110.

[120] 徐华志,刘松涛,冯路为.基于Vague集和组合赋权的舰载雷达侦察系统作战效能评估[J].探测与控制学报,2022,44(03):97-101,109.

[121] Chen Runyu, Wang Lunwen, Zhu Rangang. Improvement of Delegated Proof of Stake Consensus Mechanism Based on Vague Set and Node Impact Factor[J]. Entropy(Basel, Switzerland),2022,24(8):1013.

[122] 翟芸,胡冰,施端阳.基于Delphi-TOPSIS法的雷达装备可靠性评估指标体系约简方法[J].舰船电子工程,2022,42(09):116-121,135.

[123] 翟芸,胡冰,施端阳.基于改进AHP-熵权法的雷达装备可靠性评估指标赋权方法[J].现代防御技术,2022,50(04):148-155.

[124] 翟芸,胡冰,施端阳.基于直觉模糊IAHP-VIKOR的雷达装备可靠性评估[J].空天预警研究学报,2022,36(03):183-188.

[125] 翟芸,胡冰,施端阳.基于区间层次分析法和Vague集的雷达装备可靠性评估[J].探测与控制学报,2023,45(03):81-88.